21世纪高等学校计算机专业实用规划教材

C#.NET框架高级编程技术案例教程

郭文夷　姜存理　编著

清华大学出版社
北京

内 容 简 介

.NET框架是微软提供的适合网络环境下企业级应用开发的基础平台。.NET框架本身虽与开发语言无关，但C#无疑是.NET环境下最佳的编程语言。本书向已具有一定C#.NET编程基础的读者介绍通常在入门级教程中不会涉及的一些中、高级编程技术和知识，帮助读者了解.NET框架及其类库的全貌，以便更全面地掌握使用C#语言在.NET框架下从事开发所需的各种知识。

本书注重先进性和实用性，文字简洁、重点突出、示例丰富。全书共15章，分为核心内容和扩展内容，便于按不同教学对象和要求进行取舍。

本书可作为高等院校计算机与信息类专业相关课程的教材或教学参考书，特别适用于应用型本科、高职高专和各类培训班的相关课程；也可供需要系统掌握C#.NET编程知识的各类科技工作者参考学习。

本书封面贴有清华大学出版社防伪标签，无标签者不得销售。
版权所有，侵权必究。侵权举报电话：010-62782989　13701121933

图书在版编目(CIP)数据

C#.NET框架高级编程技术案例教程/郭文夷，姜存理编著. --北京：清华大学出版社，2015
（2020.1重印）
21世纪高等学校计算机专业实用规划教材
ISBN 978-7-302-38045-0

Ⅰ. ①C… Ⅱ. ①郭… ②姜… Ⅲ. ①C语言－程序设计－高等学校－教材　Ⅳ. ①TP312

中国版本图书馆CIP数据核字(2014)第219820号

责任编辑：黄　芝　薛　阳
封面设计：何凤霞
责任校对：时翠兰
责任印制：沈　露

出版发行：清华大学出版社
网　　址：http://www.tup.com.cn, http://www.wqbook.com
地　　址：北京清华大学学研大厦A座　　　　邮　编：100084
社 总 机：010-62770175　　　　　　　　　　邮　购：010-62786544
投稿与读者服务：010-62776969，c-service@tup.tsinghua.edu.cn
质量反馈：010-62772015，zhiliang@tup.tsinghua.edu.cn
课件下载：http://www.tup.com.cn,010-62795954

印 装 者：北京富博印刷有限公司
经　　销：全国新华书店
开　　本：185mm×260mm　　印　张：16.5　　字　数：402千字
版　　次：2015年2月第1版　　　　　　　　　印　次：2020年1月第4次印刷
印　　数：4001～4500
定　　价：35.00元

产品编号：061039-01

出版说明

随着我国改革开放的进一步深化,高等教育也得到了快速发展,各地高校紧密结合地方经济建设发展需要,科学运用市场调节机制,加大了使用信息科学等现代科学技术提升、改造传统学科专业的投入力度,通过教育改革合理调整和配置了教育资源,优化了传统学科专业,积极为地方经济建设输送人才,为我国经济社会的快速、健康和可持续发展以及高等教育自身的改革发展做出了巨大贡献。但是,高等教育质量还需要进一步提高以适应经济社会发展的需要,不少高校的专业设置和结构不尽合理,教师队伍整体素质亟待提高,人才培养模式、教学内容和方法需要进一步转变,学生的实践能力和创新精神亟待加强。

教育部一直十分重视高等教育质量工作。2007年1月,教育部下发了《关于实施高等学校本科教学质量与教学改革工程的意见》,计划实施"高等学校本科教学质量与教学改革工程(简称'质量工程')",通过专业结构调整、课程教材建设、实践教学改革、教学团队建设等多项内容,进一步深化高等学校教学改革,提高人才培养的能力和水平,更好地满足经济社会发展对高素质人才的需要。在贯彻和落实教育部"质量工程"的过程中,各地高校发挥师资力量强、办学经验丰富、教学资源充裕等优势,对其特色专业及特色课程(群)加以规划、整理和总结,更新教学内容、改革课程体系,建设了一大批内容新、体系新、方法新、手段新的特色课程。在此基础上,经教育部相关教学指导委员会专家的指导和建议,清华大学出版社在多个领域精选各高校的特色课程,分别规划出版系列教材,以配合"质量工程"的实施,满足各高校教学质量和教学改革的需要。

本系列教材立足于计算机专业课程领域,以专业基础课为主、专业课为辅,横向满足高校多层次教学的需要。在规划过程中体现了如下一些基本原则和特点。

(1) 反映计算机学科的最新发展,总结近年来计算机专业教学的最新成果。内容先进,充分吸收国外先进成果和理念。

(2) 反映教学需要,促进教学发展。教材要适应多样化的教学需要,正确把握教学内容和课程体系的改革方向,融合先进的教学思想、方法和手段,体现科学性、先进性和系统性,强调对学生实践能力的培养,为学生知识、能力、素质协调发展创造条件。

(3) 实施精品战略,突出重点,保证质量。规划教材把重点放在公共基础课和专业基础课的教材建设上;特别注意选择并安排一部分原来基础比较好的优秀教材或讲义修订再版,逐步形成精品教材;提倡并鼓励编写体现教学质量和教学改革成果的教材。

(4) 主张一纲多本,合理配套。专业基础课和专业课教材配套,同一门课程有针对不同层次、面向不同应用的多本具有各自内容特点的教材。处理好教材统一性与多样化,基本教材与辅助教材、教学参考书,文字教材与软件教材的关系,实现教材系列资源配套。

(5) 依靠专家,择优选用。在制定教材规划时要依靠各课程专家在调查研究本课程教材建设现状的基础上提出规划选题。在落实主编人选时,要引入竞争机制,通过申报、评审确定主题。书稿完成后要认真实行审稿程序,确保出书质量。

繁荣教材出版事业,提高教材质量的关键是教师。建立一支高水平教材编写梯队才能保证教材的编写质量和建设力度,希望有志于教材建设的教师能够加入到我们的编写队伍中来。

21世纪高等学校计算机专业实用规划教材

联系人:魏江江 weijj@tup.tsinghua.edu.cn

前言

.NET框架是由微软提供的适合网络环境下企业级应用开发的基础平台。在较新的Windows版本中,.NET框架已成为Windows的重要组成部分。.NET框架本身虽与开发语言无关,但C♯是微软为其量身打造的全新编程语言,注定会成为.NET环境下的首选。目前,C♯与Java、C++一起,跨入了主流编程语言第一梯队之列。而对于以Windows为基础平台的应用开发者来说,C♯更是具有无可替代的重要位置。目前,国内绝大多数高校都开设了与C♯.NET编程语言(包括基于ASP.NET的Web应用程序)相关的课程。

本书适合已有一定C♯.NET编程基础知识的学生或程序员进一步提高在.NET环境下的编程技术的需求。书中介绍的高级编程技术,都是一般入门教程中未涉及或缺少深入阐述的,但在实际应用中却是十分有用的技术或知识。这些知识往往散见于一些百万字以上的手册或大全类书籍中,初学者不易找到而且难以理解。

作者长期在高校讲授与各种编程语言以及开发技术相关的课程,具有较为丰富的教学经验。本书是作者在自用讲义的基础上改编而成的,具有语言简明、重点突出、案例丰富等特点。书的篇幅虽小,但信息量颇大,内容涵盖了深入了解.NET编程技术所需的各个主要方面。可用于高等院校计算机或信息类专业相关课程的教材,特别适合应用型本科和高职高专学生,或作为这些专业的学生进行毕业设计的参考书。此外,也可供需要系统掌握C♯.NET编程知识的各类科技工作者参考。

本书共15章,第1章.NET Framework概述,第2章流与文件,第3章集合与泛型,第4章多线程应用程序,第5章程序集与反射,第6章调用非.NET托管程序,第7章处理XML文档,第8章Web Services,第9章使用加密技术,第10章.NET Socket网络编程,第11章使用TCP和UDP通信协议,第12章TCP/IP通信应用层常用协议编程,第13章应用程序系统的调试与配置,第14章资源文件、文本编码和区域性,第15章Microsoft .NET框架的版本。其中第1~6章为基本核心内容,其余各章都是扩展内容,可按不同教学对象和要求进行取舍。有些与.NET有关的重要内容是可以另外独立开课的,本书中就不再介绍了,例如ASP.NET应用程序等。

对使用本教材的有关院校教师,可免费提供多媒体课件和书中示例程序的源代码。相关文件可以通过清华大学出版社网站下载。

本书编著者是上海第二工业大学计算机与信息学院教师郭文夷、姜存理。本校计算机与信息学院和软件工程系的领导对本书写作和出版曾给予支持和鼓励,软件工程系翁雯、软件工程专业2013届毕业生李伟等曾对本书提出很好的建议或提供一些有用案例,特此

致谢！

　　由于编著者水平与经验的限制，书中难免存在不足，敬请广大读者给予批评指正。与编者联系可使用邮箱：guowyy@126.com、cljiang@sspu.edu.cn。

编　者
2014 年 6 月

目　　录

第 1 章　.NET Framework 概述 ·· 1

1.1　.NET Framework 和 CLR ··· 1
　　1.1.1　通用类型系统 CTS ··· 1
　　1.1.2　装箱和拆箱 ·· 1
1.2　代码的编译和运行 ·· 2
　　1.2.1　编译和 MSIL ··· 2
　　1.2.2　编译器以及命令行语法 ··· 3
1.3　元数据 ·· 4
　　1.3.1　PE 文件的格式 ·· 4
　　1.3.2　Attribute 属性 ··· 5
1.4　垃圾回收 ··· 5
1.5　委托和事件 ·· 8
　　1.5.1　委托的定义 ·· 8
　　1.5.2　事件 ··· 11

第 2 章　流与文件 ·· 13

2.1　使用 Stream 类管理字节流 ·· 13
　　2.1.1　Stream 类的常用属性和方法 ····································· 13
　　2.1.2　使用 FileStream 类操作文件 ····································· 14
　　2.1.3　使用 MemoryStream 类管理内存数据 ························· 15
　　2.1.4　使用 BufferedStream 类提高流性能 ··························· 16
　　2.1.5　使用 NetworkStream 类访问网络数据流 ····················· 16
2.2　文本文件和 TextReader、TextWriter 类 ··································· 16
　　2.2.1　TextReader 和 TextWriter 类的常用属性和方法 ············ 16
　　2.2.2　操纵文本文件 ·· 17
2.3　操纵二进制文件 ·· 18
2.4　对文件和文件夹的操作 ··· 18
　　2.4.1　Directory 类的常用静态方法 ····································· 19
　　2.4.2　DirectoryInfo 类的常用属性和方法 ···························· 19
　　2.4.3　File 类的常用静态方法 ·· 21

| 2.4.4 FileInfo 类的常用属性和方法 …………………………… 23
| 2.4.5 使用 Path 类访问文件路径 …………………………………… 24
| 2.4.6 使用 DriveInfo 类访问驱动器 ……………………………… 25
| 2.5 使用 FileSystemWatcher 类监控文件系统 ………………………… 26

第 3 章 集合与泛型 …………………………………………………………… 28

| 3.1 数组和数组列表 ………………………………………………………… 28
| 3.2 队列 ……………………………………………………………………… 30
| 3.3 栈 ………………………………………………………………………… 32
| 3.4 哈希表和有序表 ………………………………………………………… 33
| 3.5 专用集合 ………………………………………………………………… 35
| 3.6 使用泛型 ………………………………………………………………… 36
| 3.7 自定义集合类 …………………………………………………………… 38
| 3.7.1 实现 IEnumerable 接口 ……………………………………… 38
| 3.7.2 继承 CollectionBase 类 ……………………………………… 40

第 4 章 多线程应用程序 ……………………………………………………… 42

| 4.1 创建多线程应用程序 …………………………………………………… 42
| 4.1.1 线程和 Thread 类 …………………………………………… 42
| 4.1.2 线程状态的转换与控制 ……………………………………… 45
| 4.2 使用 ThreadPool 类管理线程池 ……………………………………… 49
| 4.3 管理异步环境中的线程 ………………………………………………… 51
| 4.3.1 使用 Windows 的回调方法 ………………………………… 51
| 4.3.2 调用 Join 方法 ……………………………………………… 52
| 4.3.3 使用 WaitHandle 类 ………………………………………… 53
| 4.3.4 使用 ReaderWriterLock 类 ………………………………… 55

第 5 章 程序集与反射 ………………………………………………………… 58

| 5.1 程序集和 Assembly 类 ………………………………………………… 58
| 5.2 反射和 Type 类 ………………………………………………………… 59
| 5.3 使用反射调用类库中的方法 …………………………………………… 60
| 5.3.1 被调用的类和方法都是已知的情况 ………………………… 60
| 5.3.2 被调用的类和方法部分已知的情况 ………………………… 63
| 5.4 应用程序域 ……………………………………………………………… 65
| 5.4.1 应用程序域的创建 …………………………………………… 66
| 5.4.2 在应用程序域中加载程序集 ………………………………… 67
| 5.4.3 对另一应用程序域内加载的类库进行操作 ………………… 69
| 5.4.4 卸载应用程序域 ……………………………………………… 70

第 6 章 调用非 .NET 托管程序 ... 71

6.1 调用非托管的 PE 程序 ... 71
6.2 调用非托管动态链接库 ... 73
6.3 调用 Windows API ... 74
6.4 .NET 与 COM 的互操作性 ... 79
    6.4.1 在 .NET 程序中调用 Microsoft Word ... 79
    6.4.2 在 .NET 程序中调用 Microsoft Excel ... 86

第 7 章 处理 XML 文档 ... 90

7.1 .NET 框架对 XML 提供全面支持 ... 90
7.2 读写 XML 文档 ... 91
    7.2.1 使用 XmlReader 类 ... 91
    7.2.2 使用 XmlWriter 类 ... 93
7.3 DOM 和 XmlDocument 类 ... 95
    7.3.1 什么是 DOM 模型 ... 95
    7.3.2 XmlDocument 及相关类 ... 96
    7.3.3 应用示例 ... 98
7.4 使用 XSLT 转换 XML 文档 ... 99
    7.4.1 XslTransform 类及其应用 ... 99
    7.4.2 在 Web 页面中使用 XML 控件 ... 100
7.5 XML 与 DataSet ... 103
7.6 XML 序列化与反序列化 ... 105

第 8 章 Web Services ... 107

8.1 Web Services 的主要功能和特点 ... 107
    8.1.1 Web Services 是什么 ... 107
    8.1.2 与 Web Services 有关的协议 ... 108
8.2 Visual C＃ .NET Web Services 编程 ... 108
    8.2.1 在 .NET 环境下支持 Web 服务的类 ... 108
    8.2.2 实现 Web Services 服务端 ... 109
    8.2.3 实现 Web Services 客户端 ... 111
8.3 使用 Web Services 实现信息集成 ... 115
    8.3.1 在一个应用中集成多个 Web 服务 ... 115
    8.3.2 在 Web 服务中使用数据库 ... 117
    8.3.3 跨平台调用 Web 服务 ... 119

第 9 章 使用加密技术 ... 121

9.1 计算数据的哈希值 ... 121

9.2　使用对称加密技术 …………………………………………………………… 123
9.3　使用不对称加密技术 ………………………………………………………… 127

第 10 章　.NET Socket 网络编程 ……………………………………………………… 134

10.1　Socket 网络编程接口和 .NET Socket 类 ………………………………… 134
　　10.1.1　Socket 的概念 ……………………………………………………… 134
　　10.1.2　Socket 类简介 ……………………………………………………… 134
10.2　同步和异步通信方法 ………………………………………………………… 140
10.3　通用 TCP 客户端 …………………………………………………………… 142

第 11 章　使用 TCP 和 UDP 通信协议 ………………………………………………… 150

11.1　使用 TCP 通信协议 ………………………………………………………… 150
　　11.1.1　.NET 框架下使用 TCP 通信 ……………………………………… 150
　　11.1.2　使用 TcpListener 和 TcpClient 类实现聊天室 …………………… 151
11.2　使用 UDP 通信协议 ………………………………………………………… 163
　　11.2.1　.NET 框架下使用 UDP 通信 ……………………………………… 164
　　11.2.2　使用 UdpClient 类收发短信 ……………………………………… 164

第 12 章　TCP/IP 通信应用层常用协议编程 …………………………………………… 168

12.1　WebRequest 及其相关类 …………………………………………………… 168
12.2　在 .NET 框架下实现 FTP 应用 …………………………………………… 170
　　12.2.1　FTP 及应用程序 …………………………………………………… 170
　　12.2.2　FtpWebRequest 及其相关类介绍 ………………………………… 173
　　12.2.3　使用 WebClient 类实现 FTP 文件操作 …………………………… 174
　　12.2.4　使用 FtpWebRequest 类实现 FTP 文件操作 ……………………… 175
12.3　在 .NET 框架下实现 HTTP 应用 ………………………………………… 178
　　12.3.1　HTTP 及应用程序 ………………………………………………… 178
　　12.3.2　使用 WebClient 类实现 HTTP 操作 ……………………………… 181
　　12.3.3　使用 HttpWebRequest 类实现 HTTP 操作 ………………………… 182
12.4　在 .NET 框架下实现 SMTP 应用 ………………………………………… 185
　　12.4.1　SmtpClient 及其相关类 …………………………………………… 185
　　12.4.2　使用 SmtpClient 类实现邮件发送 ………………………………… 186
　　12.4.3　POP 编程 …………………………………………………………… 190
12.5　网络编程中常用的编码 ……………………………………………………… 190

第 13 章　应用程序系统的调试与配置 ………………………………………………… 193

13.1　.NET 应用程序系统的调试 ………………………………………………… 193
　　13.1.1　.NET 程序的 Debug 和 Release 版本 ……………………………… 193
　　13.1.2　使用 Trace 类输出跟踪消息 ……………………………………… 194

13.1.3 使用 TraceSwitch 类控制信息输出 …… 196
13.1.4 使用 Debug 类输出调试信息 …… 198
13.2 .NET 应用程序系统的配置 …… 199
13.2.1 .NET 托管程序的配置和配置文件 …… 199
13.2.2 .NET 配置的基本架构 …… 200
13.2.3 appSettings 和 ConnectionStrings 配置节 …… 202
13.2.4 自定义配置节 …… 205

第 14 章 资源文件、文本编码和区域性 …… 210

14.1 在.NET 应用程序中使用资源文件 …… 210
14.1.1 资源和资源文件 …… 210
14.1.2 使用二进制格式的资源文件 …… 211
14.1.3 使用 XML 格式的资源文件 …… 213
14.2 字符集与编码问题 …… 216
14.2.1 字符集 …… 216
14.2.2 编码、解码及 Encoding 类 …… 218
14.2.3 编码的保存与转换 …… 222
14.3 文化和区域性特征 …… 222
14.3.1 CultureInfo 类 …… 222
14.3.2 区域性的文字、日期和数字格式 …… 224
14.3.3 应用程序区域性配置 …… 228

第 15 章 Microsoft .NET 框架的版本 …… 230

15.1 .NET 框架各种版本概览 …… 230
15.1.1 .NET Framework 1.0 …… 230
15.1.2 .NET Framework 2.0 …… 230
15.1.3 .NET Framework 3.0 …… 230
15.1.4 .NET Framework 3.5 …… 231
15.1.5 .NET Framework 4.0 …… 231
15.1.6 .NET Framework 版本兼容性问题 …… 231
15.2 ADO.NET EF 基础知识 …… 232
15.2.1 Entity Framework 概述 …… 232
15.2.2 EF 映射和 SSDL、CSDL、MSL …… 232
15.2.3 EF 实体类对象的操作 …… 236
15.3 Linq 基础知识 …… 241
15.3.1 Linq 及其常用关键字 …… 241
15.3.2 Linq to SQL …… 244
15.3.3 Linq to XML …… 249

第1章 .NET Framework 概述

1.1 .NET Framework 和 CLR

.NET Framework(.NET 框架)是用于代码编译和执行的集成托管环境。

.NET Framework 由两个主要部分构成:公共语言运行时环境(Common Language Runtime,CLR)和.NET Framework 类库。

CLR 介于操作系统和应用程序之间,提供了代码编译、内存分配、线程管理以及垃圾回收之类的核心服务。它还实施了严格的类型安全检查,并通过强制实施代码访问安全来确保代码在安全的环境中执行。

.NET Framework 类库为企业级应用程序开发提供全面支持,它是面向对象且完全可扩展的。

1.1.1 通用类型系统 CTS

CLR 利用不同编程语言的相似性,抽象出了与具体编程语言无关的通用类型系统(Common Type System,CTS)。CTS 定义了.NET Framework 中的所有数据类型,并提供了面向对象的模型以及各种能够在.NET 下使用的编程语言需要遵循的标准。CTS 为.NET 平台下的编程语言无关性提供了支持。

CTS 中定义的数据类型分为两大类:值类型和引用类型。

值类型是直接继承自 ValueType 的类型,具体有字节型、字符型、短整型、长整型、十进制类型、布尔类型、结构类型、浮点型、枚举型等。值类型的变量直接存储数据,其实例是分配在堆栈(Stack)中的。

引用类型则分为数组、字符串、类、委托等。引用类型变量存储的是数据在内存中的地址(相当于 C 语言中的指针),而实例则被分配在堆(Heap)中。

区分值类型和引用类型的主要原因在于:.NET 尽可能兼顾面向对象的封装性和代码执行的效率。

1.1.2 装箱和拆箱

因为 ValueType 也是 object 的派生类,所以值类型的对象可以(强制)转换为 object 的对象。因为 object 是引用对象,所以这种转换被称为装箱(Boxing)。反之,也可以将引用对象转换为值对象,相应的过程称为拆箱(UnBoxing)。

在装箱时,系统会先从堆中配置一块内存,然后将值类型数据复制到这块内存,最后再使用引用类型数据指向这块内存。拆箱的过程则正好与之相反。

装箱对性能有影响,并且对装箱值的引用也比对未装箱值的引用稍慢。大多数情况下,装箱是隐式进行的。相反,拆箱必须显式进行。

【例 1-1】 以下代码示例说明了如何使用装箱将整型变量 a 转换为引用变量 o。存储在变量 a 中的值从 100 更改为 200。对象 o 保持原始值 100。

```
int a = 100;
Object o = a;              //装箱过程
a = 200;
Console.WriteLine("The value-type value = {0}",a);
Console.WriteLine("The object-type value = {0}",o);
```

输出结果为:

```
The value-type value = 200
The object-type value = 100
```

【例 1-2】 以下代码示例实现拆箱操作。显式地将引用变量 o 转化回整型变量 a。

```
int a = 1;
Object o = a;
a = 100;
Console.WriteLine(a);
a = (int) o;               //拆箱操作
Console.WriteLine(a);
```

输出结果为:

```
100
1
```

1.2 代码的编译和运行

1.2.1 编译和 MSIL

基于 CLR 的高级编程语言(如 C#、VB.NET 等)编写的源代码在编译时,将生成两种内容:以 MSIL 表示的指令和元数据(MetaData)。

MSIL 即 Microsoft 中间语言,它是与编程语言无关的。MSIL 和元数据可存储在 Windows PE(可移动可执行)文件或动态链接库 DLL 文件中。

使用 MSIL 易于实现可移植性。与二进制代码不同,二进制代码可以应用任意内存地址,而 MSIL 代码在加载到内存中时将受到类型安全性方面的检验,这实现了更好的安全性和可靠性。

MSIL 和处理器的本机指令集非常相似。它能直接支持对象、值类型甚至是装箱和拆箱操作。已加载的 MSIL 虽然是编译的产物,但它不是本机代码(二进制机器码)。因此并不能直接在机器上执行,而必须在由.NET 框架提供的虚拟机上高速解释执行。这个过程也可以认为是对 MSIL 再进行一次编译,使其产生本机代码。由于每个方法是在首次被调用时编译为本机代码的,因此这个过程又称为即时(Just In Time,JIT)编译。

如果程序集中的方法已加载,但是从未使用,则它仍然保持其 MSIL 形式。另外,编译后的本机代码不会保存到磁盘上,因此,下一次重新开机后再次执行该程序集时,需要重新进行 JIT 编译。

1.2.2 编译器以及命令行语法

.NET 具有与编程语言无关性,将不同编程语言写的源代码转换为 MSIL 时,要使用不同的编译器。对于使用 C#语言的程序,可以使用由.NET 框架提供的 CSC.exe 作为编译器(类似地,VB.NET 的编译器为 VBC.exe,与 CSC 在同一文件夹内)。对应.NET 的不同版本,CSC.exe 也有不同的版本,该文件一般位于系统目录下的 Microsoft.NET\Framework\<version>文件夹中(根据每台计算机上的确切配置,此位置可能有所不同)。如果在 Visual Studio.NET 下编译 C#的项目,一般不用直接去调用 CSC.exe,但有些特殊场合下可能需要用操作系统的命令行方式去调用 CSC。事实上,即使删除 Framework 文件夹下的 csc.exe 文件,仍能在 Visual Studio.NET 下实现 C#代码文件的编译。

以下为命令行方式使用 CSC 编译器时的基本规则。

(1) 参数用空白分隔,空白可以是一个空格或制表符。

(2) 无论其中有无空白,包含在双引号("string")中的字符串均被解释为单个参数。

(3) 前面有反斜杠的双引号(\")被解释为原义双引号字符(")。

(4) 反斜杠按其原义解释,除非它们紧位于双引号之前。

使用不同的编译器选项,CSC 可编译产生可执行(.exe)文件、动态链接库文件(.dll)或者代码模块(.netmodule)。编译器选项一般形式为/option。例如,可使用/reference 选项来说明程序中引用的其他程序集,使用/target:library 来说明生成库文件。

以下是命令行方式使用编译器的若干示例。

(1) 编译 File.cs 以产生 File.exe:

```
csc File.cs
```

(2) 编译 File.cs 以产生库文件 File.dll:

```
csc /target:library File.cs
```

(3) 编译 File.cs 并创建 My.exe:

```
csc /out:My.exe File.cs
```

(4) 将当前目录中所有的 C#文件编译为 Something.xyz(是一个 DLL):

```
csc /target:library /out:Something.xyz *.cs
```

(5) 编译当前目录中所有的 C#文件,以产生 Filc2.dll 的调试版本,不显示任何徽标和警告:

```
csc /target:library /out:File2.dll /warn:0 /nologo /debug *.cs
```

1.3 元 数 据

1.3.1 PE 文件的格式

如前所述,.NET 的编译在产生 MSIL 的同时,还产生元数据。元数据描述的是在托管代码中定义的类型的信息,和 MSIL 存储在同一个 PE 文件中。元数据除了包含与每个类中各个方法相应的代码外,还包含描述这些类以及此文件中定义的任何其他类型的元数据。这些信息在该文件本身加载时载入内存,从而使元数据在运行时可供访问。CLR 还可以从包含元数据的文件中直接读取元数据,这样即使代码未载入内存,仍然可访问信息。.NET CLR 读取元数据的过程称为反射。

PE 文件的格式如图 1-1 所示。

```
        ┌─────────────────────────┐
        │         PE文件          │
        ├─────────────────────────┤
        │      PE/COFF首部        │
        ├─────────────────────────┤
        │        CLR首部          │
        ├─────────────────────────┤
        │        CLR数据          │
        │  ┌─────────┐ ┌────────┐ │
        │  │  元数据 │ │IL(代码)│ │
        │  └─────────┘ └────────┘ │
        ├─────────────────────────┤
        │      本机映像段         │
        │  .data, .rdata, .rsrc, .text │
        └─────────────────────────┘
```

图 1-1 PE 文件的格式

使用 Visual Studio .NET 下提供的工具 ildasm.exe 可以打开 PE 文件。以 Visual Studio.Net 2005 为例,该程序的位置一般在 C:\Program Files\Microsoft Visual Studio 8\SDK\v2.0\Bin 之下,使用该程序的菜单可以打开受托管的 PE 程序,见图 1-2。双击程序中某个方法,即可显示其中的 IL,如图 1-3 所示。

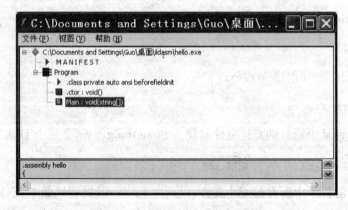

图 1-2 在 ildasm 中打开 PE 文件

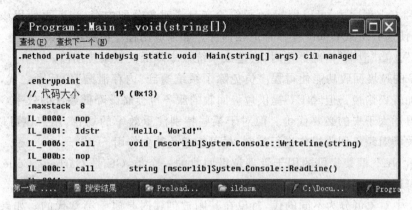

图 1-3 显示 Main 方法的 IL 代码

1.3.2 Attribute 属性

.NET 中 Attribute 类将预定义的系统信息或用户定义的自定义信息与目标元素相关联。目标元素可以是程序集、类、构造函数、委托、枚举、事件、字段、接口、方法、可移植可执行文件模块、参数、属性(Property)、返回值、结构或其他属性(Attribute)。

Attribute 属性所提供的信息也是元数据的一部分,可由应用程序在运行时进行检查以控制程序处理数据的方式或提供给外部工具在运行前检查以控制应用程序对自身进行处理或维护。所有属性类型都直接或间接地从 Attribute 类派生。属性可应用于任何目标元素;多个属性可应用于同一目标元素;并且属性可由从目标元素派生的元素继承。使用 AttributeTargets 类可以指定属性所应用到的目标元素。

注意,.NET 中使用的 Property 中文习惯上也译为属性,但在.NET 中,它与单词 Attribute 表示的属性不是一回事。为避免混淆,本教程后面章节中对于用 Attribute 表示的属性,一律使用英文单词 Attribute。

在 C♯ 中一般用中括号表示 Attribute。如定义 Web 服务的方法时使用的 [WebMethod](见第 8 章),就是一个在.NET 框架中有预定义的 Attribute。Attribute 在程序代码中应放在被其标注的元素(如类型、方法、字段、属性等)之前。除了.NET 中已经预定义的 Attribute 以外,应用程序中也可以自定义 Attribute。使用 Attribute.GetCustomAttribute 方法可以访问自定义的 Attribute。

1.4 垃圾回收

.NET 下收集废弃的内存空间使其重新可用的过程称为垃圾回收,这项工作在.NET 下是自动执行的。CLR 垃圾回收器首先检查最新一代的对象,回收由垃圾所占据的任何空间。如果这一轮操作仍未能释放足够的内存,垃圾回收器将检查前一代对象。

.NET 判断某个对象可以当作垃圾被回收的依据是不再存在对该对象的有效引用。

在堆上分配内存的每个对象都有一个称为终结器的特殊方法(类似 C++ 中的析构方法),垃圾回收会触发终结器的执行。默认情况下,此方法不执行任何操作。如果某类型需要在销毁之前执行某些清理操作,则创建该类型的开发人员可重写该类型的终结器。

在 C 和 C++ 程序中，可以用 new 操作给变量或对象分配内存，当不再使用该变量或对象时，则应使用 free 或 delete 操作释放该内存。如果应用程序遗漏了 delete 操作，就会造成"内存泄漏"。当"泄漏"情况严重时，会造成系统效率降低甚至系统崩溃。

.NET 的垃圾回收功能使得程序员免除了系统遭到"内存泄漏"的后顾之忧，使编程工作变得更加轻松愉悦。但.NET 提供垃圾回收的服务也会略微降低系统的效率，一般来说，这是一种得远大于失的必要代价。但对于某些特别注重效率的场合，用户也可以用.NET 提供的相关类对垃圾回收操作进行控制，尽可能避免其副作用。

GC 是.NET 框架提供的用于管理垃圾回收的一个类，GC 是 Garbage Collection 的缩写。用户可以在代码中调用 GC.Collect( )方法即时执行垃圾回收。

.NET 中对象可分为不同的代，对象在其刚被创建时是属于第 0 代的。如果在一次清除垃圾的过程中某个对象被保留了下来，则该对象的代数增加 1。

GC 类有一个重要属性 MaxGeneration，表示系统当前支持的最大代数（MaxGeneration 属性值会随着时间而变大）。一般总是假定较新的内存比老的内存更适合进行垃圾回收，即应该重点对代数较低的对象实施检测并回收的操作。例如，可以在时间不充裕的情况下执行 GC.Collect(0)，即只针对 0 代对象进行回收。这样有望用较少时间释放出较多的空间。表 1-1 列出了 GC 类的主要属性和方法。

表 1-1 GC 类的主要属性和方法

	名 称	说 明
属性	MaxGeneration	获取系统当前支持的最大代数
方法	Collect	强制执行垃圾回收
	GetGeneration	返回对象的当前代数
	GetTotalMemory	返回程序当前占用内存总量，该方法有一个参数可指定是否需要先执行一遍垃圾回收然后再检测内存总量
	KeepAlive	引用指定对象，使其不符合被垃圾回收的条件
	SuppressFinalize	请求系统不要调用指定对象的终结器

以下是一个垃圾回收的例子。

【例 1-3】 本例为控制台应用程序，代码如下：

```
using System;
class GCCollectClass
{
    private const long maxGarbage = 1000;
    static void Main(){
        GCCollectClass myGCCol = new GCCollectClass();
        Console.WriteLine("The highest generation is {0}",GC.MaxGeneration);
            //显示系统支持的当前代数
        myGCCol.MakeSomeGarbage();
            //调用 MakeSomeGarbage 方法制造一些内存垃圾
        Console.WriteLine("Generation:{0}",GC.GetGeneration(myGCCol));
            //显示 myGCCol 对象的代数
        Console.WriteLine("Total Memory:{0}",GC.GetTotalMemory(false));
            //显示程序当前占用的内存数量
```

```
        GC.Collect(0);
            //执行一次只针对第 0 代对象的垃圾回收
        Console.WriteLine("Generation: {0}",GC.GetGeneration(myGCCol));
        Console.WriteLine("Total Memory: {0}",GC.GetTotalMemory(false));
            //再次显示 myGCCol 对象当前代数以及该程序占用内存数量
        GC.Collect(2);
            //执行一次针对 2 代以下对象的垃圾回收
        Console.WriteLine("Generation: {0}",GC.GetGeneration(myGCCol));
        Console.WriteLine("Total Memory: {0}",GC.GetTotalMemory(false));
            //再次显示 myGCCol 对象当前代数以及该程序占用内存数量
        Console.Read();
    }

    void MakeSomeGarbage()        //该方法故意制造一些内存垃圾
    {
        Version vt;
        for(int i = 0; i < maxGarbage; i++){
          vt = new Version();
              //所创建的对象并未被持续引用,因此充斥在内存中成为垃圾
        }
    }
}
```

通过本例程序的运行,可以看到,MakeSomeGarbage 方法执行后,通过 GetTotalMemory 计算得到的占用内存总量明显增加。然后通过 GC.Collect()的回收,使其下降。另外,执行 GC.Collect()之后会引起 myGCCol 对象的代数(Generation)增加 1。

如果要更清楚地观看垃圾收集过程,可以在被收集对象的析构函数中加入输出语句。该语句在对象被回收时执行,因此可确切知道回收究竟发生在何时。例如,可定义供回收的对象为如下类型:

```
class Myobject
{
    public string name = "";
    public int id = 0;
    ~Myobject(){
        Console.WriteLine("Garbage Collected ID = {0}",id);
    }
}
```

.NET 下还有一个比较独特的 WeakReference 类,用于对象的弱引用。如果某个对象只存在弱引用,就有可能被当作垃圾回收掉。但只要回收还没有发生,弱引用就能像正常引用一样被使用。

适当使用弱引用,可使程序兼顾空间和时间效率。事实上,在某些对象是否会再次被访问不是很确定的情况下,如果保留这些对它们的引用,就要占用大量内存;而如果放弃这些引用,则可能对效率有较大影响。此时,一个可选方案就是将这些引用由弱引用代替,这时,一方面有较大可能仍然能够访问到这些引用对象;另一方面,一旦内存不足时,这些有弱引用的内存仍可以被自动回收系统利用。

例如，当程序中执行以下代码后，obj2 为空的引用。

```
WeakReference wr = new WeakReference(obj);
obj = null;                    //虽然 obj 此时仍存在着一个弱引用
GC.Collect();                  //但执行 GC.Collect 方法后，obj 仍被回收了
obj2 = (MyClass)wr.Target;     //wr.Target 对 obj 的引用被回收后已被置为 null
```

1.5 委托和事件

1.5.1 委托的定义

在.NET 中引入了一个重要的概念——委托，用来处理在某些编程语言（如 C++、Pascal 等语言）中需要用到函数指针来处理的情况。在那些语言中通过函数指针将函数（即方法）当作变量那样去使用，例如，可以用来对变量赋值或作为函数的参数进行传递等。

.NET 在实际应用中也有将方法当作变量那样去使用的需要。由于.NET 是完全面向对象的，不允许出现"裸"的方法（指不属于某个类的自由函数）。所以编造出一种称为委托的特殊对象，然后程序中可以根据需要将委托对象的实例传递到需要使用该方法的地方。因此委托有点像是对"裸"方法进行类似"装箱"的过程。

委托规定了每个方法都必须具有的返回类型和参数，委托的方法返回类型和参数构成了委托签名。声明委托的关键字是 delegate。例如：

```
delegate void D (int i);
```

上面的示例说明了如何为一个方法声明一个委托类型 D，一个整型参数和返回空类型构成了这个委托的委托签名。因为委托是一种类型，因此可以实例化一个委托以创建委托对象并把委托对象和指定的方法结合起来。新建委托对象同样需要用操作符 new 为其分配内存。委托的实例可以当作对象的方法那样来调用。

例如：

```
class C{
    public void f(int x);
}
C c = new C( );
D d = new D(c.f);
d(3);
```

这里首先定义了一个类 C 并实例化了一个该类的对象 c，之后实例化了一个委托类 D 的对象 d，并将 c 对象的成员方法 f 作为该 d 对象构造函数的参数关联给 d 对象。当调用 d 这个委托对象时，实际上是调用 c.f 方法。需要注意的是，通过委托调用的方法必须和委托定义具有同样的委托签名。

本质上讲，委托可以引用任何的方法，而无须理会该方法来自何处（比如该方法可以是一个远程对象的成员）。但被引用方法的方法签名必须和委托签名完全一致。

下面给出一个使用委托的示例。

【例 1-4】 本例中定义了一个委托类 D，并在 Test 类的 Main 方法中定义并调用了该委

托类的对象。

```csharp
using System;
namespace TEST{
    delegate void D(int x);
    class C {
        public static void F1(int i) {
            Console.WriteLine("C.F1: " + i);
        }
        public void F2(int i) {
            Console.WriteLine("C.F2: " + i);
        }
    }

    class Test{
        static void Main()
        {
          D d1 = new D(C.F1);      //此处将静态方法封装成 d1
          C c = new C();
          D d2 = new D(c.F2);      //此处将非静态方法封装成 d2
          D d3 = new D(d2);
          d1(1);
          d2(2);
          d3(3);
        }
    }
}
```

例 1-4 运行输出的结果为：

C.F1: 1
C.F2: 2
C.F2: 3

前面曾经说过委托有点像是对方法进行的"装箱"，下面将看到在委托这种特殊的"箱子"里面是可以装入多个方法的。即可以在委托中维护一个方法列表，并且可以依次调用列表中的各个方法。

这个列表也可称为委托链，C#中使用操作符＋、－处理委托链。＋表示对两个委托中的方法列表进行组合（拼接），例如：

D d3 = d1 + d2;

该语句对 d1 和 d2 进行组合后，这两个委托中所封装的方法列表也就添加到了 d3 的方法列表中。调用 d3 时，相当于先后调用了 d1 和 d2 中引用的方法。

－表示对委托中的方法列表进行移除操作，例如：

D d3 = d1 + d2;
D d4 = d3 - d1;

结果使 d4 的方法列表与 d2 的方法列表是一致的。注意，若 d1 的方法列表中不包含 d2 的方法时，d1－d2 为无效操作（不过不会产生异常）。此外，也可以使用＋＝和－＝操符。例如：

D d1 -= d2;

也可以利用+=操作符将前面例子中

D d = new D(c.f);

改写为

D d = null; d += c.f ;

下面给出一个完整的实例化、组合、移除和调用委托的示例。

【例 1-5】 本例中定义了委托类 D，并在 Test 类的 Main 方法中创建了若干该委托类的实例，同时给出了一系列关于这些实例之间的组合、移除和调用的操作。

```csharp
using System;
delegate void D(int x);
class C{
  public static void F1(int i) {
      Console.WriteLine("C.F1: " + i);
  }
  public static void F2(int i) {
      Console.WriteLine("C.F2: " + i);
  }
  public void F3(int i) {
      Console.WriteLine("C.F3: " + i);
  }
}

class Test{
static void Main() {
    D d1 = new D(C.F1);
    d1(1);
    D d2 = new D(C.F2);
    d2(2);
    D d3 = d1 + d2;
    d3(3);
    d3 += d1;
    d3(4);
    C c = new C();
    D d4 = new D(c.F3);
    d3 += d4;
    d3(5);
    d3 -= d1;
    d3(6);
    d3 -= d4;
    d3(7);
    d3 -= d2;
    d3(8);
    d3 -= d2;
    d3(9);
```

```
    d3 -= d1;
    d3 -= d1;
  }
}
```

例 1-5 运行输出的结果为：

C. F1: 1
C. F2: 2
C. F1: 3
C. F2: 3
C. F1: 4
C. F2: 4
C. F1: 4
C. F1: 5
C. F2: 5
C. F1: 5
C. F3: 5
C. F1: 6
C. F2: 6
C. F3: 6
C. F1: 7
C. F2: 7
C. F1: 8
C. F1: 9

1.5.2 事件

事件(Event)是一个类通知另一个类的一种途径。通过使用事件，可以创建相互独立的类并使它们能够在运行期间发生交互。

经常发生的一种情况是，一个类知道何时某个事件会发生，但事件发生时的处理方案则需要由另一个类提供。.NET 的事件机制能够很好地去解决这一类的问题。

在.NET 中知道何时发生事件的类一般称为发布者，提供处理方案的类则称为预订者，事件机制本质上就是预订者将一个方法交给发布者去执行。这就需要用委托将一个方法从预订者传递给发布者。因此，.NET 中的事件就是一种特殊的委托：这种委托没有返回值，并且不允许在其所属的类的外部被调用。而普通的委托，是既可以在内部也可以在外部进行调用的。

在 C#中声明一个事件使用 event 关键字。对 event 规定要用 public 进行修饰，这里 public 用于使外部的类可以把方法传递到该事件而并不表示可以在外部调用它。

.NET Framework 中预定义的 EventHandler 委托具有两个参数，它们的类型分别是 Object 类型和 EventArgs 类型，并且没有返回值。Object 类型的参数通常名称为 sender，它将触发事件的对象传递给事件处理程序。EventArgs 参数通常为 e，它将 System.EventArgs 类的新实例传递给事件处理程序。

例如：

```
public event EventHandler SomethingHappened;
```

```
public event CustomEventDelegate SomethingElseHappened;
```

其中，CustomEventDelegate 委托的声明如下：

```
public delegate void CustomEventDelegate (object sender, EventArgs e, string msg);
```

一般会用＋＝或－＝在事件的 EventHandler 委托中添加或移除方法，例如：

```
this.button1.Click += new System.EventHandler(this.button1_Click);
//该语句通常出现在诸如 Form1.Designer.cs 这样的源文件中
```

其中，Click 是 this.button1 控件的事件，该事件是 EventHandler 类型的委托。因此可以用＋＝操作符将其右端新建的 EventHandler 实例添加到该事件。其中作为构造函数参数的 this.button1_Click 是类型 Form1 的方法（Form1 与 Click 所属的 Button 类不是同一个类，所以要通过委托才能传递方法）。

第 2 章　流 与 文 件

System.IO 命名空间包含允许在数据流和文件上进行同步和异步读取及写入操作有关的类型。

2.1　使用 Stream 类管理字节流

流是对各种形式的输入输出操作的一种抽象。除常见的文件流之外,还存在内存流、网络流、缓存流、磁带流等。System.IO 命名空间提供的 Stream(流)可以看作是一个字节数据的序列,用于对文件和内存等基础存储中的数据进行读写。Stream 是一个抽象类,FileStream、MemoryStream 和 BufferedStream 都是从 Stream 类继承而来的。

2.1.1　Stream 类的常用属性和方法

Stream 类只涉及以下三个基本操作。

(1) 可以从流读取。读取是从流到数据结构(如字节数组)的数据传输。
(2) 可以向流写入。写入是从数据源到流的数据传输。
(3) 流可以支持查找。查找是对流内的当前位置进行的查询和修改。

根据所用基础存储类型的不同,具体的流可能只支持上述操作中的一部分。例如,NetworkStreams 不支持查找。

表 2-1 列出了流的常用属性和方法。

表 2-1　流的常用属性和方法

	名　称	描　述
属性	canRead	确定该流是否支持读操作
	canWrite	确定该流是否支持写操作
	canSeek	确定该流是否支持定位操作
	Length	确定流的长度(字节)
	Position	标识在流中进行定位的指针位置
方法	Read	从当前流中读取一系列字节,并向前移动当前指针
	Write	将一系列字节写入到当前流,并向前移动当前指针
	Seek	在流中将当前指针移到指定的位置
	Flush	将缓存的数据写入与流相关的基础存储中
	Close	关闭流

2.1.2 使用 FileStream 类操作文件

FileStream 类是 Stream 最常用的派生类。通过使用该类可以流的形式对文件实行打开、读取、写入、定位和关闭等操作。FileStream 类支持使用 Seek 方法对文件进行随机访问,即允许将读取/写入位置移动到文件中的任意位置。该位置是通过相对于查找参考点的字节偏移量进行描述的,该参考点可以是基础文件的开始、当前位置或结尾,分别由枚举类型 SeekOrigin 的三个成员 Begin、Current、End 表示。

FileStream 类的构造函数有若干种重载的声明形式,其中较常用的形式为:

public FileStream (string path, FileMode mode, FileAccess access, FileShare share)

其中,FileMode、FileAccess、FileShare 都是.NET 中定义的枚举类型。以下分别对这三个类型做一些介绍。

FileMode 可以用在 FileStream、File、FileInfo 等类的 Open 等方法中,用于控制是否可以对文件执行创建、打开、写入等操作。表 2-2 给出了对 FileMode 所有成员的描述。

表 2-2 FileMode 枚举成员描述

成员	描述
Append	创建新文件或打开现有文件并定位到文件尾。FileMode.Append 只能同 FileAccess.Write 一起使用。任何读尝试将引发 ArgumentException 异常
Create	创建新文件。如果文件不存在,则使用 CreateNew;否则,使用 Truncate 对文件进行重写
CreateNew	创建新文件。如果该文件已存在,则引发 IOException 异常
Open	指定操作系统打开现有文件。打开文件的能力取决于 FileAccess 所指定的值。如果该文件不存在,则引发 FileNotFoundException 异常
OpenOrCreate	指定操作系统打开文件,如果文件不存在,则创建该文件
Truncate	打开现有文件,并将其截断为零字节大小

FileAccess 枚举类型用来指定用户以何种访问方式执行文件操作。如果在打开文件时没有指定使用何种 FileAccess 成员,那么默认对该文件的访问方式为 ReadWrite。表 2-3 给出了 FileAccess 的全部枚举成员描述。

表 2-3 FileAccess 枚举成员描述

成员	描述
Read	可对文件进行读访问
ReadWrite	可对文件进行读和写的访问
Write	可对文件进行写访问

FileShare 枚举类型用于确定该文件是否允许共享。例如,如果某个文件已经打开并指定了共享方式为只读,则其他用户此时可打开该文件并执行读取操作,但不能在该文件中添加、删除或修改数据。该枚举有一个 FlagsAttribute 属性,允许其成员值按位组合。表 2-4 给出了 FileShare 的常用枚举成员描述。

表 2-4 FileShare 枚举成员描述

成员	描述
None	拒绝共享当前文件
Read	允许随后打开该文件者读取。但是,即使指定了此标志,仍可能需要附加权限才能访问文件
Write	允许随后打开该文件者写入。但是,即使指定了此标志,仍可能需要附加权限才能访问文件
ReadWrite	允许随后打开该文件者读取或写入

例如:

```
FileStream fs = new FileStream("c:\\test.txt",FileMode.Open,FielAccess.Read,FileShare.Read);
```

以只读方式打开位于 C 盘根目录下的 test.txt 文件并将其转换为 FileStream 类实例,可对其执行只读操作并允许其他用户对该文件只读。

实际使用时,不一定要通过 FileStream 类的构造函数来创建 FileStream 对象,如下例所示。

【例 2-1】 本例通过 FileInfo 对象的 Create( )方法创建了一个 FileStream 对象。

```
string overview = "Most commercial applications.such as…";
FileInfo fileStore = new FileInfo("overview.txt");
FileStream conduit = fileStore.Create( );
byte[] encodedoverview = new UTF8Encoding(true).GetBytes(overview);
conduit.Write(encodedoverview,0,encodedoverview.Length);
    //FileStream 对象的 Write 方法从 Stream 类继承而来,可以将若干字节写入文件流
conduit.Close();
```

说明:如果一个对象实例不是由其所属类的构造函数所创建的,而是调用其他类型对象的方法所创建,则可被说成该对象是以工厂化方式产生的。上述例子表明 FileStream 的对象往往是工厂化产生的。

2.1.3 使用 MemoryStream 类管理内存数据

该类是一个从 Stream 继承而来的实体类,用于在内存中写入、读出数据。

以下示例说明如何将部分内容存储在应用程序的内存中。

【例 2-2】

```
byte[] overview = new UTF8Encoding(true).GetBytes("Most Commerial application,such as…");
MemoryStream Conduit = new MemoryStream(overview.Length);
Conduit.Write(overview,0,overview.Length);          //字节数组的内容写入内存流
Console.WriteLine(Conduit.Position.ToString( ));
Conduit.Flush();
Conduit.Seek(0,Seekorigin.Begin);
Byte[] overviewRead = new byte[Conduit.Length];
Conduit.Read(overviewReader,0,((int)Conduit.Length));     //从内存流读到字节数组
Console.WriteLine(new UTF8Encoding().GetChars(overviewRead));
                                                //字节数组转换为字符串然后输出
```

```
Conduit.Close();
```

2.1.4 使用 BufferedStream 类提高流性能

BufferedStream 类是一个从 Stream 继承而来的实体类,用于向另一种类型的流提供额外的内存缓冲区。创建该类的实例时,必须将其设置为读模式或写模式,在同一时间只支持一种模式。Microsoft 内置一个内存的缓冲区来提高.NET Framework 中所有流的性能。在现有流(如 FileStream 或 MemoryStream)上使用 BufferedStream 将实现双重缓存功能,可以显著提高性能。

以下是使用 BufferedStream 的一个示例。

【例 2-3】本例代码如下:

```
string overview = "Most commercial application, such as … ";
FileInfo fileStore = new FileInfo("Overview.txt");
FileStream conduit = fileStore.Create();
BufferedStream fileBuffer = new BufferedStream(conduit);
byte[] encodingoverview = new UTF8Encoding(true).GetBytes(overview);
fileBuffer.write(encodingoverview,0,encodingoverview.Length);
fileBuffer.Close( );
conduit.Close( );
```

2.1.5 使用 NetworkStream 类访问网络数据流

NetworkStream 类在 System.Net.Sockets 命名空间之下,用于提供可进行网络访问的基础数据流。可以在同步和异步数据传输时使用 NetworkStream 类。

2.2 文本文件和 TextReader、TextWriter 类

文本从逻辑上可理解为是一个连续的字符序列,最常见的文本形式就是文本文件。此外,如内存文本流、字符串等都可以被当作文本。

2.2.1 TextReader 和 TextWriter 类的常用属性和方法

.NET 的 TextReader 类被定义为可以对连续字符序列(即文本)进行读取操作的读取器。表 2-5 列出了该类的常用方法。

表 2-5 TextReader 类常用的方法

名 称	描 述
Peek	读取下一个字符,而不更改读取器状态或字符源
Read	从输入流读取数据
ReadBlock	从输入块读取数据
ReadLine	从当前流中读取一行字符并将数据作为字符串返回
ReadToEnd	读取从当前位置到 TextReader 的结尾的所有字符
Close	关闭 TextReader 并释放资源

.NET 的 TextWriter 类被定义为可以对连续字符序列(即文本)进行写操作的书写器。表 2-6 列出了该类的常用属性和方法。

表 2-6　TextWriter 类的常用属性和方法

	名　称	描　述
属性	Encoding	用于写操作的编码方式
	FormatProvider	获取控制格式设置的对象
	NewLine	由当前 TextWriter 使用的行结束符
方法	Close	关闭当前编写器并释放系统资源
	Flush	使所有缓冲数据写入基础设备
	Write	将给定数据类型写入文本流
	WriteLine	写入指定的某些数据,后跟行结束符

注意,TextReader 和 TextWriter 类是作为抽象基类来定义的,不能被实例化,具体应用的是它们的派生类。这些派生类有 StreamReader、StringReader 和 XMLTextReader 等以及 StreamWriter、StringWriter 和 XMLTextWriter 等,分别用于处理不同来源的文本。

2.2.2　操纵文本文件

.NET 中通常使用 StreamReader 和 StreamWriter 类对文本文件进行操作。这两个类是由 TextReader 和 TextWriter 类派生的,在处理文本文件方面的能力要比 FileStream 更强一些(如可以执行 ReadLine、ReadToEnd、Peek、WriteLine 等 FileStream 无法执行的操作)。

下面给出一个完整的 StreamReader 和 StreamWriter 类的示例。

【例 2-4】　在本例中给出了如何通过 StreamReader 和 StreamWriter 类的常用方法创建并读写文本文件。

```
using System;
using System.IO;
public class FileTest {
    public static void Main(){
        StreamWriter SW;
        string filename = "c:\\MyTextFile.txt";
        SW = File.CreateText(filename);
        SW.WriteLine("创建一个文本文件");
        SW.WriteLine("并写入若干内容");
        SW.Close();
        Console.WriteLine("创建文件成功!");
        Console.ReadLine( );

        StreamReader SR;
        SR = File.OpenText(filename);
        string S = SR.ReadLine();
        while(S!= null) {
            Console.WriteLine(S);
```

```
            S = SR.ReadLine( );
        }
        SR.Close();
        Console.WriteLine("读取文件成功!");
        Console.ReadLine( );

        SW = File.AppendText(filename);
        SW.WriteLine("Microsoft C# .NET框架程序设计");
        SW.Close();
        Console.WriteLine("添加文件成功!");
        Console.ReadLine( );
    }
}
```

注意,本例中用到了 File 类的 CreateText、AppendText 等静态方法。静态方法可以直接用类名称后加点再加方法名进行调用,而不必先创建该类的实例。File 是 .NET 中常用的处理文件的类,后面还要作进一步介绍。

2.3 操纵二进制文件

.NET 中 BinaryReader 和 BinaryWriter 类可以用来读写二进制数据。BinaryReader 类可以读取二进制数据。BinaryWriter 类可以将原始数据写入二进制文件流中。

下面给出一个对二进制文件进行写操作的示例。

【例 2-5】 本例中定义了一个 FileStream 类的实例 fs,并通过 fs 对象创建了一个名为 test.bin 的二进制文件,然后将三个字节的数据写入这个创建的文件中。

```
using System;
using System.IO;
public class test {
    public static void Main() {
        FileStream fs = new FileStream("c:\\test.bin",FileMode.CreateNew);
        BinaryWriter bw = new BinaryWriter (fs);
        bw.Write ((byte)110);
        bw.Write((byte)'A');
        bw.Write((byte)1);
        bw.Close();
        fs.Close();
    }
}
```

2.4 对文件和文件夹的操作

应用程序中经常需要对文件夹及文件进行创建、删除、移动等操作。.NET 中与此有关的类有 Directory、DirectoryInfo 和 File、FileInfo 等类。通过使用这些类中的方法,用户就能有效地管理文件系统。

2.4.1 Directory 类的常用静态方法

Directory 类没有属性,它的方法都是静态方法,并且该类不能被继承。表 2-7 列出了 Directory 类定义的常用静态方法。

表 2-7 Directory 类中常用的静态方法

	名 称	描 述
方法	CreateDirectory	创建指定路径的目录
	Delete	删除指定的目录
	Exists	确定给定路径的目录是否存在
	CreateDirectory	创建指定路径的目录
	GetCreationTime	获取目录的创建日期和时间
	GetCurrentDirectory	获取应用程序的当前工作目录
	GetDirectories	获取指定目录下所有子目录的名称,其返回值类型为 string[]
	GetFiles	获取指定目录下的所有文件的名称,其返回值类型为 string[]
	GetLogicalDrives	检索此计算机上所有逻辑驱动器的名称
	GetParent	检索指定路径的父目录
	Move	将文件或目录及其内容移到新位置
	SetCreationTime	为指定的文件或目录设置创建日期和时间
	SetCurrentDirectory	设置当前目录

2.4.2 DirectoryInfo 类的常用属性和方法

实际使用中,DirectoryInfo 类比 Directory 类更常用。DirectoryInfo 类的基类是抽象类 FileSystemInfo。表 2-8 列出了 DirectoryInfo 类中定义的常用属性和方法。

表 2-8 DirectoryInfo 类中常用的属性和方法

	名 称	描 述
属性	Attributes	返回和文件相关的属性值,要使用到 FileAttributes 枚举类型,见表 2-9
	CreationTime	返回文件的创建时间
	Exists	检查文件是否存在于给定的目录中
	Extension	返回文件的扩展名
	LastAccessTime	返回文件的上次访问时间
	FullName	返回文件的绝对路径
	LastWriteTime	返回文件的上次写操作时间
	Name	返回给定文件的文件名
方法	Delete	删除文件夹
	CreateSubdirectory	创建一个子目录
	MoveTo	移动文件夹的内容
	GetFiles	返回当前目录的文件列表
	GetDirectories	返回当前目录的子目录

表 2-9 给出了 FileAttributes 全部枚举类型描述。

表 2-9　FileAttributes 枚举成员的描述

成　员	描　述
Archive	文件的存档状态
Compressed	文件是否被压缩
Directory	是否为一个目录
Encrypted	文件是否被加密
Hidden	是否为隐藏的文件
Offline	文件是否已脱机，即数据不能立即供使用
ReadOnly	是否为只读文件
System	是否为系统文件

DirectoryInfo 类提供了创建、删除和移动文件夹等方法，下面给出若干有关的示例。

【例 2-6】 在本例中使用 DirectoryInfo 类返回指定的文件夹的一些属性。

```
using System;
using System.IO;
public class test{
    public static void Main() {
        DirectoryInfo dir1 = new DirectoryInfo("d:\\Softwares");
        Console.WriteLine ("Full Name is : {0}",dir1.FullName);
        Console.WriteLine ("Attributes are : {0}",dir1.Attributes.ToString( ));
    }
}
```

本例运行的结果为：

```
Full Name is : d:\Softwares
Attributes are : Directory
```

【例 2-7】 在本例中使用 DirectoryInfo 类创建了指定的文件夹下的一个子目录。

```
using System;
using System.IO;
public class test {
    public static void Main() {
        DirectoryInfo dir = new DirectoryInfo("d:\\Pictures");
        //如果指定的文件夹不存在,则创建它
        try{
            dir.CreateSubdirectory("Sub");
            dir.CreateSubdirectory("Sub\\MySub");
        }
        catch(IOException e) {
            Console.WriteLine(e.Message);
        }
    }
}
```

下面给出对文件夹下文件进行遍历的示例。

【例 2-8】 本例中使用 DirectoryInfo 类的 GetFiles 方法遍历一个指定的文件夹中所有扩展名为 dll 的文件。GetFiles 方法返回的是 FileInfo 对象的数组,FileInfo 类在 2.4.3 节中介绍。

```
using System;
using System.IO;
public class test{
    public static void Main() {
        DirectoryInfo dir = new DirectoryInfo("c:\\WINDOWS");
        FileInfo[] dllfiles = dir.GetFiles("*.dll");
        Console.WriteLine("Total number of dll files is {0}",dllfiles.Length);
        foreach( FileInfo f in dllfiles){
            Console.WriteLine("Name is : {0}",f.Name);
            Console.WriteLine("Length of the file is : {0}",f.Length);
            Console.WriteLine("Creation time is : {0}",f.CreationTime);
            Console.WriteLine("Attributes of the file are : {0}",
                f.Attributes.ToString());
        }
        Console.ReadLine();
    }
}
```

本例运行的结果为:

```
Total number of dll files is 3
Name is : twain.dll
Length of the file is : 94784
Creation time is : 2002 - 01 - 01 00:00:00
Attributes of the file are : Archive
Name is : twain_32.dll
Length of the file is : 44816
Creation time is : 2002 - 01 - 01 00:00:00
Attributes of the file are : Archive
Name is : vmmreg32.dll
Length of the file is : 20240
Creation time is : 2002 - 01 - 01 00:00:00
Attributes of the file are : Archive
```

2.4.3 File 类的常用静态方法

.NET 的 File 类没有属性,其方法都是静态方法。这些方法用于创建、复制、删除、移动和打开文件,并能作为创建 FileStream 对象的类工厂。表 2-10 列出了 File 类常用的静态方法。

表 2-10 File 类常用的静态方法

名称		描述
方法	AppendText	创建一个 StreamWriter
	Copy	将现有文件复制到新文件
	Create	在指定路径中创建文件
	CreateText	创建或打开一个文本文件
	Decrypt	对使用 Encrypt 方法加密的文件进行解密
	Delete	删除指定的文件
	Encrypt	对文件进行加密
	Exists	确定指定的文件是否存在
	GetAttributes	获取指定文件的 FileAttributes 属性
	GetCreationTime	返回指定文件的创建日期和时间
	GetLastWriteTime	返回指定文件的最近修改日期和时间
	Move	将指定的文件移到新位置
	Open	打开现有文件,返回类型为 FileStream
	OpenRead	以读取方式打开现有文件
	OpenText	打开现有 UTF-8 编码的文本文件以便读取
	OpenWrite	以写入方式打开现有文件
	ReadAllBytes	打开一个文件,将文件的内容读入一个字符串,然后关闭该文件
	ReadAllLines	打开一个文本文件,将文件中所有的行都读入一个字符串数组,然后关闭该文件
	ReadAllText	打开一个文本文件,将文件的所有行读入一个字符串,然后关闭该文件
	Replace	使用其他文件的内容替换指定文件的内容,这一过程将删除原始文件,并创建被替换文件的备份
	SetAttributes	设置文件的 FileAttributes 属性
	SetCreationTime	设置创建该文件的日期和时间
	SetLastWriteTime	设置上次写入指定文件的日期和时间
	WriteAllBytes	创建一个新文件,在其中写入指定的字节数组,然后关闭它。如果目标文件已存在,则改写该文件
	WriteAllLines	创建一个新文件,在其中写入指定的字符串,然后关闭它。如果目标文件已存在,则改写该文件

以下为使用 File 类的方法进行文件操作的一个例子。

【例 2-9】 本例中用 File 类的 Exits 方法来确定 MyFile 文件是否存在,如果文件不存在,则使用 FileInfo 类的实例来创建该文件。

⋮
```
string filename = "C:\\Windows\\Temp\\Myfile";
if(!File.Exits(fileName){
    FileInfo fileInfo = new FileInfo(fileName);
    FileStream fileStream = fileInfo.Create();
    fileStream.Close( );
}
```

2.4.4 FileInfo 类的常用属性和方法

FileInfo 类也是由抽象类 FileSystemInfo 派生的，通过使用 FileInfo 类，可以方便地创建出文件，并对文件进行打开、关闭、读写等基本的操作。表 2-11 列出了 FileInfo 类中定义的常用属性和方法。

表 2-11 FileInfo 类的常用属性和方法

	名称	描述
属性	Attributes	表示该对象的 FileAttributes
	CreationTime	表示该对象的创建时间
	Directory	表示该文件所在目录的 DirectoryInfo 实例
	DirectoryName	表示该目录的完整路径的字符串
	Exists	用于指示文件是否存在
	Extension	表示文件扩展名部分的字符串
	FullName	表示目录或文件的完整名称
	IsReadOnly	用于确定当前文件是否为只读
	LastAccessTime	表示上次访问当前文件的时间
	LastWriteTime	表示上次写入当前文件的时间
	Length	表示该文件的长度
	Name	表示该文件名称
方法	AppendText	向文本文件追加文本
	CopyTo	将现有文件复制到新文件
	Create	创建文件
	CreateText	创建或打开一个文件用于写入 UTF-8 编码的文本
	Decrypt	使用 Encrypt 方法解密由当前账户加密的文件
	Delete	永久删除文件
	Encrypt	将某个文件加密，使得只有加密该文件的账户才能将其解密
	GetAccessControl	获取 FileSecurity 对象，该对象封装当前 FileInfo 对象所描述的文件的访问控制列表(ACL)项
	MoveTo	将指定文件移到新位置
	Open	用各种读/写访问权限和共享特权打开文件
	OpenRead	创建只读 FileStream
	OpenText	创建从现有文本文件中进行读取的 StreamReader
	OpenWrite	创建只写 FileStream
	Refresh	刷新对象的状态
	Replace	使用当前 FileInfo 对象所描述的文件替换指定文件的内容
	SetAccessControl	将 FileSecurity 对象所描述的访问控制列表(ACL)项应用于当前 FileInfo 对象所描述的文件

下面给出一个使用 FileInfo 类的示例。

【例 2-10】 本例使用 FileInfo 类和 FileStream 类创建了一个名为 test.dat 的文件，并通过 FileInfo 类返回了创建后的文件的一些属性。

```
using System;
using System.IO;
```

```csharp
public class test{
    public static void Main() {
        FileInfo fi = new FileInfo("c:\\test.dat ");
        FileStream fs = fi.Create();
        Console.WriteLine("Creation Time: {0}",fi.CreationTime);
        Console.WriteLine("Full Name: {0}",fi.FullName);
        Console.WriteLine("FileAttributes: {0}",fi.Attributes.ToString());
        Console.WriteLine("按任意键删除该文件!");
        Console.Read( );
        fs.Close( );
        fi.Delete( );
    }
}
```

本例运行的结果为：

```
Creation Time: 2008-11-05 00:36:54
Full Name: c:\test.dat
FileAttributes: Archive
按任意键删除该文件!
```

2.4.5 使用 Path 类访问文件路径

文件或目录所在的位置称为路径。完整指定文件或目录路径的所有段（从驱动器盘符到所需的目录和文件名及其扩展名）的路径称为"绝对路径"。例如：C：\ Windows\ System32。仅包含文件或目录路径中某些段，以根据当前目录定位文件或目录路径的路径称为相对路径。例如：Windows\System32。

System.IO 命名空间中提供了 Path 类。该类可以访问和操作文件或目录路径的每个段，包括驱动器盘符、目录名、文件名、文件扩展名以及路径段分隔符。此外，Path 类还可以生成并管理临时文件和目录。Path 类的所有成员都是静态的，表 2-12 给出了 Path 类常用的方法。

表 2-12 Path 类中常用的方法

	名 称	描 述
方法	ChangeExtension	更改路径字符串中的扩展名部分
	GetDirectoryName	返回指定的路径字符串中的目录部分的名称
	GetExtension	返回指定的路径字符串中的扩展名部分
	GetFileName	返回指定路径字符串中的文件名（和扩展名）
	GetFileNameWithoutExtension	返回不具有扩展名的指定路径字符串的文件名
	GetFullPath	返回指定路径字符串的绝对路径
	GetPathRoot	获取指定路径的根目录信息
	GetRandomFileName	返回随机文件夹名或文件名
	GetTempFileName	创建磁盘上唯一命名的零字节的临时文件并返回该文件的完整路径
	GetTempPath	返回当前系统的临时文件夹的路径
	HasExtension	确定路径是否包括文件扩展名
	IsPathRooted	指定的路径字符串是否代表一个绝对路径

【例2-11】 本例使用Path类的方法来显示.NET Framework Machine.config文件的信息。

```
string pathString =
@"c:\Windows\Microsoft.NET\Framework\v2.0.5.727\CONFIG\Machine.config";
Console.WriteLine(Path.GetDirectoryName(pathString));
Console.WriteLine(Path.GetExtension(pathString));
Console.WriteLine(Path.GetFileName(pathString));
Console.WriteLine(Path.GetRandomFileName());
Console.WriteLine(Path.GetTempFileName());
Console.WriteLine(Path.GetTempPath());
```

2.4.6 使用DriveInfo类访问驱动器

.NET Framework 在 System.IO 命名空间内提供了 DriveInfo 类和 DriveType 枚举方便用户直接使用驱动器。驱动器用于存储计算机中的信息,例如物理硬盘上的一个分区。DriveInfo 的属性可以提供驱动器的各项信息,表2-13列出了DriveInfo类的常用属性和方法。

表2-13 DriveInfo类的常用属性和方法

	名 称	描 述
属性	AvailableFreeSpace	指示驱动器上的可用空闲空间量
	DriveFormat	指示文件系统的名称,例如 NTFS 或 FAT32
	DriveType	指示驱动器类型,返回值为 DriveType 枚举类型
	IsReady	表示该驱动器是否已准备好
	Name	表示该驱动器的名称
	RootDirectory	表示该驱动器的根目录
	TotalSize	指示驱动器上存储空间的总大小
	VolumeLabel	表示该驱动器的卷标
方法	GetDrives	获取计算机上的所有逻辑驱动器的驱动器名称

DriveType对驱动器进行分类,表2-14列举了枚举DriveType中的所有成员。

表2-14 DriveType枚举的成员

成 员	描 述
CDRom	此驱动器是光盘设备,如 CD 或 DVD-ROM
Fixed	此驱动器是固定磁盘
Network	此驱动器是网络驱动器
NoRootDirectory	此驱动器没有根目录
Ram	此驱动器是 RAM 磁盘
Removable	此驱动器是可移动存储设备,如 USB 闪存驱动器
Unknown	此驱动器类型未知

【例2-12】 本例说明如何使用DriveInfo类,对使用NTFS格式的本地驱动器进行循环访问,然后显示与每个驱动器相关的信息。

```
DriveInfo[] drives = DriveInfo.GetDrives();
Console.WriteLine("Available Fixed NTFS Drives");
foreach (DriveInfo drive in drives) {
```

```
if(drive.DriveType == DriveType.Fixed )
    Console.WriteLine ("The drive name {0} has {1} bytes of free space available.",
        drive.Name,drive.AvailableFreeSpace);
}
```

2.5　使用 FileSystemWatcher 类监控文件系统

FileSystemWatcher 类可用来监视对文件系统的修改，配合该类使用的还有几个辅助类：RenamedEventHandler、ErrorEventHandler，它们都是位于 System.IO 命名空间中的。FileSystemWatcher 创建的实例可在指定范围内侦听文件系统的更改通知，并在目录或目录中的文件发生更改时触发事件。

表 2-15 介绍了 FileSystemWatcher 类的常用属性、方法和事件。

表 2-15　FileSystemWatcher 类的常用属性、方法和事件

	名　称	描　述
属性	Filter	该属性的值为 NotifyFilters 枚举类型，用于确定在目录中监视哪些变化，表 2-16 介绍该枚举
	IncludeSubdirectories	指示是否监视指定路径中的子目录
	NotifyFilter	设置要监视的更改类型。该属性为 NotifyFilters 枚举类型，表 2-16 为对该枚举成员的说明
	EnableRaisingEvents	设置为 true 后即开始对文件系统进行监视
	Path	获取或设置要监视的目录的路径
方法	WaitForChanged	该方法返回一个结构，结构中包含有关已发生的更改的特定信息
事件	Changed	当更改指定 Path 中的文件和目录时发生
	Created	当在指定 Path 中创建文件和目录时发生
	Deleted	删除指定 Path 中的文件或目录时发生
	Error	当内部缓冲区溢出时发生
	Renamed	重命名指定 Path 中的文件或目录时发生

表 2-16 为 NotifyFilters 枚举类型。

表 2-16　NotifyFilters 枚举类型

成　员	描　述
Attributes	文件或文件夹的属性
CreationTime	文件或文件夹的创建时间
DirectoryName	目录名
FileName	文件名
LastAccess	文件或文件夹上一次打开的日期
LastWrite	上一次向文件或文件夹写入内容的日期
Security	文件或文件夹的安全设置
Size	文件或文件夹的大小

NotifyFilters 枚举的值可以按位进行组合，用以筛选出感兴趣的状态变化。

下面是使用 FileSystemWatcher 类监视文件系统的一个示例。

【例 2-13】 本例说明如何使用 FileSystemWatcher 类,监视 C 盘根目录上的各种文件操作。

```
using System;
using System.IO;
public class FileSystemWatchCherDemo{
    static void Main(string[] args){
        FileSystemWatcher watcher = new FileSystemWatcher(@"C:\");
        watcher.NotifyFilter = NotifyFilters.FileName | NotifyFilters.DirectoryName;
        watcher.Changed += new FileSystemEventHandler(OnChanged);
        watcher.Created += new FileSystemEventHandler(OnChanged);
        watcher.Deleted += new FileSystemEventHandler(OnChanged);
        watcher.Renamed += new RenamedEventHandler(OnRenamed);
        watcher.Error += new ErrorEventHandler(OnError);
        watcher.EnableRaisingEvents = true;
        Console.WriteLine("Press 'Enter' to exit…");
        Console.ReadLine();
    }

    private static void OnChanged(object source, FileSystemEventArgs e){
        WatcherChangeTypes changeType = e.ChangeType;
        Console.WriteLine("The file {0} {1}", e.FullPath, e.ChangeType.ToString());
    }

    private static void OnRenamed(object source, RenamedEventArgs e){
        WatcherChangeTypes changeType = e.ChangeType;
        Console.WriteLine("The file {0} {2} to {1}", e.OldFullPath,
            e.FullPath, changeType.ToString());
    }

    private static void OnError(object source, ErrorEventArgs e){
        Console.WriteLine("An error has occurrred");
    }
}
```

该程序运行时,只要对 C 盘根目录下的文件和文件夹进行删除、创建、改名等操作,程序就会自动向控制台输出相关信息,如图 2-1 所示。但对发生在其他路径下的同类操作,则不予理会。

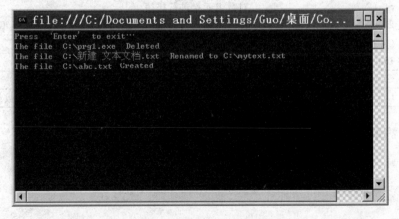

图 2-1 对 C:\目录下文件操作实行监视

如果将程序中 watcher.NotifyFilter 赋值语句右端对 NotifyFilters.FileName 的"|"运算去除,则对文件的删除、创建、改名这几项操作都不再产生相应的输出信息。

第 3 章　集合与泛型

　　.NET 下提供了包含数组在内的多种集合类型,为应用程序中建立各种复杂数据结构提供了基础性的支持。一般情况下,程序员只要在 .NET 现有的各种集合类型中作出选择,就可以满足大部分应用中的需求。特殊情形下,还可以利用 .NET 中有关的基类派生出自定义集合类型。

3.1　数组和数组列表

　　数组是一组相同类型的变量的集合,其中的每个变量称为该数组的元素。一个数组中的所有元素位于一个连续的内存块中,并且可以通过使用整数索引来访问它们。当程序需要处理一组有序的相似元素时,数组就显得非常有用。在这种情况下,与创建许多独立的变量相比,使用数组更为灵活且有效。C#中的数组可分为一维数组和多维数组。只包含单个序列的数组称为一维数组,而多维数组需要用一个或多个整数值对其进行索引。

　　在 .NET 中通过 System.Array 类来支持数组。System.Array 类是一个抽象类。它提供了一些用来操作数组的通用方法。表 3-1 列举了其中的一部分。

表 3-1　System.Array 类中的常用方法

名　　称	描　　述
Sort	对数组元素进行排序
Clear	将一系列元素设置为空引用或零(取决于元素类型)
GetLength	返回数组指定维数的长度
IndexOf	返回指定值在数组中首次出现的索引位置
Clone	创建数组的副本
CopyTo	将当前一维数组的所有元素复制到指定的一维数组中

C#下常用的数组声明的语法为:

数组类型[] 数组名;

例如:

int[] arr;

.NET 的数组属于引用类型,因此需要为数组变量创建实例。C#创建数组实例的语法为:

数组名 = new 数组类型[数组长度];

这里数组的长度必须是预先设定的,往往不够灵活。如果需要可变长度的数组,则可以用数组列表。数组列表属于在 System.Collection 命名空间中定义的 ArrayList 类的对象,在用法上和数组非常类似,但是其容量可以按照需要动态增长。当把元素添加到一个 ArrayList 列表时,该列表的容量会自动增加。

可以像访问数组那样使用索引来访问 ArrayList 中的元素。通过用 Add 或 Remove 方法可以向 ArrayList 中添加元素或者从其中移除元素。需要特别注意的是,所有的 ArrayList 元素都是 System.Object 类型的。因此,当从 ArrayList 中访问元素时,往往需要执行类型转换。

表 3-2 列出了 ArrayList 类的一些常用方法和属性。

表 3-2 ArrayList 类的常用方法和属性

	名 称	描 述
属性	Count	该属性值代表 ArrayList 中实际包含的元素数
	Item	获取或设置指定索引处的元素
方法	Add	将元素添加到 ArrayList 的末端
	Clear	清空 ArrayList 中的所有元素
	IndexOf	返回 ArrayList 或它的一部分中某个值的第一个匹配项的从零开始的索引
	Insert	将元素插入 ArrayList 的指定索引处
	Remove	从 ArrayList 中移除指定元素的第一个匹配项
	RemoveAt	在 ArrayList 中移除指定索引处的元素
	RemoveRange	在 ArrayList 中移除从指定索引处开始的若干个元素
	Reverse	将 ArrayList 元素的顺序逆置
	Sort	对 ArrayList 中的元素执行排序
	TrimToSize	将容量设置为 ArrayList 元素实际数量

下面是一个简单的例子。

【例 3-1】 本例示范如何使用 ArrayList 的一些基本操作。

```
using System;
using System.Collections;
public class SamplesArrayList {
    public static void Main(){
        ArrayList myAL = new ArrayList();    //创建一个 ArrayList 列表的实例
        myAL.Add("The");                     //从本行开始连续在该列表内添加若干元素
        myAL.Add("quick");
        myAL.Add("brown");
        myAL.Add("fox");
        myAL.Add("jumped");
        myAL.Add("over");
        myAL.Add("the");
        myAL.Add("lazy");
        myAL.Add("dog");
        Console.WriteLine("The ArrayList initially contains the following:");
        PrintValues(myAL);                   //显示该列表
        myAL.Remove("lazy");                 //删除列表中包含"lazy"的元素
        Console.WriteLine("After removing \"lazy\":");
```

```
        PrintValues(myAL);                //显示该列表当前状态
        myAL.RemoveAt(5);                 //删除列表中索引为 5 的元素
        Console.WriteLine("After removing the element at index 5:");
        PrintValues(myAL);                //显示该列表当前状态
        myAL.RemoveRange(4,3);            //从索引为 4 的位置开始删除连续 3 个元素
        Console.WriteLine("After removing three elements starting at index 4:");
        PrintValues(myAL);                //显示该列表最终的状态
    }
    public static void PrintValues(IEnumerable myList)          //显示列表中所有元素
    {
        foreach(Object obj in myList)     //foreach 循环访问列表中每一个元素
            Console.Write( " {0}",obj );
        Console.WriteLine( );
    }
}
```

如前所述,ArrayList 是可以像数组那样通过索引进行访问的,因此在本例的 PrintValues 方法中,也可以用

```
for(int i = 0; i < myAL.Count; i++)
    Console.Write(" {0}",myAL[i]);
```

代替 foreach 语句对列表进行遍历访问并输出。

3.2 队　　列

队列(Queue)类实现了一种"先进先出"的数据结构,用于描述需要顺序处理的一组对象。队列可以按照对象插入的顺序进行存储,并且总是在队列的尾端插入对象,在队列的首端移除对象。

表 3-3 列出了 Queue 类的一些常用属性和方法。

表 3-3　Queue 类的一些常用属性和方法

	名　　称	描　　述
属性	Count	指示 Queue 中包含的元素数
方法	Clear	清空队列中所有的元素
	Contains	如果队列中存在某个指定元素返回 true,否则返回 false
	Dequeue	移除并返回队列首端的元素
	Enqueue	将一个新元素添加到队列的尾端
	Peek	返回队列首端的元素,但是并不移除它
	ToArray	将 Queue 元素复制到新数组

这里需要注意的是,在空的队列上调用 Dequeue 或 Peek 方法,将引发 InvalidOperationException 异常。

一个队列中的所有元素存储在一个缓冲区中,这个缓冲区可以按照需要扩展,以便为附加的对象提供空间。如果队列缓冲区不需要扩展,那么在相应队列上执行操作的开销就相

对较小。调整队列的大小是需要付出一定性能代价的,所以应尽量避免频繁调整缓冲区的大小。C#中默认的缓冲区大小为32。即队列中最多容纳32个元素。可以通过队列构造函数来设定缓冲区的大小,例如:

Queue q = new Queue (100);

在队列对象的构造过程中,还可以设置队列对象的增长因子。当缓冲区大小需要调整时,可以使用增长因子来设定新建的队列缓冲区的大小。增长因子默认为2.0,即每当队列缓冲区必须增长时,它的大小将增长到原来的2.0倍。Queue类有一个允许同时初始化队列大小和增长因子的构造函数。例如:

Queue q = new Queue(100,10.0);

通过设置大于默认值的增长因子,可以减少 Queue 对象调整大小的次数。

下面给出使用队列类的示例。

【例 3-2】 在本例中调用了队列元素的入列(即 Enqueue)和出列(即 Dequeue)以及 Peek 等方法,从中可了解它们的用法。

```
using System;
using System.Collections;
public class SamplesQueue {
  public static void Main(){
    Queue myQ = new Queue();                              //创建队列对象的实例
    myQ.Enqueue( "测" );
    myQ.Enqueue( "试" );
    myQ.Enqueue( "成" );
    myQ.Enqueue( "功" );
    Console.Write( "Queue values:" );
    ShowValues( myQ, '\t' );                              //显示当前队列中的元素
    Console.WriteLine( "(Dequeue)\t{0}",myQ.Dequeue() );  //执行出列
    Console.Write( "Queue values:" );
    ShowValues( myQ, '\t' );                              //显示当前队列中的元素
    Console.WriteLine( "(Dequeue)\t{0}",myQ.Dequeue() );  //执行出列
    Console.Write( "Queue values:" );
    ShowValues( myQ, '\t' );                              //显示当前队列中的元素
    Console.WriteLine( "(Peek) \t{0}",myQ.Peek() );       //Peek 时无须出列
    Console.Write( "Queue values:" );
    ShowValues( myQ, '\t' );                              //显示当前队列中的元素
  }
  public static void ShowValues( Queue q,char mySeparator )  //显示队列中的元素
  {
      IEnumerator myEnumerator = q.GetEnumerator();
      while (myEnumerator.MoveNext())
        Console.Write("{0}{1}",mySeparator,myEnumerator.Current);
      Console.WriteLine( );
  }
}
```

本例运行输出的结果为:

```
Queue values: 测    试    成功
(Dequeue)     测
Queue values: 试    成    功
(Dequeue)     试
Queue values: 成    功
(Peek)        成
Queue values: 成    功
```

本例的 ShowValues 方法采用了不同于例 3-1 中的方式对集合中的元素进行遍历访问，这样做的目的是为了更全面地揭示.NET 下与集合类型相关的一些特性：System.Collections.Queue 类实现了三个与集合相关的接口：ICollection、IEnumerable、ICloneable。因此可通过 GetEnumerator 方法得到 IEnumerator 的实例，然后只要连续执行 MoveNext 方法就可以遍历整个集合。就本例来说，也可以用

```
foreach (object s in q )
    Console.Write("{0}\t",(string) s);
```

来遍历该队列，因为 C# 中的 foreach 一般就是转换为利用 IEnumerator 接口实现遍历的。此外，ArrayList 也是实现了 IEnumerable 接口的，因此可以像本例中那样对数组列表进行遍历。顺便提一下，队列的元素是不能像数组中那样使用索引来访问的。

表 3-4 给出了 IEnumerator 接口中主要成员的说明，供读者参考。

表 3-4　IEnumerator 接口的主要成员

	名　　称	描　　述
属性	Current	获取集合中的当前元素
方法	MoveNext	将当前位置推进到集合的下一个元素
	Reset	重新开始一轮遍历，当前元素设置为初始位置

3.3　栈

栈（Stack）类实现了一种"后进先出"的数据结构，在这种数据结构中，最后入栈的元素位于栈的顶部。和 Queue 类一样，栈类也实现了 ICollection、IEnumerable、ICloneable 这三个接口。表 3-5 列出了 Stack 类的一些常用属性和方法。

表 3-5　Stack 类的一些常用属性和方法

	名　　称	描　　述
属性	Count	获取 Stack 中包含的元素数
方法	Clear	清空栈中所有的对象
	Contains	如果栈中存在某个指定对象返回 true，否则返回 false
	Peek	返回栈顶部的元素，但是并不从栈中移除该元素
	Pop	移除并返回栈顶部的元素
	Push	将新元素插入到栈的顶部
	ToArray	将 Stack 复制到新数组中

下面给出一个如何使用 Stack 类的示例。

【例 3-3】 在本例中给出了堆栈类的压入和弹出元素的方法调用。

```
using System;
using System.Collections;
class Test {
    static void Main(){
        Stack s = new Stack();                          //创建一个栈
            //以下连续对该栈压入 6 个元素
        s.Push(1);
        s.Push(2);
        s.Push(3);
        s.Push(4);
        s.Push(5);
        s.Push(6);
        Console.WriteLine("栈中的元素有：");
        foreach(int index in s){
            Console.WriteLine("{0}",index);
        }
        while(s.Count > 0) {
            int tmp = (int) s.Pop();                    //逐个元素出栈
            Console.WriteLine(" 弹出栈元素：{0}",tmp);
        }
        Console.WriteLine("栈目前为空");
    }
}
```

本例运行时输出结果如下。

堆栈中的元素有：
6
5
4
3
2
1
弹出栈元素：6
弹出栈元素：5
弹出栈元素：4
弹出栈元素：3
弹出栈元素：2
弹出栈元素：1
栈目前为空

3.4 哈希表和有序表

哈希表（Hashtable）是一种很有用但也是相对比较复杂的数据结构，在哈希表集合中的每一个元素中都是以键、值对的形式保存数据的。其中的"键"和"值"都是字符串，这些数据保存在内存中。由于使用独特的地址算法,对其插入、查找和其他基本操作的速度都很快,在数据量较大的情形下这一点更明显。哈希表的查找方式主要为通过已知的键找出其对应值。

.NET 的 Hashtable 实现了哈希表。表 3-6 为该类的主要属性和方法。

表 3-6 Hashtable 类的主要属性和方法

	名 称	描 述
属性	Count	指示 Hashtable 中包含的元素的个数
	Item	表示与指定的键相关联的值
	Keys	表示此 Hashtable 中的键的 ICollection
	Values	表示此 Hashtable 中的值的 ICollection
方法	Add	将带有指定键和值的元素添加到 Hashtable 中,Add 的参数 Key 和 Value 被定义为 Object 类型的,但一般使用时用字符串作为 Key 和 Value 的值
	Clear	从 Hashtable 中移除所有元素
	ContainsKey	确定 Hashtable 是否包含特定键
	ContainsValue	确定 Hashtable 是否包含特定值
	Remove	从 Hashtable 中移除带有指定键的元素

下面是一个使用 Hashtable 类的简单示例。

【例 3-4】 本例中可看到如何在.NET 程序中对哈希表进行存储和检索,其源代码如下:

```
using System;
using System.Collections;
class Program
{
    static void Main(string[] args){
        Hashtable currencies = new Hashtable();            //新建一个哈希表
        currencies.Add("US","Dollar");                     //添加一个表元素(键值对)
        currencies.Add("Japan","Yen");
        currencies.Add("France","Euro");
        Console.Write("US Currency: {0}",currencies["US"]);
            //检索已知键为"US"的哈希值并显示
        Console.ReadLine();
    }
}
```

本例运行输出的结果为:

US Currency: Dollar

与哈希表类似,.NET 下还有一种 SortedList 的集合类型,它的元素也是"键"、"值"对。SortedList 的"键"、"值"对可按键排序并可按照键或索引进行访问。SortedList 表由于是排好序的,因此查找速度可以相当快。但对其插入操作时一般需要大量移动元素,因此比较慢。

SortedList 的属性和方法与 Hashtable 的相近,这里不再予以列出。下面给出一个示例。

【例3-5】 本例介绍 SortedList 类对象的基本用法，其源代码如下：

```
using System;
using System.Collections;
class Program
{
    static void Main(string[] args){
        SortedList slColors = new SortedList();
        slColors.Add("forecolor","black");
        slColors.Add("backcolor","white");
        slColors.Add("errorcolor","red");
        slColors.Add("infocolor","blue");
        foreach (DictionaryEntry de in slColors){
            Console.WriteLine("{0} = {1}",de.Key,de.Value);
        }
        Console.WriteLine("Press Enter to exit...");
        Console.ReadLine();
    }
}
```

本例运行输出的结果为：

```
backcolor = white
errorcolor = red
forecolor = black
infocolor = blue
Press Enter to exit...
```

从输出中可以看到该表已按照键值排过序。

注：.NET 中 DictionaryEntry 类的对象用于表示一个"键"、"值"对。因此 Hashtable 和 SortedList 都是 DictionaryEntry 类的对象的集合。

3.5 专用集合

.NET 中还定义了一些特定类型的集合，如 StringCollection 等。这种类型在对特定类型的对象操作时往往有更好的效率。下面是一个例子。

【例3-6】 本例介绍 StringCollection 类的用法，其源代码如下：

```
using System;
using System.Collections;
using System.Collections.Specialized;
  //System.Collections.Specialized 命名空间中包含这些特定类型的集合
public class Program
{
    public static void Main(){
        StringCollection sc = new StringCollection();
        sc.Add("first");
        sc.Add("second");
        sc.Add("third");
```

```
        for (int i = 0; i < sc.Count; i++){
            Console.WriteLine(sc[i]);                    //可对该集合类型使用索引
        }
        Console.WriteLine("Press Enter to exit...");
        Console.ReadLine();
    }
}
```

3.6 使用泛型

泛型是.NET中特有的类型,定义泛型时用list<…>语句表示。它很像ArrayList类,但可以在创建对象实例时限定列表中元素的类型,这样在使用时更方便和高效。程序中使用泛型需要在代码文件中添加对System.Collections.Generic命名空间的引用。

以下为一个使用泛型的示例。

【例3-7】 本例中使用的list<string>泛型是一个由string元素构成的列表,其源代码如下:

```
using System;
using System.Collections;
using System.Collections.Generic;
public class Program
{
    public static void Main( ){
        List<string> names = new List<string>();
        names.Add("Michael Patten");
        names.Add("Simon Pearson");
        names.Add("David Pelton");
        names.Add("Thomas Andersen");
        foreach(string str in names){           //可以用foreach对泛型进行遍历
            Console.WriteLine(str);
        }
        names.Remove("David Pelton");
        for(int i = 0; i < names.Count; i++)    //也可以用索引对泛型元素进行访问
            Console.WriteLine(names[i]);
        Console.ReadLine();
    }
}
```

本例运行输出的结果为:

```
Michael Patten
Simon Pearson
David Pelton
Thomas Andersen
Michael Patten
Simon Pearson
Thomas Andersen
```

从中看出,该泛型的用法与ArrayList基本是一样的。为了验证在泛型定义时< >中可以输入不同的类型,下面再看一个元素为整型的泛型的示例。

【例 3-8】 本例中使用的 List＜int＞泛型是一个由 int 元素构成的列表,其源代码如下:

```
using System;
using System.Collections;
using System.Collections.Generic;
public class Program
{
    public static void Main( ){
        List < int > numbers = new List < int >();
        numbers.Add(3);
        numbers.Add(6);
        numbers.Add(4);
        numbers.Add(2);
        foreach(int k in numbers){
            Console.WriteLine(k);
        }
        numbers.Remove(3);
        for(int i = 0; i < numbers.Count; i++){
            Console.WriteLine(numbers [i]);
        }
        Console.ReadLine();
    }
}
```

.NET 中还有针对 Stack 和 Queue 等类的泛型,它们用 Stack＜…＞和 Queue＜…＞等表示,用法与 Stack 和 Queue 等类相似,但同样可以限定其元素的类型。

请看下面的示例。

【例 3-9】 本例中使用的 Stack＜int＞泛型,是一个由 int 元素构成的栈(Stack),其源代码如下:

```
using System;
using System.Collections;
using System.Collections.Generic;           //添加该命名空间
public class Program
{
    public static void Main(){
        Stack < int > numbers = new Stack < int >();
        numbers.Push(3);
        numbers.Push(6);
        numbers.Push(4);
        numbers.Push(2);
        int count = numbers.Count;
        for (int i = 0; i < count; i++){
            Console.WriteLine("Popping: {0}",numbers.Pop());
        }
        Console.ReadLine();
    }
}
```

本例运行输出的结果为:

Popping: 2
Popping: 4
Popping: 6
Popping: 3

3.7 自定义集合类

上面介绍的几种集合类已能满足大多数的应用,但有时程序中仍需要自定义集合类型。

3.7.1 实现 IEnumerable 接口

.NET 提供了 ICollection、IEnumerable、ICloneable 等与集合操作有关的接口,自定义集合类通常需要实现其中的一个或几个接口。

下面是一个自定义集合类的示例。

【例 3-10】 本例中定义了一个类,它包含一个 ArrayList 类型的成员用于容纳集合中的元素,并提供一些方法以实现 IEnumerable 接口,其源代码如下:

```csharp
using System;
using System.Collections;
public class Contractor
    //定义 Contractor 类,它的实例将作为此后定义的 Contractors 集合类型中的元素
{
    private string name;
    private int rate;
    public Contractor(string Name, int Rate)          //定义构造函数
    {
        this.name = Name;
        this.rate = Rate;
    }
    public override string ToString()                 //重载 ToString 方法定义输出格式
    {
        return string.Format("{0} [ $ {1:.00}]", this.name, this.rate);
    }
}

public class Contractors : IEnumerable              //自定义的集合类
{
    private ArrayList items = new ArrayList();
    public IEnumerator GetEnumerator()              //IEnumerable 接口中规定要实现的方法
    {
        for (int index = 0; index < this.Count; index++){
            yield return this[index];
        }//yield return 语句使得可以多次返回值(集合类型 IEnumerator)
    }

    public int Add(string Name, int Rate)
```

```csharp
        {
            return items.Add(new Contractor(Name,Rate));
        }

        public Contractor this[int Index]
        { //允许在实例名之后带含有索引的中括号访问 Items 中的成员
            get{
                return (Contractor)items[Index];
            }
        }

        public int Count                          //Count 被定义为属性
        {
            get { return items.Count; }
        }
    }

public class contractorTest
{
    static void Main(){
        Contractors myContractors = new Contractors();
        myContractors.Add("Thomas Andersen",12);   //注意,自定义的 Add 用两个参数
        myContractors.Add("Carole Poland",25);
        myContractors.Add("Nancy Anderson",65);
        myContractors.Add("Sidney Higa",48);
        foreach (Contractor c in myContractors)    //支持用 foreach 遍历
            Console.WriteLine(c);                  //WriteLine 调用自定义 ToString 实现特殊输出格式
        for (int i = 0; i < myContractors.Count; i++)//也支持用索引器访问
            Console.WriteLine(myContractors[i]);
        Console.ReadLine( );
    }
}
```

本例运行输出的结果为:

```
Thomas Andersen [ $ 12.00]
Carole Poland [ $ 25.00]
Nancy Anderson [ $ 65.00]
Sidney Higa [ $ 48.00]
Thomas Andersen [ $ 12.00]
Carole Poland [ $ 25.00]
Nancy Anderson [ $ 65.00]
Sidney Higa [ $ 48.00]
```

说明:

(1) foreach 的执行是建立在该类型提供 IEnumerable 接口的基础上。IEnumerable 接口规定必须实现 GetEnumerator 方法,该方法返回一个实现了 IEnumerator 接口的对象实例。通过 IEnumerator 接口就能进行枚举操作(即遍历该集合)。

(2) public Contractor this[int Index]为集合类型定义索引器,使得可以用 myContractors[i]来表示 myContractors.Items[i]。索引器按习惯使用一对中括号([]),因

此也可以看作是对[]运算符的重载。此外注意,虽然索引器给人感觉可以用数组的方式对待集合,但本例中的索引器是作为只读属性定义的,因此并不能对被索引的元素赋值,与真正的数组在用法上仍有差距,不过读者也许能修改其代码使该索引器成为可读且可写的属性。

(3) yield return this[index]语句中的 yield 是 C#的关键字;在有关说明文档中的解释是"在迭代器块中用于向枚举数对象提供值或发出迭代结束信号"。

(4) 因为 Console.WriteLine(c)是按对象 c 的 ToString 方法输出的,所以显示中出现[$12.00]。

(5) 本例中集合类 Contractors 中定义了 Add 方法,但没有定义 Remove 方法。事实上,Add 也不是实现 IEnumerable 接口所必需的。

3.7.2 继承 CollectionBase 类

CollectionBase 是.NET 下定义的一个抽象基类,具有一般集合类型中应有的一些基本特征。程序中可以通过继承 CollectionBase 类来实现自定义集合类型。一般来说,这种做法比较适合强类型对象的集合。表 3-7 介绍了 CollectionBase 类的常用属性和方法。

表 3-7 CollectionBase 类的常用属性和方法

	名 称	描 述
属性	Capacity	该属性表示 CollectionBase 集合中可存储的元素数目(应理解为利用已分配到的内存块最多就可存储这么多的元素,必要时系统会自动追加分配内存)
	Count	该属性表示集合中实际包含的元素数目
	List	这是一个受保护的属性,类型为 ArrayList。用于储存 CollectionBase 对象中的元素
方法	Clear	删除 CollectionBase 对象的所有元素
	GetEnumerator	返回一个对枚举数对象的引用,该对象用于循环访问
	RemoveAt	从 CollectionBase 对象中移除指定索引处的元素

下面提供一个示例。

【例 3-11】 本例模拟一个宠物诊所的运行,其中的自定义集合类型 Patients 是由 CollectionBase 派生的,其源代码如下:

```
using System;
using System.Collections;
public class Mammal { }                            //定义哺乳动物类,以下三行定义它的派生类
public class Dog : Mammal { }
public class Cat : Mammal { }
public class Whale : Mammal { }
public class Fish { }                              //定义鱼类
public class Reptile { }                           //定义爬行类
public class Patients : CollectionBase             //Patients 为自定义集合类
{
    public void AdmitPatient(object patient)
        //该方法用于收治一个宠物,相当于执行 Add,但添加了一些条件
        //仅当满足这些条件时才能实际完成添加
```

```csharp
        {
            if ((patient) is Whale)
                Console.WriteLine(@"Can not add a whale as a patient.
                    Who do you think we are Sea World!");
            else
                if ((patient)is Mammal || (patient)is Fish || (patient)is Reptile)
                    this.List.Add(patient);
        }

        public void DischargePatient(object patient)
            //该方法相当于对集合执行的移除(Remove)
        {
            this.List.Remove(patient);
        }
    }

    public class VeterinaryClinic
    {
        public static void Main(){
            Cat fluffy = new Cat();                    //创建一个 Cat 类实例
            Whale shamu = new Whale();                 //创建一个 Whale 类实例
            Fish goldy = new Fish();                   //创建一个 Fish 类实例
            Patients SickPets = new Patients();
                //SickPets 为 Patients 集合类的实例,它的元素是该宠物诊所中的病员
            SickPets.AdmitPatient(fluffy);             //一个 Cat 被收治
            SickPets.AdmitPatient(shamu);              //一个 Whale 来求治,但未被收治
            SickPets.AdmitPatient(goldy);              //一个 Fish 被收治
            foreach (object pet in SickPets){
                Console.WriteLine(pet.ToString());     //输出对象名字
            }
            Console.WriteLine("Press Enter to exit...");
            Console.ReadLine();
        }
    }
```

本例运行时,按规定婉拒了前来求治的鲸鱼 shamu,而其余一只猫和一条鱼均得以收治;最后再通过 foreach 语句显示全体病员名册。

说明:

(1) 由于继承了 CollectionBase 类,本例中的自定义集合类只需编写很少的代码。

(2) AdmitPatient 方法中调用 this.List.Add 方法进行添加,其中 List 是 CollectionBase 的被保护属性(只能在该类自身及其派生类中访问的属性),无法在 Main 方法中直接调用 List.Add。可以比较有效地对数据实行控制(例如,鲸鱼 shamu 被拒绝收治)。

(3) 本例定义的集合的元素不能用索引来访问,如果要使用索引访问这些元素,必须像例 3.10 中那样为 Patients 类定义一个索引器(即重载操作符[ ])。

第 4 章 多线程应用程序

4.1 创建多线程应用程序

.NET 应用程序可以提供同时执行多个任务的功能。在传统编程中,用户只有在完成上一个任务后才能开始新任务,此环境称为同步编程环境。同步编程方法的执行效率十分低下。为了提高效率和缩短响应时间,可以使用单独的线程来管理每个任务,多个线程可并发执行。

4.1.1 线程和 Thread 类

Windows 环境下的进程可调用系统分配给应用程序的所有资源,包括虚拟内存空间、系统资源和数据等。线程则是一种可以并发执行的基本单元,操作系统主要按线程的优先级为每个独立的线程分配处理器时间。非托管应用程序本身就是一个进程,其中包含一个或多个线程。.NET 被托管程序一般被包含在特定进程之中(即某个进程中可包含若干个可托管程序,详情可参考 5.4 节),但其仍然是由一个或多个线程构成的。

多线程应用程序在许多场合下都具有优势。例如,应用程序可以创建独立的线程来完成某项耗时任务,同时通过主线程或其他线程维持程序的基本功能(如对 GUI 的及时响应等)。但如果执行的线程过多,则操作系统花在切换线程上的时间会比执行某个给定的线程的时间还要多,这将导致性能下降。因此,应该根据实际情况来确定要使用的线程数。

在 Visual Studio .NET 下创建的可托管应用程序一般默认为只有一个线程,这个线程称为主线程。当程序中需要创建额外的线程时,可以使用 System.Threading 命名空间中的 Thread 类。

Thread 类支持对线程进行创建、销毁和暂停等各种操作。创建线程时,需要使用 ThreadStart 或 ParameterizedThreadStart 委托。这两个委托可关联某个用作线程起始点的方法,其中 ParameterizedThreadStart 委托可用于传递一个作为关联方法的参数的对象。

表 4-1 介绍了 Thread 类的常用属性和方法。

表 4-1 Thread 类的常用属性和方法

	名称	描述
属性	IsAlive	该属性值指示线程是否处于活动状态
	IsBackground	该属性值指示线程是否处于后台运行状态
	IsThreadPoolThread	该属性值指示线程是否由线程池托管
	ManagedThreadId	获取当前托管线程的唯一标识符
	Name	该属性表示线程的名称
	Priortity	该属性表示线程的优先级
	ThreadState	该属性为只读,可以用来查看线程的状态。它的值属于 ThreadState 枚举类型
方法	Abort	终止当前线程的执行
	GetDomainID	返回当前线程正在其中运行的当前域的标识
	Resume	使已挂起的线程恢复执行
	Sleep	将当前线程阻止指定的毫秒数
	Start	使线程开始执行
	Suspend	挂起线程,或者如果线程已挂起,则不起作用

表 4-2 列出了用于线程优先级设置的 ThreadPriority 枚举类型的所有成员。操作系统将按照线程的优先级进行资源分配,如优先级别较高的线程可以获得更多的 CPU 运行时间等。注意,ThreadPriority 作为.NET 受管制程序中线程的优先级与 Windows 意义下的线程优先级不能简单进行等同,比如 Windows 线程具有的优先级可以是 0~31,而 ThreadPriority 中只有 5 个级别。

表 4-2 ThreadPriority 枚举的成员

名称	描述
Highest	最高级
AboveNormal	较高级
Normal	常规级
BelowNormal	较低级
Lowest	最低级

以下示例说明如何使用 Thread 类。

【例 4-1】 创建一个控制台应用程序,输入以下代码:

```
using System;
using System.Threading;
class program
{
    static void Main( ){
        Thread newThread;
        ThreadStart threadMethod = new ThreadStart(DoWork);
        for(int counter = 1;counter <= 4; counter++){
            Console.WriteLine("Starting Thread {0}",counter);
            newThread = new Thread(threadMethod);
            newThread.Name = counter.ToString();
```

```
                newThread.Start( );
                Thread.Sleep(20);
            }
            Console.ReadLine( );
        }

        static void DoWork ( ){
            for(int n = 1; n <= 10; n++){
                Console.WriteLine("Thread {0}: the {1}th step",
                    Thread.CurrentThread.Name,n);
                Thread.Sleep(5);
            }
        }
    }
```

以下是程序运行时的输出：

```
Starting Thread 1
Thread 1: the 1 th step
Thread 1: the 2 th step
Thread 1: the 3 th step
Thread 1: the 4 th step
Starting Thread 2
Thread 2: the 1 th step
Thread 1: the 5 th step
Thread 2: the 2 th step
Thread 1: the 6 th step
Thread 2: the 3 th step
Thread 1: the 7 th step
Thread 2: the 4 th step
Starting Thread 3
Thread 3: the 1 th step
Thread 1: the 8 th step
Thread 2: the 5 th step
Thread 1: the 9 th step
Thread 3: the 2 th step
Thread 2: the 6 th step
Thread 1: the 10 th step
Thread 3: the 3 th step
Thread 2: the 7 th step
Thread 3: the 4 th step
Thread 2: the 8 th step
Starting Thread 4
Thread 4: the 1 th step
Thread 3: the 5 th step
Thread 2: the 9 th step
Thread 4: the 2 th step
Thread 3: the 6 th step
Thread 2: the 10 th step
Thread 4: the 3 th step
Thread 3: the 7 th step
```

```
Thread 3: the 8 th step
Thread 4: the 4 th step
Thread 3: the 9 th step
Thread 4: the 5 th step
Thread 3: the 10 th step
Thread 4: the 6 th step
Thread 4: the 7 th step
Thread 4: the 8 th step
Thread 4: the 9 th step
Thread 4: the 10 th step
```

从上述代码中可以看到 4 个线程逐个被创建后并发运行的过程。代码中 Sleep 方法能使当前线程暂时休眠,将 CPU 让给其他线程使用。读者可尝试将 Thread.Sleep(5);注释掉,看一下运行结果有何区别。

4.1.2 线程状态的转换与控制

ThreadState 枚举类型为线程定义了一组可能的状态。线程一旦被创建,它就至少处于其中一个状态中,直到终止。在 CLR 中创建的线程最初处于 Unstarted 状态中,而进入运行库的外部线程则已经处于 Running 状态中。通过调用 Start 可以将 Unstarted 线程转换为 Running 状态。表 4-3 列出了用于线程状态的 ThreadState 枚举类型所有的成员。

表 4-3 ThreadState 枚举类型的成员

名 称	描 述
Aborted	线程已被终止,处于 Stopped 状态
AbortRequested	已请求终止该线程
Background	线程处于后台运行状态
Running	线程正在运行
Stopped	线程已停止
StopRequested	正在请求线程停止
Suspended	线程已挂起
SuspendRequested	正在请求线程挂起
Unstarted	尚未对线程调用 Thread.Start 方法
WaitSleepJoin	由于调用 Wait、Sleep 或 Join,线程已被阻塞

ThreadState 枚举类型允许其成员值按位组合,但并非所有的 ThreadState 值的组合都是有效的。例如,线程不能同时处于 Aborted 和 Unstarted 状态中。

如果有两个正在运行的线程 A、B。为了在线程 B 结束前阻塞线程 A,可在线程 A 中执行 B.Join()。Join()方法会更改调用线程的状态以包括 ThreadState.WaitSleepJoin,如果某线程处于 ThreadState.Unstarted 状态下则不能对其调用 Join。

下面给出一个能明显展示线程的多种状态的示例。

【例 4-2】 本例在一个 Windows Form 的应用程序中启动两个线程在同一个 Panel 上随机画圆圈。图 4-1 为本例程序在设计器中的界面,中间的矩形区域是一个用于图形输出的 Panel 控件。本例不仅展示了线程的挂起和恢复以及设置优先权等操作,也展示了如何使用 Mutex 类对多线程异步程序进行控制(关于 Mutex 类和异步编程问题,见 4.3 节)。

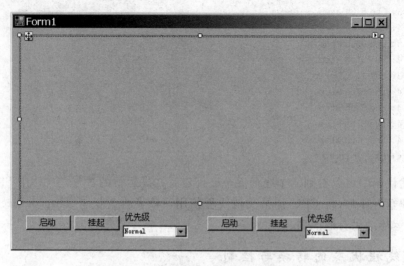

图 4-1 在设计视图下本例中的窗体界面

下面是该程序中的代码：

```
using System;
using System.Collections.Generic;
using System.ComponentModel;
using System.Data;
using System.Drawing;
using System.Text;
using System.Windows.Forms;
using System.Threading;

namespace WindowsApplication3
{
    public partial class Form1 : Form
    {
        private Thread thread1,thread2;
        private static Graphics g;
        private static int w,h;
        private static Random rad;
        private static Pen pen1,pen2;
        private static Mutex mut = new Mutex();
        //该对象用于控制进程不要同时使用公共资源
        public Form1(){
            InitializeComponent();
        }

        private void Form1_Load(object sender,EventArgs e){
            g = panel1.CreateGraphics();            //在面板上创建图形对象
            w = panel1.Width;
            h = panel1.Height;
            rad = new Random();
            pen1 = new Pen(Color.Red,3.0f);
            pen2 = new Pen(Color.LightGreen,3.0f);
```

```csharp
        Control.CheckForIllegalCrossThreadCalls = false;
    }

    void ThreadProc(Object dataobj)                    //随机画一个椭圆,方法参数为 Pen 对象
    {
        int x,y;
        Pen pen = (Pen)dataobj;
        while (true){
            x = rad.Next(w);                           //用随机数作为 X 坐标
            y = rad.Next(h);                           //用随机数作为 Y 坐标
            mut.WaitOne();
            Rectangle outline = new Rectangle(x - 4,y - 4,8,8);      //定义一个矩形
            g.DrawEllipse(pen,outline);                //在矩形内画一个椭圆
            mut.ReleaseMutex();
        }
    }

    private void button1_Click(object sender,EventArgs e)
    {
        if (button1.Text == "启动"){
            thread1 = new Thread(new ParameterizedThreadStart(ThreadProc));
            thread1.Start(pen1);                       //启动该线程
            button1.Text = "终止";
        }
        else{
            thread1.Abort();                           //终止该线程
            button1.Text = "启动";
        }
    }

    private void button4_Click(object sender,EventArgs e)
    {
        if (button4.Text == "启动"){
            thread2 = new Thread(new ParameterizedThreadStart(ThreadProc));
            thread2.Start(pen2);
            button4.Text = "终止";
        }
        else{
            thread2.Abort();
            button4.Text = "启动";
        }
    }

    private void button2_Click(object sender,EventArgs e)
    {
        if (button2.Text == "挂起"){
            thread1.Suspend();                         //挂起该线程
            button2.Text = "恢复";
        }
        else{
            thread1.Resume();                          //恢复执行该线程
```

```csharp
            button2.Text = "挂起";
        }
    }

    private void button3_Click(object sender, EventArgs e)
    {
        if (button3.Text == "挂起"){
            thread2.Suspend();
            button3.Text = "恢复";
        }
        else{
            thread2.Resume();
            button3.Text = "挂起";
        }
    }

    private void comboBox1_SelectedIndexChanged(object sender, EventArgs e)
        //设置线程的优先级
    {
        switch (comboBox1.Text){
            case "Highest":
                thread1.Priority = ThreadPriority.Highest; break;
            case "AboveNormal":
                thread1.Priority = ThreadPriority.AboveNormal; break;
            case "Normal":
                thread1.Priority = ThreadPriority.Normal; break;
            case "BelowNormal":
                thread1.Priority = ThreadPriority.BelowNormal; break;
            case "Lowest":
                thread1.Priority = ThreadPriority.Lowest; break;
        }
    }

    private void comboBox2_SelectedIndexChanged(object sender, EventArgs e)
    {
        switch (comboBox2.Text){
            case "Highest":
                thread2.Priority = ThreadPriority.Highest; break;
            case "AboveNormal":
                thread2.Priority = ThreadPriority.AboveNormal; break;
            case "Normal":
                thread2.Priority = ThreadPriority.Normal; break;
            case "BelowNormal":
                thread2.Priority = ThreadPriority.BelowNormal; break;
            case "Lowest":
                thread2.Priority = ThreadPriority.Lowest; break;
        }
    }

    private void Form1_FormClosing(object sender, FormClosingEventArgs e)
        //主线程结束前,先终止可能尚在运行的分线程
```

```
            {
                thread1.Abort();
                thread2.Abort();
            }
        }
    }
```

编译运行该程序，分别单击两个"启动"按钮运行两个线程，出现画面如图 4-2 所示，注意此时两个按钮上的文字已变为"终止"，可用于终止线程执行。在线程启动后也可以执行"挂起"或对已挂起的线程再执行"恢复"，或者通过组合框设置线程的优先权等操作。

说明：

如果两个线程的优先权被设置为不一致时，优先级高的线程画图的速度占优势。由于目前大部分机器使用多核的 CPU，在本程序单一实例下不一定能看出线程优先级与运行速度之间有明显差异，此时可以尝试对本程序运行两个以上的实例。

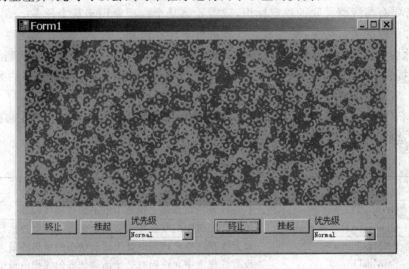

图 4-2　本例程序运行时

本例中新建线程时使用 ParameterizedThreadStart 委托，这是因为线程执行的 ThreadProc 方法是带有参数的。注意，ParameterizedThreadStart 委托的方法签名中只含有一个参数，对于需要传递更多参数的情形，只能将这些参数封装到某种类型的单个对象。

虽然本例中演示了如何使用 Suspend 和 Resume 方法，但除非不得已，Suspend 方法还是少用为妙。.NET 不赞成对活动的线程使用 Suspend 和 Resume 方法，因为无法知道挂起线程时它正在执行什么代码（就像拔掉正在运行的计算机的电源可能会对计算机造成损害那样）。事实上，在本例中执行这两个方法也是经常会出现异常。当必须要使用 Suspend 时，应尽量预先做好对异常的严密防范。

4.2　使用 ThreadPool 类管理线程池

短周期线程是指被创建来执行一个简单任务后就终止的线程。在需要使用大量短周期线程的情况下，CLR 分配内存及创建线程所花费的时间可能会降低应用程序的整体性能。

在这些情况下,使用线程池可以提高效率。一般来说,如果不必由主程序来确定某个线程何时启动,并且在启动后也不需要对其控制的情况下,就可以考虑将该线程放到线程池中运行。

Windows 下每个进程都有一个线程池,是由操作系统直接管理的。.NET 托管程序则可以与其他 .NET 托管程序一起分享同一个线程池。

有些情况下不适合使用线程池,例如:

(1) 需要在前台运行的线程。

(2) 需要线程具有特定的优先级。

(3) 线程中含有会引起一段时间阻塞的任务。线程池具有最大线程数的限制,因此线程池中的大量线程被阻止可能导致任务无法启动。

(4) 需要将某些线程放置在单线程的单元中。所有的线程池线程都位于多线程单元中。

(5) 需要有与线程关联的稳定标识,或需要将某个线程专用于某个任务。

(6) 需要根据运行情况,动态地对线程进行干涉和控制。

线程池中的线程数一般限制为 25 个,即在某个给定时间一般最多只会执行 25 个线程(随着硬件提升,该数目可能会增加)。一旦某个线程完成,池中处于等待状态的另一个线程就可启动。

.NET 下使用 ThreadPool 类处理线程池有关的操作。表 4-4 介绍了 ThreadPool 类的常用方法,这些方法大都是静态方法。

表 4-4 ThreadPool 类中常用的方法

	名称	描述
方法	GetMinThreads	获取线程池在新请求预测中维护的空闲线程数
	QueueUserWorkItem	将与方法绑定的线程排入队列以便进入线程池执行
	SetMaxThreads	设置线程池中允许同时处于活动状态的线程的最大数目
	SetMinThreads	设置线程池中允许同时处于活动状态的线程的最小数目

以下代码示例说明如何通过使用 ThreadPool 类从线程池中启动线程。

【例 4-3】 本例中,将 100 个线程放入线程池中去执行 ThreadProc 方法。由于线程池无法同时执行那么多的线程,所以它们将排入队列等待一段时间。

```
using System;
using System.Threading;

class Program
{
    static void Main(string[] args) {
        for (int counter = 0; counter < 100; counter ++)
            ThreadPool.QueueUserWorkItem (new WaitCallback(ThreadProc),counter);
            //线程给予编号 i 后排队入池
        Console.WriteLine("100 threads queued");
        Console.ReadLine( );
    }
```

```
static void ThreadProc (Object stateInfo)      //该方法由线程池中的线程执行
{
    for (int i = 0; i < 10; i++) {
        Console.WriteLine(((int) stateInfo).ToString()
            + " - " + i.ToString());
        Thread.Sleep(50);
    }
}
```

本例程序运行时从控制台输出中可以看出当前正在运行哪几个线程(其余的或者已运行结束或正在等待入池)。可以看到,程序运行时,线程池中并发运行的线程数逐步增加,当到达某个饱和值附近时趋于稳定。线程入池的顺序与其进入线程池队列的顺序是一致的,但其出池的先后并不遵循严格的顺序。

QueueUserWorkItem 方法有两个参数,分别为 WaitCallback 和 Object 类型。前一类型是一种特殊的委托,用来指定与线程绑定的方法。后一参数用于为该方法提供一个参数。

由于系统对控制台程序的输出流有一定容量限制,难以完整获取本程序向控制台的输出。建议此时可在"命令提示符"窗口下运行本程序,并将程序的输出重定向到一个文本文件(例如 C:\>ConsoleApplication1.exe > C:\output.txt)。

当本例程序中 Thread.Sleep(50)中的参数增大时,一般会增加进入线程池的线程数。但该数目不能超过 SetMaxThreads 设置的值,也不能比 SetMinThreads 设置的值小太多(因为 Sleep 方法使此线程暂时处于空闲状态)。

4.3 管理异步环境中的线程

同步编程是大多数软件环境的默认模式,它以顺序方式调用多个方法,且只有在完成前一个调用后才可以进行下一个调用,因此同一程序中两次方法调用的先后顺序是确定的。但是,异步编程则可以并行(实际是并发)调用多个方法,程序中的方法不需要等待其余方法完成就可以开始执行。通过使用多线程以及异步编程技术,并发程序无须等待需长时间运行的进程完成。在需要程序界面快速响应用户操作等场合,异步编程具有同步编程所不具备的特殊作用。

异步编程的主要问题是如何避免由于多线程并发执行而产生的冲突。传统的操作系统课程中对此类问题的产生原因和解决方法,有很好的描述和说明。Windows 也有一些措施针对异步编程并提供了相关的 API。.NET 框架提供了若干有效的手段用于解决异步编程中的各种问题,在以下几个小节中将分别予以介绍。

4.3.1 使用 Windows 的回调方法

这种方法是对 Windows 中普遍采用的回调函数机制在.NET 中的体现。如果对 Windows 的回调函数不了解,建议最好能参考一下有关技术资料。该方法的特点是把某项任务(某个方法)M 分拆为 M1 和 M2 两部分,其中 M1 可以直接完成,M2 则必须等待某些条件满足后才开始执行。那么,当线程 A 以异步方式执行 M 时,可先调用某个方法(例如可命名为BeginM），该方法在完成M1后还要再创建一个新线程B，然后就结束了；新创建的线程B需要通过一个回调函数进行启动，在B中执行另一个方法（例如命名为EndM）的代码，EndM中完成M2的任务。当B处于等待回调的状态时，A中可继续执行位于BeginM之后的语句。直到B开始运行并完成EndM后，任务M才算真正完成。

如果读了以上这一段还是一头雾水，也不用着急，在学习第10章有关Socket网络编程时可结合具体实例，再去体会这一种技术的特点就容易理解了。

4.3.2 调用Join方法

调用Thread类对象的Join方法，可在另一个线程执行结束之前使本身处于阻塞状态。下面给出一个示例。

【例4-4】 创建控制台应用程序，程序中源代码如下：

```csharp
using System;
using System.Threading;
class ThreadJoin
{
    static int n = 0;
    static void Main(){
        Thread threadA = new Thread(new ThreadStart(Work));
        threadA.Start();
        threadA.Join();
        Console.WriteLine("n = {0}", n);
        Console.ReadLine();
    }

    static void Work( ) {
        Thread.Sleep(500);
        n = 100;
        Console.WriteLine("Work finished");
    }
}
```

程序运行时控制台输出的信息如图4-3所示。

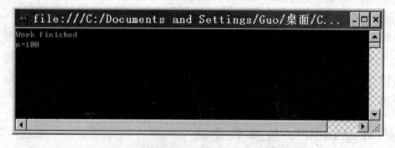

图4-3 本例程序运行时输出的信息

如果将程序中threadA.Join()语句注释掉，则执行输出结果如图4-4所示。从中可看出Join方法所起的作用。

注意，执行threadA.Join后，主线程即处于WaitSleepJoin状态下，直到threadA执行

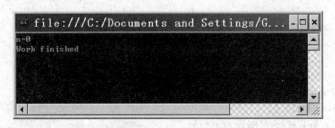

图 4-4 程序中未执行 Join 情况下的输出

结束时才恢复到正常运行状态。

4.3.3 使用 WaitHandle 类

Join 方法虽然使用方便,但不够灵活。因为执行 Join 时,当前线程必须阻塞到另一个线程执行结束。为此,.NET 框架下又提供了一个叫作 WaitHandle 的虚拟类和若干基于该类的派生类。使用这些派生类的对象实例,可以灵活地控制一组线程在各自独立运行的情况下能够相互配合。

WaitHandle 派生的对象本质上类似于传统操作系统课程中讲述的使用"信号量"方法。因此可用于信号量方法可以解决问题的所有场合。表 4-5 列出了 WaitHandle 类的常用属性和方法。

表 4-5 WaitHandle 类的常用属性和方法

	名 称	描 述
属性	WaitTimeout	指示在任何等待句柄终止之前 WaitAny 操作已超时
	Handle	该属性表示线程在本机操作系统下的句柄
方法	Close	释放由当前 WaitHandle 持有的所有资源
	SignalAndWait	向一个 WaitHandle 发出信号并等待另一个
	WaitAll	等待指定数组中的所有元素都收到信号
	WaitAny	等待指定数组中的任一元素收到信号
	WaitOne	阻止当前线程,直到当前的 WaitHandle 收到信号

实际使用中用到的 WaitHandle 的派生类有 EventWaitHandle、Semaphore、Mutex 等。

当两个或更多线程需要同时访问某一共享资源时,系统需要使用某种同步机制来确保一次只有一个线程可使用该资源。Mutex 确保在任一时刻只有一个线程能获得对共享资源的独占访问权。如果一个线程获取了互斥体(即 Mutex 的实例),则要获取该互斥体的第二个线程将被挂起,直到第一个线程释放该互斥体时为止。在例 4-2 中,曾使用 Mutex 的对象去避免两个线程同时在一个控件上进行图形操作(如果多个线程同时执行这种图形操作就会产生冲突,读者可以通过将该例中和此 Mutex 对象有关的代码注释掉然后运行,来验证这一点)。Mutex 类强制线程标识,因此互斥体只能由获得它的线程释放。相反,Semaphore 类不强制线程标识。

AutoResetEvent 是 EventWaitHandle 的派生类(当然也是 WaitHandle 的派生类),也是 AutoResetEvent 的派生类中较多使用的一个。下面给出的两个示例都与该类有关。

【例 4-5】 本例中调用 AutoResetEvent 的 WaitOne 方法使两个线程进行配合。

```csharp
using System;
using System.Threading;
class WaitOne
{
    static AutoResetEvent autoEvent = new AutoResetEvent (false);
        //创建 AutoResetEvent 类的对象实例用于协调两线程间的配合
    static void Main() {
        Console.WriteLine("Main starting.");
        Thread T1 = new Thread(new ParameterizedThreadStart(DoWork));
        T1.Start(autoEvent);                        //线程 T1 开始执行 DoWork 中的任务
        autoEvent.WaitOne( );                       //执行 WaitOne 在相关信号出现之前阻塞当前线程
        Console.WriteLine("Work method signaled. ");
           //…
        Console.WriteLine("Main ending.");          //主线程任务结束
        Console.ReadLine();
    }

    static void DoWork (object stateInfo) {
        Console.WriteLine("Work starting.");
        Console.WriteLine("Do something…");
        Thread.Sleep(new Random().Next(100,2000));  //模拟一段耗时不确定的工作
        Console.WriteLine ("Work ending.");
        ((AutoResetEvent) stateInfo).Set( );        //调用 Set 通知主线程现在可运行
           //…
    }
}
```

该程序运行时向控制台的输出为：

Main starting.
Work starting.
Work ending.
Work method signaled.
Main ending.

本例中如果不使用 AutoResetEvent 对象，也可以调用 Join 等方法得到同样结果。但如果将 Main 和 DoWork 两个方法中被注释掉的省略号改为其他代码，那么这些代码在本例中是可以并发执行的，而在使用 Join 时则不能。

下面再给出一个使用 AutoResetEvent 类对象的 WaitAll 方法的示例。

【例 4-6】 本例为控制台应用程序，以下为程序的源代码：

```csharp
using System;
using System.Threading;

class WaitAll
{
    static Random rad = new Random( );
    static AutoResetEvent[] autoResetEvents = new AutoResetEvent[10];
    static void Main() {
        Console.WriteLine("Main starting.");
```

```csharp
    for(int i = 0; i < 10; i++)                    //创建一组 AutoResetEvent 类的对象
        autoResetEvents[i] = new AutoResetEvent(false);
    for(int counter = 0; counter < 10; counter ++)  //在线程池中执行一组线程
    {
        ThreadPool.QueueUserWorkItem(new WaitCallback(WorkMethod),counter);
        Console.WriteLine("Thread {0} Queued to threadpool",counter);
        Thread.Sleep(40);
    }
    AutoResetEvent.WaitAll(autoResetEvents);
    //在 autoResetEvents 中每一个信号都发出之前阻塞当前主线程
    Console.WriteLine("Main ending.");
    Console.ReadLine();
}

static void WorkMethod(object stateInfo) {
    int n = (int)stateInfo;                         //取出线程编号 n
    for (int i = 0; i < 10; i++) {
        Console.WriteLine(n.ToString() + " - " + i.ToString());
        Thread.Sleep(rad.Next (50,200));
    }
    autoResetEvents[n].Set( );                      //发出与编号 n 对应的信号
}
```

4.3.4 使用 ReaderWriterLock 类

在使用多线程情形下,对于需要在这些线程间共享的资源(如变量等)的访问,一般应将其置于 Mutex 对象保护下,使其在同一时间内只能有一个线程获得访问权。但采用这种保护会引起较多的阻塞。事实上,许多资源都具有"读"与"写"两种访问方式,当该资源正被某线程进行读访问时,并不需要排斥其他线程在同一时间内也对其进行读访问。在多线程环境下对这一类资源的共享进行更精确的控制,可以使线程阻塞的几率大大减少。.NET 下的 ReaderWriterLock 类可支持在这种情形下控制多线程以读或写方式访问某个资源,表 4-6 列出了 ReaderWriterLock 类的常用属性和方法。

表 4-6 ReaderWriterLock 类的常用属性和方法

	名 称	描 述
属性	IsReaderLockHeld	该值指示当前线程是否持有读线程锁
	IsWriterLockHeld	该值指示当前线程是否持有写线程锁
方法	AcquireReaderLock	获取读线程锁
	AcquireWriterLock	获取写线程锁
	ReleaseLock	释放锁,不管线程获取锁的次数如何
	ReleaseReaderLock	减少读线程锁的计数(如果计数大于 0,则仍被锁住)
	ReleaseWriterLock	减少写线程锁的计数(如果计数大于 0,则仍被锁住)

在多数访问为读访问,而写访问频率较低、持续时间也比较短的情况下,使用 ReaderWriterLock 可使性能显著改善。

下面是一个使用 ReaderWriterLock 类的实例。

【例 4-7】 程序中定义了 Test 类。它包含一个静态数据成员 resource（整型变量）。如果有多个线程同时调用 Test 类的 WriteToResource 或 ReadFromResource 方法，则可能引发冲突。为此，程序中采用对 resource 加 ReaderWriterLock 锁进行保护。

```csharp
using System;
using System.Threading;
public class Test
{
    static ReaderWriterLock rwl = new ReaderWriterLock();
    static int resource = 0;                              //定义受保护的资源 resource
    static void WriteToResource(int timeOut)              //该方法对 resource 进行写访问
    {
        try {
            rwl.AcquireWriterLock(timeOut);               //请求获取一次写入锁
            try {
                resource = rnd.Next(500);                 //对 resource 进行写操作
                Display("writes resource value " + resource);
                Interlocked.Increment(ref writes);        //对写入成功的次数进行计数
            }
            finally {
                rwl.ReleaseWriterLock();                  //释放写入锁
            }
        }
        catch (ApplicationException) {
            Interlocked.Increment(ref writerTimeouts);    //增加一次写操作超时计数
        }
    }
    …
    static void ReadFromResource(int timeOut)             //该方法对 resource 进行读访问
    {
        try {
            rwl.AcquireReaderLock(timeOut);               //请求获得读访问锁
            try {
                Display("reads resource value " + resource);
                Interlocked.Increment(ref reads);         //增加一次读操作计数
            }
            finally {
                rwl.ReleaseReaderLock();                  //释放读访问锁
            }
        }
        catch (ApplicationException) {
            Interlocked.Increment(ref readerTimeouts);    //增加一次读操作超时计数
        }
    }
    …
}
```

注意：因为写入锁是排他的，所以长时间的写入会直接降低吞吐量，而长时间的读取则会阻止处于等待的写线程。AcquireWriterLock 和 ReadFromResource 方法都带有一个表示最大等待时间的参数,单位是毫秒。如果直到超时请求仍未获得所需的锁,则会产生一个异常,程序转到 catch 块中去执行。

本例中还用到了 Interlocked 类的一些静态方法。这些方法可以执行原子操作,用在多线程环境下可以确保对某个变量的操作是绝对可靠的。本例中对用于计数的变量 reads、writes 的读、写访问操作都使用了 Interlocked 类的方法,因此不需要再使用 ReaderWriterLock 对象进行加锁。但要注意,对复杂类型的资源(如数据库字段等)是无法用 Interlocked 的静态方法进行操作的。

表 4-7 中列出了该类中常用的方法。

表 4-7 Interlocked 类的常用属性和方法

名　称	描　述
Add	以原子操作的形式,添加两个整数并用两者的和替换第一个整数
CompareExchange	比较两个值是否相等,如果相等,则替换其中一个值
Decrement	以原子操作的形式递减指定变量的值并存储结果
Exchange	以原子操作的形式将变量设置为指定的值
Increment	以原子操作的形式递增指定变量的值并存储结果
Read	返回一个以原子操作形式加载的 64 位值

第 5 章　程序集与反射

5.1　程序集和 Assembly 类

程序集(Assembly,在有些书中翻译为配件)是.NET Framework 应用程序的基本构件,是为协同工作而生成的类型和资源集合。

程序集文件一般是 DLL 或 EXE 模块,其中可包含代码和元数据。程序集构成了部署、版本控制、重用、激活范围控制和安全权限的基本单元。程序集定义了用于界定类型的边界,.NET 定义程序集的机制避免了所谓的"DLL 地狱"。

程序集具有版本号,其格式为:

<major version>.<minor version>.<build number>.<reversion>

例如,某个已经发布应用程序的程序集的版本号可能是 1.2.1397.0。

程序集还具有区域性,用以指示程序所支持的文化或语言。

.NET 框架类库中 Assembly 类可用于和程序集有关的操作。表 5-1 中所列为 Assembly 类常用的属性和方法。

表 5-1　Assembly 类的常用属性和方法

	名　称	描　述
属性	EntryPoint	该属性表示程序集的入口点
	FullName	为只读属性,表示程序集的名称
	ImageRuntimeVersion	表示公共语言运行库(CLR)的版本
	Location	表示已加载文件的路径
方法	CreateInstance	创建在程序集中定义的某个类型的对象实例
	GetAssembly	获取加载当前对象所属类的程序集
	GetModule	获取此程序集中的指定模块
	GetName	获取此程序集的 AssemblyName
	GetReferencedAssemblies	获取此程序集引用的所有程序集的 AssemblyName 对象
	GetType	获取此程序集中指定类型的 Type 对象
	GetTypes	获取此程序集中定义的符合特定条件的一组类型
	Load	加载由给定 AssemblyName 表示的程序集
	LoadFrom	加载由文件名或路径确定的程序集

5.2 反射和 Type 类

如果不知道某个已加载的程序集中定义了哪些类和方法,就无法使用该程序集。好在.NET 的程序集中包含元数据,即使没有程序的源代码,仍可以使用.NET 的反射技术获取程序集中的类型信息。

所谓反射(Reflection),其实是.NET 提供的一些命名空间、类和方法以及它们实现的功能的统称。这些功能依赖于元数据中的信息,用于在程序集之间建立互操作性并保证代码安全。

Type 是.NET 的一个类,该类的实例(对象)被用来表示类型信息,在支持反射方面具有突出的重要性。表 5-2 介绍了 Type 类的常用属性和方法。

表 5-2 Type 类的常用属性和方法

	名 称	描 述
属性	Assembly	用于获取在其中声明该类型 Assembly
	Attributes	表示与该 Type 关联的属性
	BaseType	表示当前 Type 直接从中继承的类型
	FullName	表示该 Type 的完全限定名
	GUID	表示与 Type 关联的 GUID
	IsAbstract	用于确定该 Type 是否为抽象的并且必须被重写
	IsArray	用于确定该 Type 是否为数组
	IsByRef	用于确定该 Type 是否由引用传递
	IsClass	用于确定该 Type 是否为一个类(class)
	IsPublic	用于确定该 Type 是否声明为公共类型
	IsSealed	用于确定该 Type 是否声明为密封的
	IsVisible	表示该 Type 是否可由程序集之外的代码进行访问
方法	FindMembers	返回指定成员类型的 MemberInfo 对象的筛选数组
	GetCustomAttributes	返回应用于此成员的所有属性
	GetDefaultMembers	搜索为设置了 DefaultMemberAttribute 的当前 Type 定义的成员
	GetElementType	返回当前数组、指针或引用类型包含的或引用的对象的 Type
	GetField	获取当前 Type 的特定字段
	GetFields	获取当前 Type 的一组符合特定条件的字段
	GetMember	获取当前 Type 的指定成员
	GetMembers	获取当前 Type 的一组符合特定条件的成员
	GetMethod	获取当前 Type 的特定方法
	GetMethods	获取当前 Type 的一组符合特定条件的方法
	GetProperties	获取当前 Type 的属性
	GetProperty	获取当前 Type 的一组符合特定条件的属性
	InvokeMember	调用当前 Type 的特定成员
	IsInstanceOfType	确定指定的对象是否为当前 Type 的实例
	IsSubclassOf	确定该 Type 表示的类是否为某个类派生的

执行 Assembly 对象的 GetTypes 方法可获取该程序集中定义的各种类型,该方法返回

值的类型是 Type 的数组。下面是使用 Assembly 获取程序集中成员信息的一个示例。

【例 5-1】 本例为控制台应用程序。程序中首先加载一个已知路径和文件名的程序集,然后使用反射获取该程序集中类型的信息并从控制台输出。其源代码如下:

```
using System;
using System.Reflection;                    //与反射有关的类位于 Reflection 命名空间内
public class LoadAssembly
{
    public static void Main(string[] args) {
        Assembly assem = Assembly.LoadFrom("C:\\WindowsApplication1.exe");
            //从该文件中加载程序集
        Type[] mytypes = assem.GetTypes();     //获取 assem 中所有的类型
        BindingFlags flags = (BindingFlags.NonPublic | BindingFlags.Public |
            BindingFlags.Static | BindingFlags.Instance | BindingFlags.DeclaredOnly);
        foreach(Type t in mytypes) {
            MethodInfo[] mi = t.GetMethods(flags);    //获取 t 中符合 flags 的一组方法
            foreach(MethodInfo m in mi)
                Console.WriteLine(m);
        }
    }
}
```

说明:

在调用 GetMethods 方法时,要使用一个 BindingFlags 枚举类型的参数。BindingFlags 在与反射有关的程序中用得很广泛。该枚举的成员可划分为三组,其中表示"可访问性"的一组共有 8 个基础成员,它们是 DeclaredOnly、FlattenHierarchy、IgnoreCase、IgnoreReturn、Instance、NonPublic、Public、Static。对这一组成员可以实行按位相加,如本例中那样。

5.3 使用反射调用类库中的方法

5.3.1 被调用的类和方法都是已知的情况

例 5-1 只能输出程序集的各个类中包含的方法的名称。如果要调用特定程序集中的方法,则需要使用 InvokeMember 等反射技术。在对此程序集及其类型和方法有充分了解的情况下,这种调用不会带来风险。

在下面的示例中,尝试调用一个给定程序集中的已知类和方法。

【例 5-2】 先创建一个命名为 Animal 的类库(DLL)形式的程序集。为此,在 Visual Studio .NET IDE 下执行"新建"→"项目"命令,在出现"新建项目"对话框时选择模板为"类库",然后输入以下的代码:

```
using System;
namespace Animal{
    public class animal                          //定义虚拟基类 animal
    {
        public double Weight = 6.0;
```

```csharp
        public virtual string Sleep( ){
            return "Sleeping";
        }

        public virtual string Eat( ){
            return "Eat any thing";
        }

        public virtual string Sport( ){
            return "Sporting";
        }

        public virtual string NameIs( ){
            return "animal";
        }

        public virtual double GetWeight( ){
            return Weight;
        }
    }

    public class cat:animal                    //定义 animal 的派生类 cat
    {
        public override string Sleep( ){
            return "Sleeping at daytime";
        }

        public override string Eat( ){
            return "Eat Fish";
        }

        public override string NameIs( ){
            return "Cat";
        }
    }

    public class dog:animal                    //定义 animal 的派生类 dog
    {
        public override string Sport( ){
            return "Running";
        }

        public override string Eat( ){
            return "Eat Bone";
        }

        public override string NameIs( ){
            return "Dog";
        }
    }
}
```

将该程序编译为 Animal.dll 类库文件。接着再编写另一个控制台应用程序（可以在同一解决方案下另建一个项目），在程序中加载 Animal.dll,然后创建上述类库中定义的 cat 类的实例，并调用该实例的 Eat 和 Sleep 等方法。下面是该控制台程序的代码：

```csharp
using System;
using System.Collections.Generic;
using System.Reflection;
using System.Text;
class Program
{
    static void Main( ){
        Assembly assem = Assembly.LoadFrom("Animal.dll");
            //如果 DLL 文件与应用程序的 PE 文件不在同一文件夹下时,应添加相对路径
        string className = "Animal.cat";
        object animal = assem.CreateInstance(className);   //创建 cat 的实例
        Type theType = assem.GetType(className);            //获取对象的类型信息
        object[] arguments = new object[0];
        object retval = theType.InvokeMember("Eat",BindingFlags.Default
            | BindingFlags.InvokeMethod,null,animal,arguments);
            //调用对象的 Eat 方法
        Console.WriteLine(retval);
        retval = theType.InvokeMember("Sleep",BindingFlags.Default
            | BindingFlags.InvokeMethod,null,animal,arguments);
            //调用对象的 Sleep 方法
        Console.WriteLine(retval);
        retval = theType.InvokeMember("GetWeight",BindingFlags.Default
            | BindingFlags.InvokeMethod,null,animal,arguments);
            //调用对象的 GetWeight 方法
        Console.WriteLine((Double)retval);
        Console.ReadLine();
    }
}
```

图 5-1 为本例程序运行时的画面。

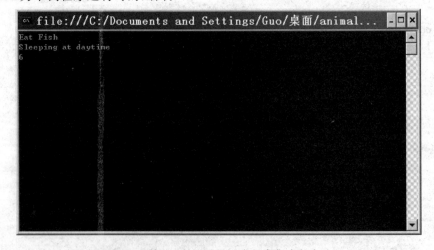

图 5-1　利用反射调用另一个程序集中的方法

说明：

（1）本例代码中调用的各个类和方法是在另一个程序集中定义的。程序首先调用 assem.CreateInstance 创建对象实例 animal，调用 assem.GetType 获取类型对象 theType，再通过 theType 的 InvokeMember 方法调用 animal 类型的对象的 Eat、Sleep 等方法。

（2）InvokeMember 是一个比较特殊的方法，在 C♯ 表示下该方法声明为：

public Object InvokeMember (string name, BindingFlags invokeAttr, Binder binder, Object target, Object[ ] args)

其中，name 是成员名称；invokeAttr 是 BindingFlags 枚举类型，该枚举在前文中已经解释过；binder 是 Binder 类型的，该对象定义一组属性并启用绑定，binder 的用法比较复杂，但一般情况下可以只用 Type.DefaultBinder 属性(或 null)；target 是一个对象(实例)；args 为对象数组(Object[])类型，表示方法调用时所用的参数，其数组长度必须与被调用成员的参数个数相一致(本例中各个方法是没有参数的，所以定义 arguments=new object[0])。

InvokeMember 不仅可以调用方法，也可以对属性或者一般数据成员进行读或写的操作。例如，在上例中最后一次执行 InvokeMember 之前插入以下代码：

```
retval = theType.InvokeMember("Weight",BindingFlags.Default
    | BindingFlags.SetField,null,animal,new Object[] { (double)27.0 });
```

程序运行结果显示，数据成员 Weight 已被赋值为 27。

（3）由于 InvokeMember 的参数比较复杂，用起来不方便。为此，.NET 下还为不同类型的成员提供了专用的 Invoke 方法。例如，对于上例中使用 InvokeMember 调用 GetWeight 的代码，可以改用以下等效代码：

```
MethodInfo mi = theType.GetMethod ("GetWeight");
retval = mi.Invoke (animal,arguments);
```

与 GetMethod 功能和用法相似的方法还有 GetProperty、GetField、GetMember 等，它们分别返回特定类型的成员。

5.3.2 被调用的类和方法部分已知的情况

在某些情况下，程序 A 要调用一个 DLL 程序集 B，但 A 对 B 中的类型只有部分的了解。此时如能合理利用反射的技术，则仍有可能找到解决问题的途径。下面提供一个例子。

【例 5-3】 假定已知某个类库(DLL)中定义了一些类，它们都是例 5-2 中定义的 animal 类的派生类。但不知道 DLL 中这样的派生类有多少，以及它们的具体名称等。现在要编写一个程序，可输出该类库中定义的各种类型动物的体重(使用默认值的 Weight)的列表。

创建一个控制台应用程序项目，程序中源代码如下：

```
using System;
using System.Reflection;
using System.Text;
class Program
{
    static void Main( ) {
        Assembly assem = Assembly.LoadFrom ("Animal.dll");
```

```csharp
            Type[] animals = assem.GetTypes();
            object[] arguments = new object[0];
            Type tya = assem.GetType ("Animal.animal",false,true);
            //检索基类 Animal.animal
            object retval;
            if (tya == null)                              //不存在 animal 类
               Console.WriteLine ("DLL 中没有基类 animal！");
            else
               foreach (Type ty in animals) {
                  if (ty.IsClass && ty.IsSubclassOf(tya))  //该 ty 为 animal 的派生类
                  {
                     object animal = assem.CreateInstance(ty.FullName);   //创建该类实例
                     Type theType = assem.GetType(ty.FullName);
                     MethodInfo mi = theType.GetMethod("NameIs");    //获取有关方法信息
                     retval = mi.Invoke(animal,arguments);       //调用该方法获取动物名称
                     Console.Write((String) retval + ",");
                     mi = theType.GetMethod("GetWeight");        //获取有关方法信息
                     retval = mi.Invoke(animal,arguments);       //获取该类动物体重
                     Console.WriteLine((Double) retval);
                  }
               }
            Console.ReadLine();
         }
      }
```

在本例中用到的 Animal.dll 中,可以有一些未知的 animal 派生类。例如,可以对例 5-2 中 animal.cs 的源代码按下述方式进行修改。

增加一个 animal 派生类 pig;对 dog 和 pig 类分别添加构造函数,在构造函数中对 Weight 进行赋值。以下是修改 Animal.cs 时新增或改变的代码。

```csharp
      using System;
      namespace Animal{
         public class animal {                           //基类 animal 不需要修改
            ...
         }

         public class cat:animal {                       //派生类 cat 不需要修改
            ...
         }

         public class dog:animal {
            public dog ( ) {                             //派生类 dog 中添加了构造函数
               Weight = 9.0;
            }
            ...
         }

         public class pig:animal {                       //派生类 pig 是新增的
```

```
            public pig( ) {
                Weight = 80.0;
            }

            public override string Sleep( ) {
                return "always Sleeping";
            }

            public override string Sport( ) {
                return "Never sporting";
            }

            public override string NameIs( ) {
              return "Pig";
            }
        }
    }
```

对 Animal.cs 重新编译生成 DLL 后再运行本例程序,其输出如图 5-2 所示。

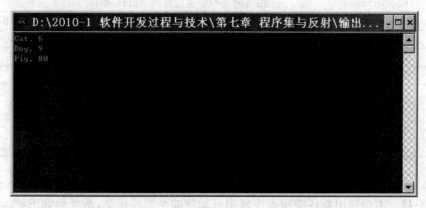

图 5-2　本例运行时的输出

有一点需要澄清的是,使用反射技术调用程序中的方法,虽然在很多情况下是可行的,但仍然不是程序设计者首选的正途。因为,在这种方式下,缺少了编译阶段的类型检查,使得出现运行时错误的几率倍增。而且,需要在运行阶段反复地检索元数据中的相关信息,也会降低效率。所以建议仅在不得已时才使用这种调用方式,并在使用时尽可能采取各种异常保护措施。

5.4　应用程序域

在.NET Framework 出现之前,执行中的每个应用程序都由不同的进程承载。当这些应用程序运行时,相互之间无法直接交互。此外,承载它们的进程会消耗大量内存。

为了解决这个问题,Microsoft 提出了应用程序域,用以改进在进程中承载.NET Framework 应用程序的方法。应用程序域用作隔离多个应用程序的访问边界。通过应用程序域的隔离,多个应用程序能够共享单个进程,从而消耗更少的资源。默认情况下,一个应用程序域中运行的应用程序无法访问其他应用程序域的资源。

在单个应用程序域中可以执行多个线程,但线程也可以跨越应用程序域的边界。

利用本章中介绍的反射类和方法,可以使位于不同应用程序域内的应用程序之间实现一些交互操作。

5.4.1 应用程序域的创建

在.NET Framework 中,基本执行单元是应用程序域。应用程序域一般由 CLR 在需要时自动创建,但.NET 应用程序也可以在此默认应用程序域外创建新的应用程序域,并在该应用程序域中加载多个程序集。.NET 框架的类库中用 System.AppDomain 类的实例表示应用程序域,表 5-3 介绍了该类的一些主要的成员。

表 5-3 AppDomain 类的重要成员

	成员	描述
属性	BaseDirectory	该属性表示与应用程序域相关的程序集的基目录
	CurrentDomain	该属性表示当前 Thread 的当前应用程序域
方法	CreateDomain	在当前进程中创建新的 AppDomain
	CreateInstance	该方法创建定义在指定程序集文件中的指定类型的实例
	ExecuteAssembly	该方法执行应用程序域中的程序集(一般为 PE 程序)
	GetAssemblies	获取已加载到该应用程序域的程序集的集合
	Load	用于动态地将程序集加载到当前的应用程序域中
	Unload	用于卸载给定进程中的指定 AppDomain
事件	AssemblyLoad	加载程序集时该事件发生
	DomainUnload	将要卸载 AppDomain 时该事件发生
	ProcessExit	当默认应用程序域的父进程退出时发生该事件

下面给出几个应用 AppDomain 类对应用程序域进行相关操作的示例。

【例 5-4】 本例列出默认应用程序域中已加载的全部程序集,源代码如下:

```
using System;
using System.Reflection;
namespace AppDomainTest
{
    class Program
    {
        static void Main(string[] args) {
            AppDomain AD = AppDomain.CurrentDomain;    //AD 引用了当前应用程序域
            printAssemblies(AD);                        //输出 AD 域中所有程序集的名称
            Console.ReadLine();
        }
        static void printAssemblies(AppDomain ad) {
            Assembly[] loadedAssemblies = ad.GetAssemblies();
            //执行 GetAssemblies 方法返回应用程序域 ad 中全部程序集
            foreach(Assembly a in loadedAssemblies)
                Console.WriteLine(a.GetName().Name);
        }
    }
}
```

本例运行时的输出在不同环境下会有差异,图 5-3 为笔者机器上某次运行的结果。

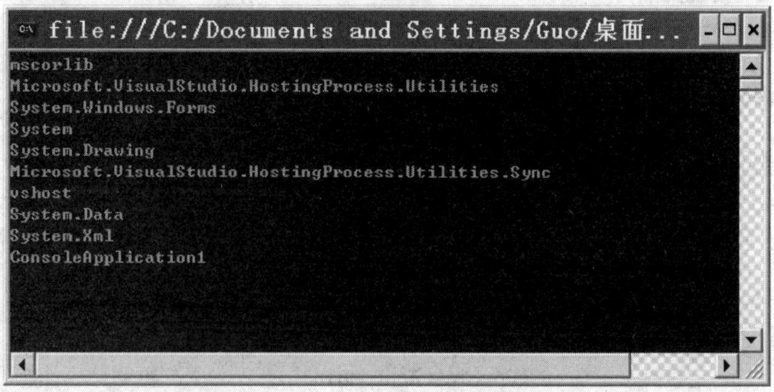

图 5-3 输出当前应用程序域下所有已加载的程序集

从输出中看到除了应用程序本身以外,应用程序域中还有若干 DLL 形态的程序集,它们是由 CLR 根据有关引用命名空间的指令而自动加载的。

AppDomain 不仅可以用来处理当前应用程序域,也可以用于创建新的应用程序域。下面是一个示例。

【例 5-5】 本例中新建一个应用程序域并输出其中已加载的全部程序集,可利用例 5-4 中的代码,只要将 Main 方法中的代码修改为:

```
AppDomain AD = AppDomain.CreateDomain("SecondAppDomain");
printAssemblies(AD);
Console.ReadLine( );
```

即可。本例在笔者机器上执行时的输出如图 5-4 所示。

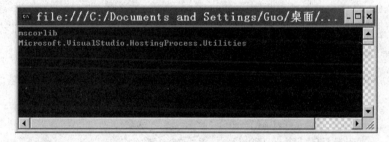

图 5-4 新建一个应用程序域并输出其中已加载的程序集

注意,该应用程序域虽然是刚新建的,但域中并不是空的。

5.4.2 在应用程序域中加载程序集

现在要尝试一下在应用程序域中加载程序集。可以调用 AppDomain 对象的 Load 方法加载 DLL 形态的程序集或者调用 ExecuteAssembly 方法来加载并执行 PE 形态的程序集。

【例 5-6】 创建一个控制台应用程序项目,在 Main 方法中新建两个应用程序域,并对这两个应用程序域分别加载同一个 PE 程序集,该控制台程序的源代码如下:

```
using System;
```

```csharp
using System.Reflection;
using System.Threading;
namespace AppDomainTest
{
    class Program
    {
        static AppDomain AD;
        static void Main(string[] args) {
            AD = AppDomain.CreateDomain("AppDomain2");      //创建一个应用程序域
            Thread t1 = new Thread(new ThreadStart(AppWork));
            t1.Start();
            Thread.Sleep(200);
            AD = AppDomain.CreateDomain("AppDomain3");      //再创建一个应用程序域
            Thread t2 = new Thread(new ThreadStart(AppWork));
            t2.Start();
            Thread.Sleep(200);
            Console.ReadLine();
        }

        static void AppWork( ) {
            AD.ExecuteAssembly("C:\\ConsoleApplication1.exe");
            //在 AD 引用的应用程序域内加载并执行一个 PE 程序集
        }
    }
}
```

本例中给应用程序域加载并执行的 C:\\ConsoleApplication1.exe 是一个 PE 程序,它是由控制台应用程序的项目编译生成的,其源代码如下:

```csharp
using System;
using System.Reflection;
using System.Threading;
namespace Test
{
    class Program
    {
        static int N;
        static void Main(string[] args) {
            Random rad = new Random();
            N = rad.Next(100);                              //用一个随机数代表程序内部产生的数据
            AppDomain AD = AppDomain.CurrentDomain;
            printAssemblies(AD);                            //输出当前应用程序域中加载的程序集
            Console.WriteLine("AppDomain ID = {0}; N = {1}", AD.Id, N);
            //输出当前应用程序域的 ID 和此 PE 程序内部的某些数据
            Thread.Sleep(3000);
        }
        static void printAssemblies(AppDomain ad) {
            Assembly[] loadedAssemblies = ad.GetAssemblies();
            foreach (Assembly a in loadedAssemblies)
                Console.WriteLine(a.GetName().Name);
        }
    }
}
```

程序运行时,从控制台输出中可确定新建了两个应用程序域,并分别在其中加载和执行了指定的 PE 程序。由于 ExecuteAssembly 是同步调用的方法,为了使两个 PE 可以同时执行(并发执行),在主程序中采用了多线程。

5.4.3 对另一应用程序域内加载的类库进行操作

对于已加载到另一个应用程序域的类库(DLL)中的成员,可以像例 5-2 中那样,利用反射类的方法进行访问。

【例 5-7】 在本例中,首先将例 5-2 中建立的 Animal.dll 类库加载到另一个应用程序域内,然后使用反射去调用。以下是程序的源代码:

```
using System;
using System.Reflection;
namespace AppDomainTest
{
    class Program
    {
        static AppDomain AD;
        static void Main(string[] args) {
            AD = AppDomain.CreateDomain("Animal");        //创建一个应用程序域
            Assembly assem = AD.Load("Animal");           //加载类库 DLL
            string className = "Animal.cat";
            object kitty = assem.CreateInstance(className);   //创建 cat 类的实例
            Type theType = assem.GetType(className);          //获取类型信息
            object[] arguments = new object[0];
            object retval = theType.InvokeMember("Eat",BindingFlags.Default |
                BindingFlags.InvokeMethod,null,kitty,arguments);
                //调用 cat 对象的 Eat 方法
            Console.WriteLine(retval);
            Console.ReadLine();
        }
    }
}
```

程序运行时,创建了一个新的应用程序域,并在该应用程序域中加载类库 Animal.dll。然后创建 DLL 中定义的 cat 类的实例,并使用 InvokeMember 反射方法调用 cat 对象的 Eat 方法。图 5-5 为本例程序运行时的输出。

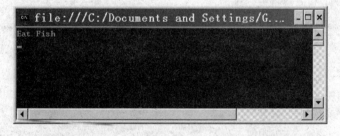

图 5-5 调用 cat 类对象的 Eat 方法产生的输出

5.4.4 卸载应用程序域

在创建的应用程序域中完成任务后,可以从内存中卸载该应用程序域以释放资源。.NET 没有提供方法给编程者在应用程序域中卸载单个程序集,但提供了 AppDomain 类的 Unload 方法用于卸载整个应用程序域。如果用户程序中有些工作必须在卸载应用程序域时进行,则可以使用 DomainUnload 等事件。在应用程序域卸载时,线程可能由于下列原因而引发一个 CannotUnloadAppDomainException 类型的异常。

(1) 尝试卸载默认应用程序域。
(2) 尝试卸载一个已卸载的应用程序域。
(3) 此时有线程无法停止执行。

第 6 章 调用非 .NET 托管程序

目前在 Windows 上运行的程序有许多不是由 .NET 平台托管的,而且 .NET 托管程序本身也有一定的局限性,不适合编写某些特殊类型的程序,所以实际应用中经常会提出在 .NET 托管程序和非托管程序之间的互操作性问题。

6.1 调用非托管的 PE 程序

PE 程序是在 Windows 下可执行的 .exe 程序。.NET CLR 中可执行的 PE 程序是被托管的,与传统的非托管 PE 的内部结构是不同的。如果要在 .NET 中调用非托管 PE 的程序,可使用 Process 类。该类在 System.Diagnostics 命名空间中定义,其主要作用是提供对本地和远程进程的访问并能够启动和停止本地系统进程。表 6-1 所列为 Process 类的重要属性和方法。

表 6-1 Process 类的重要属性和方法

	名 称	描 述
属性	ExitCode	该属性为进程终止时返回的值
	ExitTime	该属性为进程退出的时间
	Handle	该属性为进程在本机上的 OS 句柄
	HasExited	该属性用于确定进程是否已终止
	MainWindowHandle	该进程主窗口的句柄
	MainWindowTitle	该进程的主窗口标题
	ProcessName	该属性为进程名称
	StartInfo	该属性用于设置进程启动时所需的相关信息
	StartTime	该属性为进程启动的时间
方法	Close	释放所有与该进程关联的资源
	CloseMainWindow	关闭该进程的主窗口(通常意味着终结该进程)
	Kill	强制终止进程的执行
	Start	启动执行一个进程
	WaitForExit	等待进程退出,若超过指定时间仍未退出则强制其退出

下面是一个简单的例子。

【例 6-1】 本例使用 Process 类打开 IE 浏览器浏览一个本地的 HTML 文档 01.html 文件,然后在 5 秒后将其关闭。程序源代码如下:

```
using System;
```

```csharp
using System.Diagnostics;              //为了应用 Process 类可添加对该命名空间的引用
public class Program
{
    public static void Main()
    {
        Process proc = Process.Start("IExplore.exe","c:\\01.html");
        bool b1 = proc.WaitForExit(5000);     //若进程在 5s 内还未结束则返回 false
        if (!b1) {
            proc.Kill();                      //调用 Kill 方法强制终止该进程的执行
            Console.WriteLine("浏览器被强制关闭");
        }
        else
            Console.WriteLine("浏览器已自行关闭");
        Console.ReadLine();
    }
}
```

Process 的 Start 方法有若干种不同的重载形式。除了例 6-1 中的一种以外,还有一种常用的重载形式为:

```
public static Process.Start ( ProcessStartInfo startInfo)
```

其中的参数是 ProcessStartInfo 类的实例,可用于设置一组与启动相关的参数。表 6-2 介绍了该类中常用的属性。

表 6-2 ProcessStartInfo 类的常用属性

名 称	描 述
Arguments	启动应用程序时需要使用的一组命令行参数
CreateNoWindow	该属性指示是否在新建的窗口中启动该进程
EnvironmentVariables	可获取文件的搜索路径、临时文件的目录、应用程序特定的选项等一组环境变量
ErrorDialog	指示是否在不能启动进程时显示错误信息框
FileName	该进程所在的应用程序文件的名称
Password	可用于设置启动进程时所需的用户密码
RedirectStandardInput	表示是否对进程的标准输入流实行重定向
RedirectStandardOutput	表示是否对进程的标准输出流实行重定向
UserName	启动该进程的用户的名称
UseShellExecute	指示是否使用操作系统外壳程序启动进程
WindowStyle	可用于设置进程启动时主窗口的状态
WorkingDirectory	可用于设置要进程启动时初始的工作目录

下面提供一个示例。

【例 6-2】 本例仍使用 Process 类打开 IE 浏览器浏览一个本地的 HTML 文档,但在调用 Start 启动时使用 ProcessStartInfo 类对象设置启动时所需的信息。程序的源代码如下:

```csharp
using System;
using System.Diagnostics;
public class Program
```

```
{
    public static void Main()
    {
        ProcessStartInfo startInfo = new ProcessStartInfo("IExplore.exe");
        startInfo.WindowStyle = ProcessWindowStyle.Minimized;
        startInfo.Arguments = "c:\\01.htm";
        Process.Start(startInfo);
    }
}
```

其中对属性 startInfo.WindowStyle 的设置,使打开浏览器时的窗口处于最小化状态。

6.2 调用非托管动态链接库

Windows 下的应用程序除了有 PE 程序外,也可以是动态链接库(即 DLL,相应的文件具有扩展名.dll)。DLL 同样可以分为托管的和非托管的。对于可托管的 DLL(.NET 类库),主程序中可通过反射创建其中类的实例并调用方法(参见第 5 章)。对于非托管代码产生的 DLL,同样可以调用其中的函数(方法)。这项功能通常被称为.NET 的平台调用服务。为了在.NET 程序中使用这项服务,代码中可添加对 System.Runtime.InteropServices 命名空间的引用。

.NET 的平台调用服务一般应按照以下步骤进行。

1. 创建用于容纳 DLL 函数的类

可以使用现有类,也可以专门为一组相关的非托管函数创建一个类。

2. 声明 DLL 中的函数

在该类中声明一批来自非托管 DLL 的方法,方法名称可以与其在 DLL 中的名称不一致。方法签名必须与其原型中保持一致。

3. 在托管代码中创建原型

使用 Attribute 属性 DllImport 标识来自非托管 DLL 中的方法。并对该方法使用 static 和 extern 修饰符。

4. 调用 DLL 函数

来自非托管 DLL 中的方法经上述方式声明后,可以像其他任何托管方法一样在程序中被调用。

下面给出一个示例,程序中调用位于 KERNEL32.DLL 中的 MoveFileW 函数。众所周知,KERNEL32.DLL 是包含 Windows 核心功能的库,MoveFileW 是其中的一个 API 函数。

【例 6-3】本例调用 MoveFileW 函数移动一个本地的文档,程序的源代码如下:

```
using System;
using System.Runtime.InteropServices;
public class Program
{
    [DllImport("KERNEL32.DLL", EntryPoint = "MoveFileW", SetLastError = true,
    CharSet = CharSet.Unicode, ExactSpelling = true,
```

```
        CallingConvention = CallingConvention.StdCall)]
        public static extern bool MoveFile(String src,String dst);
        public static void Main()
        {
            MoveFile("d:\\a.txt","c:\\a.txt");
            Console.ReadLine();
        }
    }
```

注：Attribute 属性 DllImport 应该放在被说明的函数上面一行。其中至少要包含前面两项参数（即除了指定一个 DLL 以外，还要指出方法名称）。但本例中最好还包含 CharSet = CharSet.Unicode。如果 DLL 的文件不在当前目录和系统的搜索路径下时，还要为其指定完整的路径。

以上例子表明，调用非托管 DLL 技术上比较简单。但上述步骤的第 2 点中说到"方法签名必须与其原型保持一致"，在实际使用时比较难以掌握。因为 DLL 大部分是 C 或 C++ 等语言编写的，需要为 C 和 C++ 中的常用类型找到在 C# 中的可与其对应的类型。如果用错了类型，则肯定不会得到正确的结果。而且，由于是跨平台的互操作，很难对代码实行跟踪，一旦有了 Bug，难以快速纠正。表 6-3 给出了 wtypes.h、C++ 和 CLR 标准类型间常用的几种基本类型的对应关系，有一定的参考价值。wtypes.h 包含 Windows 中常用的几种扩展类型；C# 类型与 CLR 类型之间有着简单的一一对应关系。

表 6-3 DLL 调用中常见类型对应关系对照表

wtypes.h	C++	CLR
HANDLE	void *	IntPtr, UIntPtr
BYTE	unsigned char	Byte
SHORT	short	Int16
WORD	unsigned short	UInt16
INT	int	Int32
UINT	unsigned int	UInt32
LONG	long	Int32
BOOL	long	Boolean
DWORD	unsigned long	UInt32
ULONG	unsigned long	UInt32
CHAR	char	Char
LPSTR	char *	String [in], StringBuilder [in,out]
LPCSTR	const char *	String
LPWSTR	wchar_t *	String [in], StringBuilder [in,out]
LPCWSTR	const wchar_t *	String
FLOAT	float	Single
DOUBLE	double	Double

6.3 调用 Windows API

Windows 作为一种操作系统，除了提供便利的图形操作界面给直接用户外，它还为程序员提供了 Windows API 编程接口（API 是 Application Programming Interface 的缩写）。

通过 API，程序员能在应用程序中调用由 Windows 系统提供的各种底层服务。Windows API 都是以 DLL 中函数的形式提供的，核心的 API 服务大部分都包含在 Kernel32.dll、GUI32.dll、User32.dll 等少数几个动态链接库之内，位于 Windows\System（Winnt\System32）文件夹内；还有许多重要的 API 函数在 Windows 目录中的其他 DLL 文件内。这些函数数量庞大，而且随着 Windows 版本的升级仍在不断增加。

对于普通程序员来说，不可能也没必要知道每个 API 函数的用法，但仍应了解一些 API 的基础知识。

从技术角度看，只要掌握了.NET 下调用非托管 DLL 程序的方法，就能够使用 API 的所有函数。但 Windows API 有一些特点和规律，它们与 Windows 系统内核运行的基本原理有关。如果对此有一定的了解，就能够在 C♯ 程序中更方便和灵活地使用 Windows API。

Windows 程序一般都拥有自己的窗口。除了按通常意义理解窗口外，程序员还习惯于将按钮、菜单、文本框等控件也当作子窗口来对待。每个窗口都拥有一个称为句柄的唯一标识，在和窗口有关的操作中经常会用到窗口句柄。Windows API 函数的参数中经常包含一些窗口句柄。

Windows API 中用于窗口操作的常用函数有 FindWindow、SetWindowText 等。其中 FindWindow 可以在当前环境下查找到指定的应用程序窗口。下面一个示例中使用了这两个函数。

【例 6-4】 本例在当前 Windows 环境下查找一个标题为"Hello"的窗口，如果找到该窗口，就将其标题改为"How Are You"。

```csharp
using System;
using System.Windows.Forms;
using System.Runtime.InteropServices;
…
public partial class Form1 : Form
{
    public Form1( ){
        InitializeComponent();
    }

    [DllImport("user32.dll")]
    public static extern IntPtr FindWindow(string className,string windowName);

    [DllImport("user32.dll")]
    public static extern Boolean SetWindowText(IntPtr hWnd,string Text);

    private void button1_Click(object sender,EventArgs e){
        IntPtr hWnd = FindWindow(null,textBox1.Text);
          //查找标题与 textBox1.Text 一致的应用程序窗口
        SetWindowText(hWnd,"Hello");
          //将该窗口标题重置为"Hello"
    }
}
```

编译运行该程序,在文本框 textBox1 内输入另外一个此时正在运行的程序的标题(例如"计算器"),再单击 button1 按钮,就会将该程序的标题改变为"Hello",如图 6-1 所示。注意调用 FindWindow 函数如果成功则返回该窗口的句柄,在其后的操作中就可以使用这个句柄。

图 6-1 改变应用程序窗口的标题

用户在 Windows 中的任何一项操作,如单击鼠标、改变窗口尺寸、按下键盘上的一个键等都会使 Windows 发送一个消息给应用程序,因此人们常说 Windows 是由消息驱动的。消息本身是作为一个记录传递给应用程序的,这个记录中包含消息的类型以及其他信息。例如,对于单击鼠标所产生的消息来说,这个记录中包含单击鼠标时的坐标。

一个 Windows 消息是由一个消息代码和两个参数(WPARAM,LPARAM)组成的。WPARAM 通常是一个与消息有关的常量值,也可能是窗口或控件的句柄。LPARAM 通常是一个指向内存中数据的指针。当用户进行了输入或是窗口的状态发生改变时系统都会发送消息到某一个窗口。例如,当某菜单项被选中之后会有 WM_COMMAND 消息发送,该消息的 WPARAM 的高字中(HIWORD(wParam))存放的是命令的 ID 号,就是菜单 ID。此外,用户也可以定义自己的消息,也可以利用自定义消息来发送通知和传送数据。常见的 Windows 消息有 WM_COMMAND、WM_CLOSE、WM_QUIT、WM_LBUTTONDOWN、WM_SETFOCUS 等。

发送一个消息时必须指定一个窗口句柄表明该消息由哪个窗口接收,而每个窗口都有自己的用于消息处理的窗口过程。例如,当前环境下有两个窗口,当在窗口 A 上单击鼠标时,Windows 就会将该消息通过发送给窗口 A 的窗口过程进行处理,而绝不会让窗口 B 的窗口过程去处理。

以下是三个与消息有关的常用 API 函数。
(1) SendMessage,它的作用是发送一条消息给某窗口并等待,直到消息被受理后返回。
(2) PostMessage,它的作用是投递一条消息到某窗口,并立即返回。
(3) BroadcastSystemMessage,它的作用是将消息广播给所有的顶级窗口。
表 6-4 为常用的 Windows 消息,以供参考。

表 6-4 常用的 Windows 消息

名 称	代码(十六进制)	描 述
WM_NULL	0000	该程序没有窗口
WM_CREATE	0001	窗口已创建
WM_DESTROY	0002	窗口已撤销
WM_MOVE	0003	窗口位置发生移动
WM_SIZE	0005	窗口大小发生改变
WM_ACTIVATE	0006	窗口被激活
WM_SETFOCUS	0007	窗口获得焦点
WM_KILLFOCUS	0008	窗口失去焦点
WM_ENABLE	000A	enable 状态已改变
WM_SETREDRAW	000B	设置窗口是否能重画
WM_SETTEXT	000C	设置窗口的文本
WM_GETTEXTLENGTH	000E	获取窗口文本的长度
WM_PAINT	000F	通知窗口重画
WM_CLOSE	0010	通知一个窗口或应用程序关闭
WM_QUIT	0012	通知程序结束运行
WM_ERASEBKGND	0014	擦除窗口背景

下面是一个应用 Windows 消息的例子。

【例 6-5】 创建一个 Windows 应用程序,在窗体上放入一个编辑框和一个按钮。程序中窗体的代码文件如下所示:

```
using System;
using System.Windows.Forms;
using System.Runtime.InteropServices;
public partial class Form1 : Form
{
    public Form1(){
        InitializeComponent();
    }

    [DllImport("user32.dll")]
    public static extern IntPtr FindWindow(string className, string windowName);

    [DllImport("user32.dll")]
    public static extern Boolean PostMessage(IntPtr hWnd, UInt32 Msg,
        int wParam, int lParam);

    private void button1_Click(object sender, EventArgs e)
    {
        IntPtr hWnd = FindWindow(null, textBox1.Text);
        PostMessage(hWnd, 0x0010, 0, 0);                    //0x0010 是 WM_CLOSE
    }
}
```

执行本例程序,在进行操作之前可先启动另外某个 Windows 应用程序(例如在记事本中打开 a.txt 文件),然后运行上述程序,在程序的编辑框中输入先前启动的那个程序的标题(例如标题为"a.txt-记事本"),如图 6-2 所示,然后单击程序中的按钮,会发现先前启动的那个程序被关闭了。从表 6-4 知道,PostMessage 第二个参数传递的消息码 0x0010 是 WM_CLOSE,因此窗口接收到指令,早早就闭门大吉了。

说明:

(1) 本例中用到了 API 函数 PostMessage,该函数用 C 描述的原型是:

BOOL PostMessage(HWND hWnd,UINT Msg,WPARAM wParam,LPARAM lParam);

其中,hWnd 是接收消息的窗口的句柄,Msg 是一个消息,wParam、lParam 是该消息的附加信息(参数)。

(2) 本章各个示例中,通常将 HWND 类型转换为.NET 使用的类型 IntPtr。IntPtr 类型其实是整数,其大小适用于特定平台。当该类型的实例在 32 位硬件和操作系统中将编译为 32 位,在 64 位硬件和操作系统上则成为 64 位。IntPtr 类型可以作为在支持与不支持指针的语言间引用数据的一种通用方式。IntPtr 可用于多种句柄。例如,除了 Windows 的窗口句柄的 HWND 类型外,也可用在 System.IO.FileStream 类中表示文件句柄。

(3) 本例中将参数 wParam,lParam 的类型说明为 int,可能不太规范,但目前没发现问题。

(4) 由于 Windows 应用程序的"事件"大多数是由 Windows 消息触发的,因此给某个可执行程序的窗口发送消息时,往往会触发程序中某些对应事件代码的执行。从理论上说,这样的理解没有什么问题。但实际试验的结果,好像对于非托管的可执行程序是对的,而用 C#编写的托管程序有时候并不响应这样的消息(这似乎表明.NET CLR 有点深不可测)。

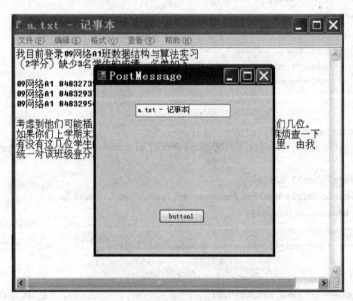

图 6-2 对应用程序窗口发送消息

6.4 .NET 与 COM 的互操作性

COM(Component Object Model,组件对象模型)是微软给程序员提供的用于在 Windows 下访问进程外部的可执行对象组件的一种技术规范。COM 技术起源于早期的 OLE 和 OLE Automation,并进一步发展为 DCOM 和 ActiveX 等一系列技术和解决方案。.NET 提供了与 COM 之间互操作的途径,因此可以在.NET 程序中调用 COM 组件。

6.4.1 在.NET 程序中调用 Microsoft Word

Microsoft Word 是使用最广泛的办公软件之一,实际应用中往往需要在程序中自动生成 Word 文档或者对现有的 Word 文档进行自动处理这一类的功能。通常实现这一类的功能是比较困难的。但由于微软已经将 Word 的基本功能封装成 COM 组件,因此在.NET 程序中可通过访问 COM 组件的技术比较轻松地解决这一类问题。

由于 Word 本身功能复杂,微软在对 Word 进行 COM 封装的基础上,建立了相应的对象模型。在该模型的对象层次结构中位于顶端的两个主要的类是 Application 和 Document 类。其中 Application 对象表示 Word 应用程序,每个 Document 对象则表示单个 Word 文档。此外,在 Document 下层还有许多对象,例如 Paragraph 类的对象对应于文档中一个段落,其余以此类推。这些对象各自都有很多方法和属性,程序员可以使用这些方法和属性操作对象或与对象发生交互。

由于 Word 对象模型本身比较复杂,并且与 Word 的不同版本下的对象模型之间有一些差别,因此本章中无法完整介绍 Word 的对象模型。但读者仍可以通过下面介绍的几个应用示例中了解该模型的基本特点以及.NET 下调用 Word(以及 COM)的一般步骤。

【例 6-6】 本例的程序用于创建一个简单的 Word 文档,请按以下步骤进行。

(1) 在 Visual Studio .NET IDE 下创建一个基于 Windows 窗体的项目。界面设计时,在 Form1 窗体上放一个文本框和一个按钮。文本框的 MultiLine 属性设置为 true,按钮的 Text 属性设置为"创建文档"。图 6-3 为设计视图下该程序的窗体界面。

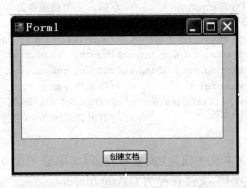

图 6-3 设计该程序中窗体的界面

(2) 在 IDE 的"项目"菜单中或者在解决方案资源管理器中,选择"添加引用"项,打开"添加引用"对话框,选择 COM 选项卡标签,在出现的列表中找到并勾选 Microsoft Word XXX Object Library 组件,其中"XXX"表示 Word 组件的版本号,单击"确定"按钮。将该组件引用到项目中,如图 6-4 所示。

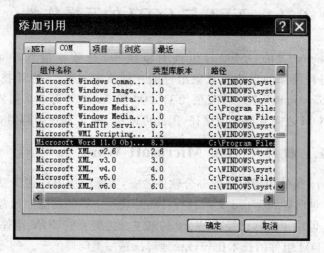

图 6-4　添加引用 MS Word 的 COM 对象库

(3) 在窗体的代码文件首部添加以下引用语句:

```
using System.Reflection;
using Word = Microsoft.Office.Interop.Word;
```

(4) 在设计器下添加按钮单击的事件并在代码文件中添加以下代码:

```
private void button1_Click(object sender, EventArgs e)
{
    object missing = Missing.Value;              //定义静态的空参数变量
    Word.Application WordApp = new Word.ApplicationClass();
    Word.Document WordDoc = WordApp.Documents.Add(ref missing, ref missing,
        ref missing, ref missing);               //新建一个 Word 文档
    WordDoc.Activate();                          //激活 Word 应用程序
    WordApp.Selection.TypeText(textBox1.Text);
    //在文档的当前输入点插入 textBox1.Text 中的内容
    WordApp.Selection.TypeParagraph();           //插入一个段结束符
    object filename = "c:\\myfile.doc";
    WordDoc.SaveAs(ref filename, ref missing, ref missing, ref missing,
        ref missing, ref missing, ref missing, ref missing, ref missing,
        ref missing, ref missing, ref missing, ref missing, ref missing,
        ref missing, ref missing);               //将文档存盘
    WordApp.Application.Quit(ref missing, ref missing, ref missing);
                                                 //退出并关闭 Word 程序
}
```

编译运行该程序,在文本框中输入(或粘贴)一段文字后单击 button1 按钮就能创建一个包含上述文字的 Word 文档,文件保存为 C:\myfile.doc。

说明:

(1) 代码中 object missing=Missing.Value;用于 COM 对象中方法调用时提供一个表示为空的参数。注意不能使用 null,必须使用.NET 为兼容 COM 技术而专门定义的表示空置的对象 Missing.Value。

（2）本例中 SaveAs 方法使用参数多达 16 个（虽然大部分都可以使用 missing 值），与其他语言（如 VB）不同，C♯.NET 下调用方法时必须严格按照方法签名规定的参数个数和类型，否则调用会失败。读者难免要问，如果不知道某个方法的参数个数怎么办？这个问题是调用 COM 时常会遇见的难点之一。因为一般对 COM 的说明文档总是不太完整，何况还有版本间的差异（前一版本的 SaveAs 就只有 11 个参数）。这里就笔者的经验，提供三个解决该问题的途径。

第一个途径是在代码窗口中将鼠标停留在方法名称的位置上，此时 IDE 会显示相关帮助信息，如图 6-5 所示。

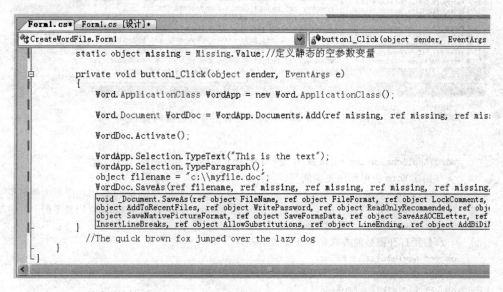

图 6-5　利用 IDE 的帮助信息了解方法签名

第二个途径是利用微软 Office 提供的"宏"的功能。例如，可以在 Word 菜单进入"工具"→"宏"→"录制新宏"后，进行 Word 的操作，此时每一个步骤都被记录为宏的代码。这种代码称为 VBA，可以在 Word 下进行编辑。虽然 VBA 和 C♯不一致，但其中调用的对象、方法以及方法参数的用法都是一致的，因此可以通过阅读"宏"代码获取相关信息。

第三个途径是在"解决方案资源管理器"中双击引用的对象 Word，打开"对象浏览器"进行浏览。在"搜索"框内输入要了解的方法（或属性等）的名称并回车，就可以看到右下方窗格中显示该方法的有关信息，如图 6-6 所示。

（3）对于不同版本的 Word COM 组件，调用的方法会有所差别，应在程序中对代码进行必要的调整。

现在已经初步了解了 Word 的对象模型，下面给出一个将 Word 的 normal.dot 模板中创建的各种元素（如标题、样式、页眉、页脚等）在 Word 文档中应用的示例。

【例 6-7】　创建一个基于 Windows 窗体的程序，Form1 内放入一个按钮。以下是 button1 按钮的 Click 事件代码：

```
static object miss = Missing.Value;          //定义静态的空参数变量
…
private void button1_Click(object sender,EventArgs e)
```

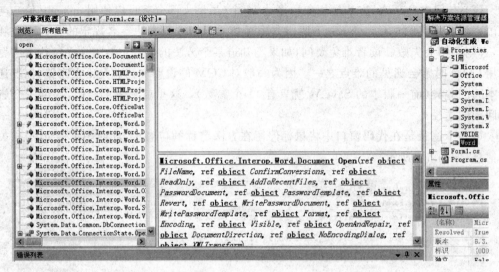

图 6-6　在对象浏览器中可看到有关方法的签名

```
{
    Word.Application app = new Word.ApplicationClass();
        //创建 Word 应用程序类实例
    app.Visible = true;                                  //使 Word 应用程序类实例可见
    app.Activate();                                      //激活 Word 应用类实例
    object newFileName = @"normal.dot";
        //使用打开模板的方式创建新文档
    object newTemplate = false;
    object docType = 0;
    object isVisible = true;
    Word.Document doc = app.Documents.Add(ref newFileName,
        ref newTemplate,ref docType,ref isVisible);     //创建文档
    WriteTitle(ref app,"第一季度销售报告");              //添加标题
    WriteHeader(ref app,"第一季度销售报告");             //添加页眉
    WriteFooter(ref app);                                //添加页脚
    AddSubTitle(ref app,"销售数据统计");                 //添加二级标题
    WriteText(ref app,"在此写入销售统计数据。");        //添加正文
    AddSubTitle(ref app,"销售数据分析");
    WriteText(ref app,"在此写入对销售统计数据的分析。");
    AddSubTitle(ref app,"销售趋势分析");
    WriteText(ref app,"在此写入销售趋势的分析。");
    AddSubTitle(ref app,"销售配比分析");
    WriteText(ref app,"在此写入销售配比的分析。");
    AddSubTitle(ref app,"总结");
    WriteText(ref app,"本季度销售情况总结。");
    object saveFileName = @"C:\SaleDocument.doc";
    doc.SaveAs(ref saveFileName,ref miss,ref miss,ref miss,
        ref miss,ref miss,ref miss,ref miss,ref miss,ref miss,
        ref miss,ref miss,ref miss,ref miss,ref miss,
        ref miss);                                       //保存文件
    object ifSave = false;
    doc.Close(ref ifSave,ref miss,ref miss);             //关闭文档类实例
```

```csharp
        doc = null;
        GC.Collect();
        app.Quit(ref ifSave,ref miss,ref miss);           //关闭 Word 应用类实例
}

static void WriteTitle(ref Word.Application app,string title)
    //本方法用于在文档中添加一级标题
{
        object styleName = "标题 1";                       //样式名称
        object titleStyle
            = app.ActiveDocument.Styles.get_Item(ref styleName);
        app.Selection.set_Style(ref titleStyle);          //指定标题样式
        //将标题置中
        app.Selection.ParagraphFormat.Alignment =
            Word.WdParagraphAlignment.wdAlignParagraphCenter;
        app.Selection.TypeText(title);                    //写入标题
}

static void WriteHeader(ref Word.Application app,string header)
    //本方法对文档页眉进行处理
{
        app.ActiveWindow.ActivePane.View.SeekView =
            Word.WdSeekView.wdSeekCurrentPageHeader;      //切换到页眉视图
        app.Selection.TypeText(header);                   //写入页眉
        app.Selection.ParagraphFormat.Alignment = Word.WdParagraphAlignment.wdAlignParagraph
            Left;                                         //文本左对齐
        app.Selection.TypeParagraph();                    //创建段落
        object docDate = Word.WdFieldType.wdFieldDate;
        object docTime = Word.WdFieldType.wdFieldTime;
        app.Selection.Fields.Add(app.Selection.Range,ref docDate,
            ref miss,ref miss);                           //写入日期
        app.Selection.TypeText(" ");
        app.Selection.Fields.Add(app.Selection.Range,ref docTime,
            ref miss,ref miss);                           //写入时间
        app.Selection.ParagraphFormat.Alignment =
            Word.WdParagraphAlignment.wdAlignParagraphRight; //文本右对齐
        app.ActiveWindow.ActivePane.View.SeekView =
            Word.WdSeekView.wdSeekMainDocument;           //切换到文档主视图
}

static void WriteFooter(ref Word.Application app)         //该方法用于处理页脚
{
        app.ActiveWindow.ActivePane.View.SeekView =
            Word.WdSeekView.wdSeekCurrentPageFooter;      //切换到页脚视图
        object docTotPage = Word.WdFieldType.wdFieldNumPages; //总页数
        object docCurPage = Word.WdFieldType.wdFieldPage; //当前页码
        app.Selection.Fields.Add(app.Selection.Range,ref docCurPage,ref miss,
            ref miss);                                    //写入页码
        app.Selection.TypeText(" / ");
        app.Selection.Fields.Add(app.Selection.Range,ref docTotPage,ref miss,
            ref miss);                                    //写入页数
```

```
        app.Selection.ParagraphFormat.Alignment =
            Word.WdParagraphAlignment.wdAlignParagraphRight;    //文本右对齐
        app.ActiveWindow.ActivePane.View.SeekView =
            Word.WdSeekView.wdSeekMainDocument;                 //切换到文档主视图
    }

    static void AddSubTitle(ref Word.Application app,string subtitle)
        //该方法用于添加二级标题
    {
        app.Selection.TypeParagraph();                          //创建段落
        object styleName = "标题 2";
        object titleStyle
            = app.ActiveDocument.Styles.get_Item(ref styleName);
        app.Selection.set_Style(ref titleStyle);                //指定标题样式
        app.Selection.TypeText(subtitle);                       //写入二级标题的文本
    }

    static void WriteText(ref Word.Application app,string text)
        //该方法用于写入一段正文
    {
        app.Selection.TypeParagraph();                          //创建段落
        object styleName = "正文";
        object titleStyle
            = app.ActiveDocument.Styles.get_Item(ref styleName);
        app.Selection.set_Style(ref titleStyle);                //指定正文样式
        app.Selection.TypeText(text);                           //写入正文的文本
    }
```

最后再给出一个示例,该程序可以自动将数据填充到 Word 文档中的表格内。

【例 6-8】 本例中使用一个名为 KTBG.doc 的"模板"文档,该文档中的内容如图 6-7 所示。文档中的"XSXM"、"XH"等都是被程序作为"形式变量"使用的。它们的值最终会被来自数据源中的相关数据替换掉。将该文件放置在 C 盘根目录下。

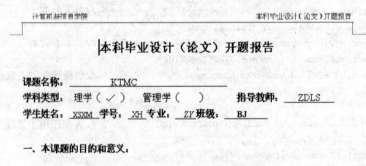

图 6-7 文档模板 KTBG 中的内容

在 Visual Studio .NET 下建立 Windows 应用程序,在程序窗体中放入一个按钮。在窗体的代码文件中添加引用命名空间并输入以下用于变量声明和事件处理的代码:

```
static object miss = Missing.Value;                             //定义静态的空参数变量
    ...
    private void button1_Click(object sender,EventArgs e)
```

```csharp
{
    Word.Application app = new Word.Application();
    app.Visible = true;                                    //使 Word 应用程序类实例可见
    app.Activate();                                        //激活 Word 应用类实例
    object FileName = @"C:\KTBG.doc";                      //打开用于模板的文档
    Word.Document doc = app.Documents.Open(ref FileName,
        ref miss, ref miss, ref miss, ref miss,
        ref miss, ref miss, ref miss, ref miss, ref miss,
        ref miss, ref miss, ref miss, ref miss, ref miss, ref miss);
    string KTMC, ZDLS, XSXM, XH, ZY, BJ;
    XSXM = "王六";
    XH = "063368";
    KTMC = "工资管理系统";
    ZDLS = "麦兜";
    ZY = "软件工程";
    BJ = "06 软工 B1";
    replacetext(ref app, "KTMC", KTMC, true, 1);           //替换文档中的 KTMC
    replacetext(ref app, "XH", XH, true, 1);               //替换文档中的 XH
    replacetext(ref app, "XSXM", XSXM, true, 1);           //替换文档中的 XSXM
    replacetext(ref app, "BJ", BJ, true, 1);               //替换文档中的 BJ
    replacetext(ref app, "ZY", ZY, true, 1);               //替换文档中的 ZY
    replacetext(ref app, "ZDLS", ZDLS, true, 1);           //替换文档中的 ZDLS
    object saveFileName = "C:\开题报告" + XSXM + ".doc";
        //给定目标文件名及路径
    doc.SaveAs(ref saveFileName, ref miss, ref miss, ref miss,
        ref miss, ref miss, ref miss, ref miss, ref miss,
        ref miss, ref miss, ref miss, ref miss, ref miss,
        ref miss, ref miss);                               //将该文件另存为目标文件
    Console.ReadLine();
    object ifSave = false;
    doc.Close(ref ifSave, ref miss, ref miss);
    doc = null;
    GC.Collect();                                          //及时执行垃圾回收
    app.Quit(ref ifSave, ref miss, ref miss);              //关闭应用类实例
}
private void replacetext(ref Word.Application app,
    string findText, string replaceWith, bool matchCase, int wrap)
{
    object FindText = findText;                            //查找的内容
    object ReplaceWith = replaceWith;                      //替换的文本
    object MatchCase = matchCase;
    object Wrap = wrap;
    app.Selection.Find.Execute(ref FindText, ref MatchCase,
        ref miss, ref miss, ref miss, ref miss, ref miss,
        ref Wrap, ref miss, ref ReplaceWith, ref miss,
        ref miss, ref miss, ref miss, ref miss );          //执行查找并替换的方法
}
```

编译运行本程序,单击按钮就可完成全部操作。图 6-8 是执行本例程序后产生的文档中对应的部分。

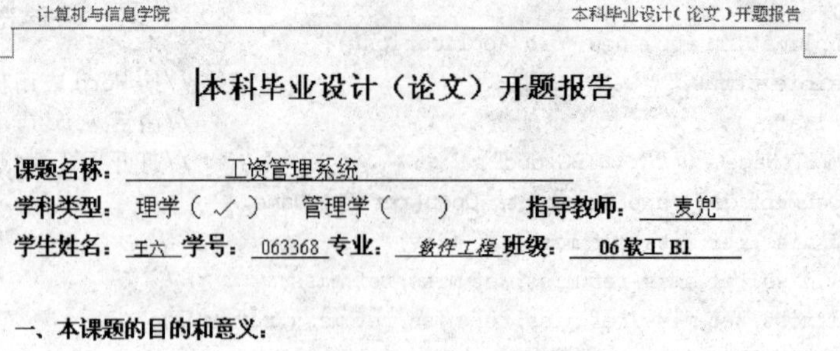

计算机与信息学院　　本科毕业设计（论文）开题报告

本科毕业设计（论文）开题报告

课题名称： 工资管理系统
学科类型： 理学（✓）　管理学（　）　**指导教师：** 麦兜
学生姓名： 王六 **学号：** 063368 **专业：** 软件工程 **班级：** 06 软工 B1

一、本课题的目的和意义：

图 6-8　程序执行后生成的表格内容

说明：

(1) 本例主要使用的技巧是利用 Word“查找替换”功能将变量值填入到作为模板的文档 C:\KTBG.doc 内的文档中预先指定的位置(该位置由形式变量占位)中去。为了方便使用查找替换，程序中定义了一个 replacetext 方法。该方法将 Word.Application.Selection.Find.Execute 的 15 个参数减少到常用的 5 个。注意 replacetext 的第一个参数是一个 Word.Application 类型的对象引用。

Word.Application.Selection.Find.Execute 是最有用的方法之一，但该方法比较复杂，有 15 个参数。用 C# 表示的该函数声明为：

```
bool Execute(ref object FindText,ref object MatchCase,
    ref object MatchWholeWord,ref object MatchWildcards,
    ref object MatchSoundsLike,ref object MatchAllWordForms,
    ref object Forward,ref object Wrap,ref object Format,
    ref object ReplaceWith,ref object Replace,ref object MatchKashida,
    ref object MatchDiacritics,ref object MatchAlefHamza,
    ref object MatchControl)
```

其中，“FindText”参数表示要搜索的文本。“MatchCase”参数表示是否匹配大小写。“MatchWholeWord”参数表示是否全字匹配。“MatchWildcards”参数表示是否使用通配符。“MatchAllWordForms”参数表示是否匹配所有英文格式。“Forward”参数表示是否往文件末尾的方向搜索。“Wrap”参数是一个 WdFindWrap 枚举成员，表示搜索完成时(包括未找到搜索结果的情况)将要执行的动作；该参数指定为“wdFindStop”时，表示指定范围内的搜索完成后停止搜索。“Format”参数表示是否使用本地化的格式替换或附加到搜索的文本内容中。“ReplaceWith”参数表示用来替换搜索结果的文本，如果需要删除搜索到的文本，该参数应指定为空字符串。“Replace”参数是一个 WdReplace 枚举成员，表示替换的方式，该参数指定为“wdReplaceAll” 时表示全部替换；指定为“wdReplaceOne” 时表示只替换一次。

使用选择内容搜索执行 Find 属性的 Execute 方法时，如果搜索结果返回 true，Word 应用程序将选择本次搜索匹配的文本。使用指定范围搜索执行 Find 属性的 Execute 方法时，如果搜索结果返回 true，Word 应用程序将把指定范围设置为本次搜索匹配文本的范围。

(2) 对本程序稍加修改可以用于各种场合，例如可以做成通用的表格生成程序等。

6.4.2　在.NET 程序中调用 Microsoft Excel

Excel 是 MS Office 中另一个经常使用的程序。在.NET 程序中，通过应用 COM 组件，可以实现创建 Excel 电子表格并将程序数据输出为 Excel 文档等功能。

近年来，微软有意将 Office 中各款办公软件的 VBA 对象模型进行统一（比如使用 ApplicationClass 接口取代 Application 对象等）。因此在.NET 中调用 Excel 的 COM 对象和调用 Word 的 COM 对象基本上是以类似方式进行的。

下面是一个简单示例，可供读者参考。

【例 6-9】 本例程序中创建了一个 Excel 的电子表并能对表中的单元格进行填充，请按以下步骤进行。

（1）在 Visual Studio.NET 下建立一个基于 Windows Form 的应用程序，在应用程序窗体中放入两个按钮，并分别将它们的 Text 属性设置为"创建"和"关闭"。

（2）在"解决方案资源管理器"中执行"添加引用"，在"添加引用"对话框中选择 COM 选项卡，在列表中找到并勾选 Microsoft Excel XXX Object Library 组件，其中"XXX"表示 Excel 组件的版本号，单击"确定"按钮将该组件引用到项目中。图 6-9 为执行对 Excel COM 对象库的添加引用。

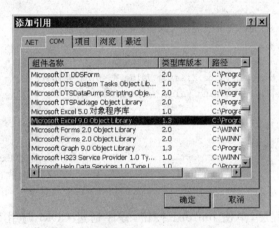

图 6-9 添加引用 MS Excel 的 COM 对象库

（3）在窗体代码文件中添加命名空间引用以及有关事件处理等代码：

```
using System;
using System.Windows.Forms;
using Excel = Microsoft.Office.Interop.Excel;
using System.Reflection;
...
private Excel.Application exc;
private Excel._Workbook workbook;
private Excel._Worksheet worksheet;
private Excel.Range range1;

private void button1_Click(object sender,EventArgs e)
{
    exc = new Excel.Application();              //创建 Excel 应用程序类实例
    if (exc == null)
    {
        MessageBox.Show("错误：创建 Excel 应用程序失败!");
```

```
            return;
        }
        exc.Visible = true;                              //Excel 应用程序可见
        exc.DisplayAlerts = false;                       //屏蔽关闭 Excel 时是否保存的提示对话框
        workbook = exc.Workbooks.Add(Excel.XlWBATemplate.xlWBATWorksheet);
        //使用模板创建新的表格.Workbooks 的作用类似于 Word 对象的 Documents
        worksheet = (Excel._Worksheet)workbook.Worksheets[1];   //引用第一个表格
        range1 = worksheet.get_Range("A1","E1");
        //获取单元格范围.Range 的作用类似于 Word 中的 Selection
        object[] args1 = new Object[1] { new int[] { 1,2,3,5,7 } };
        //创建 object 数组并初始化
          range1.GetType().InvokeMember("Value",BindingFlags.SetProperty,
              null,range1,args1);                        //使用 object 数组填充 Excel 表格
}

        private void button2_Click(object sender,EventArgs e)
        {
            object FileName = "c:\xy";
            workbook.SaveAs(FileName,Missing.Value,Missing.Value,
            Missing.Value,Missing.Value,Missing.Value,
            Excel.XlSaveAsAccessMode.xlShared,Missing.Value,
            Missing.Value,Missing.Value,Missing.Value,Missing.Value);
            workbook.Close(false,Missing.Value,Missing.Value);
            range1 = null;
            worksheet = null;
            workbook = null;
            exc.Quit();                                   //关闭 Excel 应用程序实例
            GC.Collect();                                 //及时执行垃圾回收
        }
```

（4）编译运行本程序，单击 button1 按钮，程序通过 COM 调用 Excel 进行有关处理。由于 exc.Visible 属性设置为 true，读者可以看到处理过程和得到的结果，如图 6-10 所示。再单击 button2 按钮就可保存生成的电子表文件并关闭 Excel 程序。

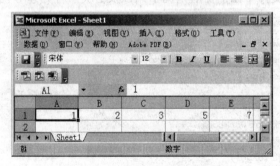

图 6-10　程序运行时生成电子表

说明：

（1）本例中使用 xlWBATWorksheet 模板，创建一个新的工作簿类实例，当工作簿创建时，在该工作表实例内部初始化了工作表的数组，该数组内包含一个工作表元素，程序将该元素作为数据的输出表格。

（2）程序中使用工作表的 get_Range 方法获取一个填充范围后,再对该范围的数据类型调用 InvokeMember 方法,将数据填充到指定的范围中。注意,所用的数组的大小要和选定的范围中单元格数目相配以及数组中数据的排列顺序与单元格顺序的一致。

（3）在使用 Excel 输出数据完成以后,程序应调用工作簿的 Close 方法关闭工作簿,并调用应用程序的 Quit 方法结束 Excel 应用程序。

（4）在不同 Excel 的 COM 组件版本中,调用的方法有所差别,应在程序中针对不同版本的 Excel 组件对程序代码进行调整。

第 7 章　处理 XML 文档

XML 是 eXtensible Markup Language 的缩写,是一种标记语言。XML 的主要优点是对信息(或数据)的记录、提取、转换等方式进行规范化。XML 有点类似 HTML,但 XML 的标记不是预定义的,用户自己可以定义标记,因此具有极大的潜在应用面。XML 本身是文本文件,因此便于编辑和处理,也更容易在分布式和跨平台的各种场合发挥作用。目前越来越多的有关网络和软件技术的协议和标准都是建立在 XML 基础上的。如果不懂 XML 或者不会熟练地处理与 XML 有关的各种问题,则很难成为一个好的软件设计师。为了能顺利理解本章内容,要求读者对 XML 已有一定的了解。

7.1　.NET 框架对 XML 提供全面支持

近年来,XML 普遍受到各大主流软件厂商的高度重视,纷纷推出各种支持使用 XML 的技术方案。.NET 是微软在 21 世纪推出的新一代开发平台,从一开始设计时已充分考虑到将 XML 融入到.NET 的各个组成部分中。例如在 ADO.NET 中,内存中数据集 DataSet 就是以 XML 形式呈现的。

.NET 提供了一组用来支持对 XML 文档进行创建、读写和修改等基本操作的类。这些类大部分定义在 System.XML 命名空间下。表 7-1 对其中一些最主要的类作了简单介绍。

表 7-1　System.XML 命名空间下常用的类

类　名	描　述
XmlAttributes	表示一个 XML 元素中属性的集合
XmlConvert	可对 XML 名称进行编码和解码并提供方法在架构定义语言(XSD)的各种类型之间进行转换
XmlDataDocument	允许通过 DataSet 存储、检索和操作结构化数据
XmlDocument	表示 XML 文档(按照 DOM 模型)
XmlElement	表示一个 XML 元素
XmlElementAttribute	指示公用字段或属性表示 XML 元素
XmlNode	表示 XML 文档中的单个节点
XmlReader	提供对 XML 数据流的只进的读访问
XmlSerializer	可用于将对象序列化到 XML 或从 XML 中反序列化对象
XmlTextReader	为 XmlReader 的派生类,适合对 XML 文件进行读取
XmlTextWriter	为 XmlWriter 的派生类,适合对 XML 文件进行写操作

续表

类 名	描 述
XmlTransform	使用 XSLT 样式表转换 XML 数据
XslCompiledTransform	使用 XSLT 样式表以编译方式转换 XML 数据
XmlWriter	提供对 XML 数据流进行只进的写操作

7.2 读写 XML 文档

用 XmlReader 和 XmlWriter 类对 XML 文件进行读写操作是非常方便的，而且效率也是比较高的。

7.2.1 使用 XmlReader 类

XmlReader 类提供了一系列的方法，用于快速读取 XML 数据的流和文件。但 XmlReader 是虚拟类，不能直接被使用。XmlTextReader 类继承自 XmlReader 类，它提供一个对 XML 单向的、快速读取并解析的功能。XmlTextReader 类可以从不同的输入对象读取 XML 数据，这些输入对象的类型可以是流、TextReader 派生类的对象、本地文件或 Web 站点中的文件等。

表 7-2 列出了 XmlTextReader 类的一些常用属性和方法。

表 7-2　XmlTextReader 类的常用属性和方法

	名 称	描 述
属性	AttributeCount	表示当前节点上的属性数
	Depth	可用于获取 XML 中当前节点的深度
	EOF	该属性表示读取器是否已到达流的结尾处
	HasAttributes	该属性表示当前节点是否包含任何属性
	HasValue	该属性表示当前节点是否可以具有值（Value）
	IsDefault	该属性表示当前节点是否为 DTD 或架构中定义的默认值生成的属性
	IsEmptyElement	该属性指示当前节点是否为空元素
	Name	该属性表示当前节点的名称
	NodeType	该属性表示当前节点的类型
	Prefix	该属性表示与当前节点关联的命名空间前缀
	QuoteChar	可获取用于括起属性节点值的引号字符
	ReadState	该属性可获取读取器的状态
	Value	该属性表示当前节点的文本值
	ValueType	该属性表示当前节点在 CLR 下的类型
	WhitespaceHandling	该属性用于指定处理 XML 中空白的方式
	XmlResolver	该属性用于设置解析 DTD 的 XmlResolver

名称	描述
Close	关闭 XML 文档
Create	创建一个新的 XmlTextReader 对象
GetAttribute	获取 XML 元素中某个属性
IsStartElement	测试当前节点是否为开始标记
MoveToAttribute	移动到指定的属性
MoveToElement	移动到包含当前属性节点的元素
MoveToFirstAttribute	移动到当前元素的第一个属性
MoveToNextAttribute	移动到下一个属性
Read	从流中读取下一个节点
ReadChars	将元素的文本内容读入字符缓冲区,可用于读取大的嵌入文本流
ReadElementContentAsBase64	读取元素并对 Base64 内容进行解码
ReadElementContentAsBoolean	将当前元素值作为 Boolean 对象读取
ReadElementContentAsDateTime	将当前元素值作为 DateTime 对象读取
ReadElementContentAsDecimal	将当前元素值作为 Decimal 对象读取
ReadElementContentAsDouble	将当前元素值作为双精度浮点数读取
ReadElementContentAsFloat	将当前元素值作为单精度浮点数读取
ReadElementContentAsInt	将当前元素值作为 32 位有符号整数读取
ReadElementContentAsLong	将当前元素值作为 64 位有符号整数读取
ReadElementContentAsString	将当前元素值作为 String 对象读取
ReadEndElement	检查当前内容节点是否为结束标记并将读取器推进到下一个节点
ReadInnerXml	将当前元素的 InnerXml 作为字符串读取
ReadOuterXml	将当前元素的 OuterXml 作为字符串读取
ReadStartElement	检查当前节点是否为元素并将读取器推进到下一个节点
ReadString	将当前元素或文本节点的内容读取为一个字符串
ReadToFollowing	一直读取,直到出现指定命名的元素
ReadToNextSibling	将 XmlReader 推进到下一个匹配的同级元素
ResetState	将读取器的状态重置为 ReadState.Initial
ResolveEntity	解析 EntityReference 节点的实体引用
Skip	跳过当前节点的所有子节点

下面给出一个使用 XmlTextReader 类的示例。

【例 7-1】 在本例中使用 XmlTextReader 类去读取指定 XML 文件的内容。

```
using System;
using System.IO;
using System.Xml;
public class test{
    public static void Main() {
        XmlTextReader reader = null;
        try {
```

```
        reader = new XmlTextReader("c:\\test.xml");
        reader.WhitespaceHandling = WhitespaceHandling.None;
        //不返回任何 Whitespace 和 SignificantWhitespace 节点
        while (reader.Read()) {
            if (reader.HasValue)
                Console.WriteLine("({0}) {1} = {2}",
                    reader.NodeType, reader.Name, reader.Value);
            else
                Console.WriteLine("({0}) {1}", reader.NodeType, reader.Name);
        }
    }
    finally{
        if (reader!= null)
            reader.Close( );
    }
}
```

假定上述示例使用的 XML 文件 test.xml 的内容如下所示：

```
<?xml version = "1.0" ?>
<!DOCTYPE book [<!ENTITY h 'hardcover'>]>
<book>
    <title>Pride And Prejudice</title>
    <misc>&h;</misc>
</book>
```

运行本例程序后输出结果如下：

```
(XmlDeclaration) xml = version = "1.0"
(DocumentType) book = <!ENTITY h 'hardcover'>
(Element) book
(Element) title
(Text) = Pride And Prejudice
(EndElement) title
(Element) misc
(EntityReference) h
(EndElement) misc
(EndElement) book
```

7.2.2 使用 XmlWriter 类

XmlWriter 类提供了一系列的方法，用于快速生成包含 XML 数据的流和文件。但 XmlWriter 是虚拟类，不能直接被使用。XmlTextWriter 类继承自 XmlWriter 类，可以用来输出 XML 文件。表 7-3 列出了 XmlTextWriter 类的一些常用属性和方法。

表 7-3　XmlTextWriter 类的常用属性和方法

	名　称	描　述
属性	BaseStream	该属性可用于获取基础流对象
	Formatting	该属性指示如何设置输出格式
	Indentation	该属性表示输出的 XML 中为每一层次结构缩进多少个字符（使用 IndentChar，一般为空格）
	IndentChar	该属性表示用于 XML 中表示层次的缩进的字符（一般为空格）
	QuoteChar	该属性表示 XML 中用于将属性值括起来的字符（一般为"）
	WriteState	该属性表示编写器当前的状态
方法	Close	关闭 XML 的流
	Create	创建一个新的 XmlTextWriter 对象
	Flush	将缓冲区中的所有内容刷新到基础流
	WriteAttributes	输出在 XmlReader 中当前位置找到的所有属性
	WriteAttributeString	输出 XML 格式的具有指定值的属性
	WriteBase64	将指定的二进制字节编码为 Base64 并输出
	WriteCData	输出包含指定文本的<！[CDATA[…]]>块
	WriteChars	以块方式（每次写满一个缓冲区）输出文本
	WriteComment	输出包含指定文本的注释<！------>
	WriteDocType	输出具有指定名称和可选属性的 DOCTYPE 声明
	WriteElementString	输出包含字符串值的 XML 元素
	WriteEndAttribute	关闭上一个 WriteStartAttribute 调用
	WriteEndDocument	关闭任何打开的元素或属性并将编写器设置为 Start 状态
	WriteEndElement	关闭一个 XML 元素
	WriteEntityRef	输出一个实体引用
	WriteFullEndElement	关闭一个元素
	WriteName	输出指定的名称
	WriteNode	将源对象中当前节点复制到输出流
	WriteStartAttribute	输出属性的起始内容
	WriteStartDocument	输出 XML 声明（一般版本为"1.0"）
	WriteStartElement	输出 XML 格式的指定开始标记
	WriteString	输出给定的文本内容
	WriteWhitespace	输出给定的空白

下面给出一个使用 XmlTextWriter 类的示例。

【例 7-2】　在本例中给出了使用 XmlTextWriter 类去创建一个 XML 文件。

```
using System;
using System.IO;
using System.Text;
using System.Xml;                                //应添加引用该命名空间
class TEST
{
    static void WriteQuote(XmlWriter writer,string symbol,double price,
        double change,long volume){
```

```
        writer.WriteStartElement("Stock");                    //输出开始标签<Stock>
        writer.WriteAttributeString("Symbol",symbol);         //输出Symbol属性
        writer.WriteElementString("Price",XmlConvert.ToString(price));
        //输出子元素Price
        writer.WriteElementString("Change",XmlConvert.ToString(change));
        //输出子元素Change
        writer.WriteElementString("Volume",XmlConvert.ToString(volume));
        //输出子元素Volume
        writer.WriteEndElement();                             //输出结尾标签</Stock>
    }

    public static void Main( ){
        XmlTextWriter writer = new XmlTextWriter("C:\test.xml",Encoding.Default);
        writer.Formatting = Formatting.Indented;
        writer.WriteStartDocument();                          //写入XML声明
        WriteQuote(writer,"MSFT",74.125,5.89,69020000);
        writer.Close();
    }
}
```

例 7-2 程序运行时生成的 XML 文件的内容如下：

```
<?xml version = "1.0" encoding = "gb2312"?>
<Stock Symbol = "MSFT">
    <Price>74.125</Price>
    <Change>5.89</Change>
    <Volume>69020000</Volume>
</Stock>
```

7.3 DOM 和 XmlDocument 类

7.3.1 什么是 DOM 模型

DOM(Document Object Model)，即文档对象模型。它将 XML 文档看成是一个对象，以便通过程序语言(如 C++、C♯.NET 以及各种脚本语言等)进行调用，对 XML 中的数据进行存取以及对文档进行各种处理或操作等。DOM 是 W3C 的标准，它对文档及其结构的定义与编程语言无关，便于应用程序间数据共享或代码移植。

在 DOM 模型下，XML 文档是树型结构的。DOM 对该树的各种节点以及相关的属性和操作方法进行了规范(如统一的名称、方法参数等)。虽然 W3C 的 DOM 标准具有权威性，但各厂商在具体使用该标准时往往会存在一些微小的差异。这里使用的是微软为 IE 中的 XML DOM 制定的标准。

在该标准之下,假定有如下一个描述 book 的 XML:

```xml
<?xml version = "1.0"?>
  < books >
    < book >
        < author > Carson </author >
        < price format = "dollar"> 31.95 </price >
        < pubdate > 05/01/2001 </pubdate >
    </book >
    < pubinfo >
        < publisher > MSPress </publisher >
        < state > WA </state >
    </pubinfo >
  </books >
```

则该 XML 在 DOM 模型下的结构如图 7-1 所示。

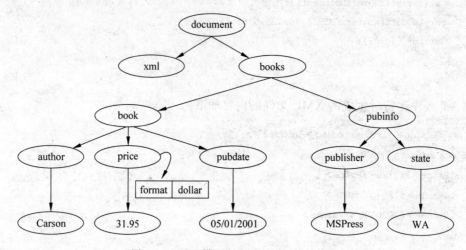

图 7-1　DOM 模型下上述 XML 的结构图

7.3.2　XmlDocument 及相关类

.NET 中 XmlDocument 类支持用于对整个文档执行操作,和它相关的有 XmlNode 等类。使用这些类的属性和方法,可以游刃有余地实现 DOM 中各种指定操作。

XmlDocument 是位于内存中的对象,依照 DOM 模型,其数据结构是树型的。一般使用时需要先把 XML 文档加载到 XmlDocument 对象中,然后可以按需对该树型结构的各个组成部分进行操作,待操作完成后就可以把最终结果写回到 XML 文档。因为操作是在内存中进行的,所以一方面可提高效率,另一方面也不受 XMLWriter 只能单向操作的限制。

XmlNode 是.NET 下的 XML DOM 树包含的基础对象。图 7-1 中的每个圆圈都被看成是 DOM 树的一个节点,可用一个 XmlNode 对象来代表。

表 7-4 介绍了 XmlNode 类的重要属性和方法。

表 7-4　XmlNode 类的重要成员

	名　称	描　述
属性	Attributes	该属性表示该节点的所有属性的集合
	ChildNodes	该属性表示该节点所有子节点的集合
	FirstChild	表示该节点的第一个子节点
	HasChildNodes	该属性值指示当前节点是否有子节点
	InnerText	该属性为当前节点及其所有子节点中文本的串联值
	InnerXml	该属性表示当前节点的内部 XML 片段（不包含当前节点的首、尾标签）
	IsReadOnly	该值指示该节点是否为只读
	LastChild	表示该节点的最后一个子节点
	Name	该属性表示节点的名称
	NextSibling	该属性表示该节点的下一个兄弟节点
	NodeType	该属性表示当前节点的类型
	OuterXml	该属性表示当前节点的外部 XML 片段（包含当前节点的首、尾标签）
	OwnerDocument	该属性表示节点所属的 XmlDocument
	ParentNode	该属性表示该节点的父节点
	PreviousSibling	该属性表示该节点的上一个兄弟节点
	Value	该属性表示当前节点的值
方法	AppendChild	将指定的节点添加到该节点的子节点列表的末尾
	Clone	为该节点创建一个副本
	CreateNavigator	创建可浏览此对象的 XPathNavigator
	InsertAfter	将某节点插入指定的节点之后
	InsertBefore	将某节点插入指定的节点之前
	RemoveAll	移除当前节点的所有子节点和/或属性
	RemoveChild	移除当前节点下某个子节点
	ReplaceChild	用 newChild 节点替换子节点 oldChild
	SelectNodes	选择匹配 XPath 表达式的节点列表
	SelectSingleNode	选择匹配 XPath 表达式的第一个 XmlNode
	WriteTo	在指定的 XmlWriter 中写入当前节点

XmlDocument 是 XmlNode 的派生类，它可以当作 DOM 的根节点进行操作。此外，XmlDocument 中增加了几个与 XML 文档有关的方法。注意，XML 意义下的根元素只是 XmlDocument 的一个子节点，可用属性 DocumentElement 访问该节点。

表 7-5 介绍了 XmlDocument 类的重要成员。

表 7-5　XmlDocument 类中的重要成员

	名　称	描　述
属性	ChildNodes	表示该节点所有子节点的集合
	DocumentElement	表示 XML 文档中的根元素，类型为 XmlElement
	FirstChild	表示该节点的第一个子节点
方法	Load	从指定的文件中加载 XML
	LoadXml	从指定的路径加载 XML 文档
	Save	将 XML 保存到指定的文档

7.3.3 应用示例

下面给出使用 XmlDocument 和 XmlNode 等类进行 XML 文档操作的一个示例。

【例 7-3】 本例使用 XmlDocument 类打开 XML 文档，然后用 XmlNode 的 InsertBefore 方法在 DOM 中适当位置中插入节点。为方便起见，使用图 7-1 中引用的 book.xml 作为 XML 数据文件。要在该文档中插入一些新的 book 节点。这样的节点必须插入在 books 下一级所有现存的 book 节点之后（或者是在第一个 pubinfo 节点之前）。

在 Visual Studio.NET 下新建一个基于 Windows Form 的应用程序，在主窗体内放入几个文本框控件用于输入 book 节点的 "author"、"price"、"pubdate" 等信息，再添加两个按钮分别用于插入节点和保存文件。窗体界面设计可参考图 7-2。

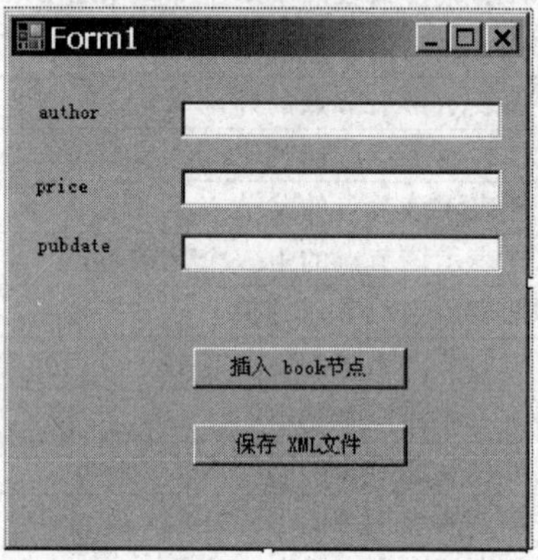

图 7-2 本例中窗体的界面

以下为该程序中部分源代码：

```csharp
...
using System.Xml;
...
public partial class Form1 : Form
{
    private XmlDocument xmldocument = new XmlDocument();  //新建 XmlDocument 对象
    private string datafile = "c:\\book.xml";
    public Form1( ){
        InitializeComponent();
        xmldocument.Load(datafile);                        //加载 XML 文档到 XmlDocument 对象
    }

    private void button1_Click(object sender, EventArgs e)
    {
        XmlNode xn = xmldocument.DocumentElement;
           //xn 引用到 XML 中根元素(即 books)
        XmlNode xn1,xn2;
        xn1 = xn.FirstChild;                   //xn1 引用到第一个 book 节点
        xn2 = xn1.Clone();                     //复制一个 book 节点(可以利用其结构)
           //以下三行在该 book 节点中用来自窗体中输入的数据替换原有数据
        xn2.ChildNodes[0].InnerText = textBox1.Text;
```

```
        xn2.ChildNodes[1].InnerText = textBox2.Text;
        xn2.ChildNodes[2].InnerText = textBox3.Text;
        while(xn1.Name!= "pubinfo")            //将 xn1 定位到 pubinfo 节点之前的位置
            xn1 = xn1.NextSibling;
        xn.InsertBefore(xn2,xn1);              //在 xn1 当前位置之前插入 xn2,xn 是 xn1 父节点
    }

    private void button2_Click(object sender,EventArgs e)
    {
        xmldocument.Save(datafile);            //将 XmlDocument 写回到 XML
    }
}
```

本例中为了定位到文档中的第一个 pubinfo 节点之前，逐个对元素进行检查，这样做效率较低。较好的方法是利用 XPath 以及 XmlDocument 类的 SelectSingleNode 方法进行定位。

7.4 使用 XSLT 转换 XML 文档

XSL(eXtensible Stylesheet Language,可扩展样式表语言)主要用于需要显示或转换 XML 文档。XSL 包含 XSLT、XPATH 等几项标准技术。当 XSL 用于网页上显示时,还要结合 CSS 和 HTML。

XSLT 是专门用来将 XML 转换为另一个 XML(或 HTML)的一种语言,目前常用的版本为 2.0。XSLT 本身也是一个 XML,可在 IE 等标准浏览器中解释执行。

7.4.1 XslTransform 类及其应用

.NET 下有 System.Xml.Xsl 命名空间,专门用于支持对 XML 进行 XSL 转换有关的操作。其中最重要的类是 XslTransform 和 XslCompiledTransform 类(在.NET 框架 2.0 之后版本中,建议用后者替换前者)。

表 7-6 介绍了 XslCompiledTransform 类的重要属性和方法。

表 7-6 XslCompiledTransform 类的重要成员

	名 称	描 述
属性	OutputSettings	可用于获取一个 XmlWriterSettings 对象,其中包含由样式表的 xsl:output 元素产生的输出信息
	TemporaryFiles	该属性中包含一组临时文件的集合,这些临时文件是在成功调用 Load 方法后在磁盘上生成的
方法	Load	加载并编译样式表文件(即 XSL 文件)
	Transform	对指定 XML 文件使用已加载的 XSLT 执行转换,并将结果输出到目标流或文件

下面是关于该类用法的一个简单示例。

【例 7-4】 以下代码示例利用样式表 output.xsl 将一个 XML 文档(books.xml)转换为 HTML 文档(books.html)。

```
using System;
using System.Xml;
using System.Xml.Xsl;
class Program
{
    static void Main(string[] args){
        XslCompiledTransform xslt = new XslCompiledTransform();
        xslt.Load("output.xsl");                              //加载样式表文件 output.xsl
            //执行后将 books.xml 转换为 books.html
        xslt.Transform("books.xml","books.html");
    }
}
```

7.4.2 在 Web 页面中使用 XML 控件

.NET 在 ASP.NET 中定义了一个 XML 类,可以用该类的对象将 XML 文档经 XSLT 转换输出到网页中。XML 控件是 XML 类的实例,可以在设计 Web Form 时从工具箱拖入到页面。

表 7-7 介绍了 XML 类的重要属性和方法。

表 7-7 XslCompiledTransform 类的重要成员

	名 称	描 述
属性	Document	表示与该 XML 控件相关的 XmlDocument 对象
	DocumentSource	表示在该 XML 控件中显示的 XML 文档的路径
	Transform	该属性为一个 XslTransform 对象,它用于将 XML 文档转换后输出到浏览器中显示
	TransformArgumentList	该属性中包含一组传递给样式表并在扩展样式表语言转换中使用的可选参数的列表
	TransformSource	表示用于转换的 XSLT 样式表的路径
	Visible	指示是否显示控件中内容

下面给出一个示例。

【例 7-5】 本例说明如何在 ASP.NET Web 应用程序中使用 XML 控件转换并显示,请按照以下步骤进行。

(1) 创建本例中使用的 XML 和 XSL 文件。

XML 文件 Emails.xml 中的数据为一些邮件(短信),其中内容如下:

```
<?xml version = "1.0"?>
< MESSAGES >
  < MESSAGE id = "101">
    < TO > JoannaF </TO >
    < FROM > LindaB </FROM >
    < DATE > 04 September 2001 </DATE >
    < SUBJECT > Meeting tomorrow </SUBJECT >
    < BODY > Can you tell me what room the committee meeting will be in?</BODY >
  </MESSAGE >
  < MESSAGE id = "109">
```

```
    <TO>JoannaF</TO>
    <FROM>JohnH</FROM>
    <DATE>04 September 2001</DATE>
    <SUBJECT>I updated the site</SUBJECT>
    <BODY>I've posted the latest updates to our internal web site, as you requested.
        Let me know if you have any comments or questions. -- John
    </BODY>
  </MESSAGE>
  <MESSAGE id="123">
    <TO>JoannaF</TO>
    <FROM>LindaB</FROM>
    <DATE>05 September 2001</DATE>
    <SUBJECT>re: Meeting tomorrow</SUBJECT>
    <BODY>Thanks. By the way, do not forget to bring your notes from the conference.
        See you later!
    </BODY>
  </MESSAGE>
</MESSAGES>
```

XSL 样式文件 Emails_all.xslt 内容如下：

```
<?xml version='1.0'?>
<xsl:stylesheet xmlns:xsl="http://www.w3.org/1999/XSL/Transform" version="1.0">
<xsl:template match="/">
<HTML><BODY><FONT face="Verdana" size="2">
<TABLE cellspacing="10" cellpadding="4">
  <xsl:for-each select="MESSAGES/MESSAGE">
    <TR bgcolor="#CCCCCC">
      <TD class="info">
        Date: <B><xsl:value-of select="DATE"/></B><BR></BR>
        To: <B><xsl:value-of select="TO"/></B><BR></BR>
        From: <B><xsl:value-of select="FROM"/></B><BR></BR>
        Subject: <B><xsl:value-of select="SUBJECT"/></B><BR></BR>
            <BR></BR><xsl:value-of select="BODY"/>
      </TD>
    </TR>
  </xsl:for-each>
</TABLE></FONT></BODY>
</HTML>
</xsl:template>
</xsl:stylesheet>
```

Email_headers.xslt 是另一个 XSL 样式文件，其内容如下：

```
<?xml version='1.0'?>
<xsl:stylesheet xmlns:xsl="http://www.w3.org/1999/XSL/Transform" version="1.0">
<xsl:template match="/">
<HTML>
<BODY>
<TABLE cellspacing="3" cellpadding="8">
  <TR bgcolor="#AAAAAA">
    <TD class="heading"><B>Date</B></TD>
```

```
            <TD class = "heading"><B>From</B></TD>
            <TD class = "heading"><B>Subject</B></TD>
        </TR>
    <xsl:for-each select = "MESSAGES/MESSAGE">
        <TR bgcolor = "#DDDDDD">
            <TD width = "25%" valign = "top">
                <xsl:value-of select = "DATE"/>
            </TD>
            <TD width = "20%" valign = "top">
                <xsl:value-of select = "FROM"/>
            </TD>
            <TD width = "55%" valign = "top">
                <B><xsl:value-of select = "SUBJECT"/></B>
            </TD>
        </TR>
    </xsl:for-each>
</TABLE>
</BODY>
</HTML>
</xsl:template>
</xsl:stylesheet>
```

(2) 建立 ASP.NET 网站。

在 Visual Studio.NET IDE 下新建网站，在 default.aspx 页面中放入一个 XML 控件和一个复选框控件。按照表 7-8 对该窗体中控件设置必要的属性。

表 7-8 Web 窗体中各控件的属性设置

控件名	属性名	属性值	描述
Xml1	TransformSource	email_all.xslt	默认的样式表
Xml1	DocumentSource	Emails.xml	定义 XML 源数据文档
CheckBox1	Checked	false	
CheckBox1	Text	Headers Only	
CheckBox1	AutoPostBack	True	当复选框状态改变时执行回发

(3) 在 Web 窗体中设置事件并加入以下事件代码：

```
protected void CheckBox1_CheckedChanged(object sender,EventArgs e)
{
    if(CheckBox1.Checked)
        Xml1.TransformSource = "email_headers.xslt";
    else
        Xml1.TransformSource = "email_all.xslt";
}
```

(4) 运行与演示本例。

运行该 Web 应用程序，开始时页面显示如图 7-3 所示，将页面中复选框选中后显示为如图 7-4 所示。

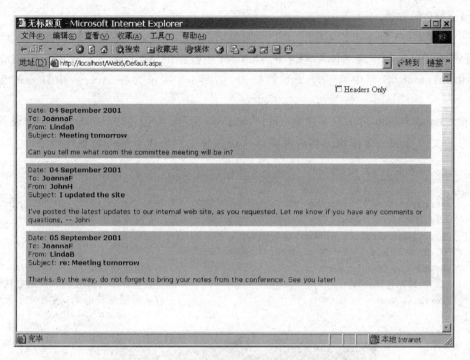

图 7-3 复选框未选时的邮件显示格式为详细信息

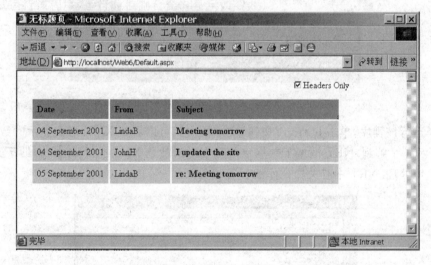

图 7-4 复选框选中时的邮件显示格式为基本信息

7.5 XML 与 DataSet

在.NET 中除了大量明显使用 XML 的场合外，还存在一些隐含使用的场合。其中值得一提的就是 XML 在 ADO.NET 中的广泛使用。事实上，ADO.NET 的核心部件 DataSet 就是以 XML 表示的关系型数据的缓存。在 DataSet 类的方法中，可以发现有 GetXml、GetXmlSchema、InferXmlSchema、ReadXml、ReadXmlSchema、WriteXml、WriteXmlSchema 等一批涉及 XML 的方法。

通过下面一个例子可以看到.NET 中如何用 XML 表示 DataSet 中的数据。

【例 7-6】 本例呈现 ADO.NET 的 DataSet 中数据的 XML 形式。程序中使用 Access 数据库 db1.mdb,该库中有一个 zgb 数据表,如图 7-5 所示为在 Access 中打开的 zgb 数据表。

在 Visual Studio.NET 下建立一个 Windows Form 应用程序,窗口中放一个设置为多行状态的文本框和一个按钮。然后在窗体代码文件中写入以下事件处理代码:

```
private void button1_Click(object sender,EventArgs e)
{
    string strConn = "Provider = Microsoft.Jet.OLEDB.4.0;Data Source = d:\\db1.mdb";
    OleDbConnection Conn = new OleDbConnection(strConn);   //新建数据库连接
    string sql = "select * from zgb";
    OleDbDataAdapter da = new OleDbDataAdapter(sql,Conn);
    DataSet ds = new DataSet();                            //创建数据集
    da.Fill(ds,"zgb");                                     //将数据库中 zgb 表的数据填充到数据集
    textBox1.Text = ds.GetXml();                           //从数据集获得 XML 并在文本框中显示
}
```

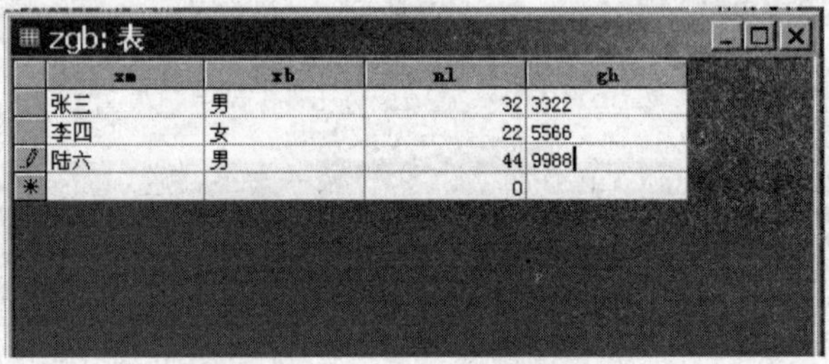

图 7-5 在 Access 中打开 db1 数据库中的 zgb 表

编译运行该程序,单击 button1 按钮,文本框中就可以看到 XML 形式显示的数据了,如图 7-6 所示。了解到.NET 框架下数据集的基本形式就是 XML 这个事实,有助于人们更加得心应手地处理.NET 中有关数据库编程等相关问题。

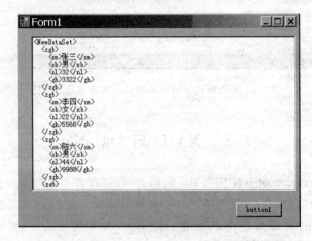

图 7-6 窗体的文本框中以 XML 形式显示数据集

7.6 XML 序列化与反序列化

.NET 中另一个与 XML 有关的基础性问题是对象的序列化与反序列化。对象的序列化是指以文件或流的形式保存对象,这是许多应用问题中都会遇到的一种需求。序列化的概念很早以前就存在了,但 XML 为实现序列化提供了非常理想的描述语言。将 XML 用于对象的序列化,具有处理方便、可读性强、与编程语言无关等优点。反序列化指的是与序列化反方向的操作,即从文件或流中解析出对象的信息并将其恢复为内存对象。

.NET 中使用 XmlSerializer 类实现了对象的 XML 序列化与反序列化,表 7-9 介绍了该类的常用方法。

表 7-9 XmlSerializer 类的常用方法

名 称	描 述
CanDeserialize	该方法的返回值表示该 XmlSerializer 是否能够对给定的 XML 文档实行反序列化
Deserialize	对给定的 XML 文档实行反序列化
GenerateSerializer	返回一个程序集,其中包含类型化的序列化程序
Serialize	将对象序列化到 XML 文档中

下面提供一个 XML 序列化与反序列化问题的示例。

【例 7-7】 在 Visual Studio .NET 下建立控制台应用程序,程序中源代码如下:

```
using System;
using System.IO;
using System.Xml;
using System.Xml.Serialization;
public class Employee
{
    public string Name;
}

public class Company
{
    public string CompanyName;
    public Employee[] Employees;

    public static void Main( ){
        string filename = "c:\\Company.xml";
        XmlSerializer serializer = new XmlSerializer(typeof(Company));
        TextWriter writer = new StreamWriter(filename);   //创建文本书写器
        Company com = new Company();                      //创建一个公司(Company 类)对象
        com.CompanyName = "ABC InfoSystems";              //给公司命名
        Employee emp1 = new Employee();                   //创建一个雇员(Employees 类)对象
        Employee emp2 = new Employee();                   //又创建一个雇员(Employees 类)对象
        emp1.Name = "John";
        emp2.Name = "Peter";
```

```csharp
            com.Employees = new Employee[2] {emp1,emp2};
                //将这两名雇员加入到公司员工中
            serializer.Serialize(writer,com);
                //将 com 引用的对象序列化为 XML 并使用 writer 书写器将其写入文件
            writer.Close();
                //以下代码将 XML 反序列化为对象
            FileStream fs = new FileStream(filename,FileMode.Open);
            Company cmp = (Company)serializer.Deserialize(fs);
                //从文件输入中实行反序列化,并强制转换为特定类型的对象 cmp
            Console.WriteLine(cmp.CompanyName);          //输出 cmp 中的公司名称
            foreach (Employee e in cmp.Employees)        //遍历 cmp 中每一名员工
            {
                Console.WriteLine("{0}",e.Name);         //输出该员工名字
            }
            Console.ReadLine();
        }
    }
```

本例程序运行时控制台的输出为:

ABC InfoSystems
John
Peter

程序运行时创建的 XML 文档 Company.xml 中包含以下内容:

```xml
<?xml version = "1.0" encoding = "utf-8"?>
<Company xmlns:xsi = "http://www.w3.org/2001/XMLSchema-instance"
        xmlns:xsd = "http://www.w3.org/2001/XMLSchema">
  <CompanyName>ABC InfoSystems</CompanyName>
  <Employees>
     <Employee>
        <Name>John</Name>
     </Employee>
     <Employee>
        <Name>Peter</Name>
     </Employee>
  </Employees>
</Company>
```

从中可观察到,.NET 在序列化一个对象时所用的 XML 标准格式。

第8章 Web Services

8.1 Web Services 的主要功能和特点

ASP.NET 提供的 Web 技术包含 Web Application 和 Web Services 两个重要组成部分。当使用 Visual Studio .NET 创建网站时，可以选择 ASP.NET Web Application 和 ASP.NET Web Services 两种不同类型的项目。

8.1.1 Web Services 是什么

那么 Web Services 究竟是什么呢？

Web Services 即 Web 服务，它是一套崭新的技术标准，定义了应用程序如何在 Web 上实现互操作性。Web 服务的标准是建立在以 XML 为主的，开放的 Web 规范技术基础上，因此与上一代的对象技术相比具有更好的开放性，是建立可互操作的分布式程序的新平台。

如果从纯技术的角度来解释 Web 服务，那么它主要是一种新的 RPC（Remote Procedure Calling，远程过程调用）技术规范。与以往既有的同类技术如 CORBA、DCOM 等相比，它使用更加简明、开放的协议，具有面向对象的特征，并且对编程语言与开发平台没有任何限制。

使用 Web Services 技术开发的网络服务程序可以看作是一种部署在 Web 上的对象或者组件，它具备以下优点或特征。

1. 良好的封装性

Web Services 是部署在 Web 上的对象，因此具备良好的封装性。

2. 松散耦合

Web Services 组件相互之间的交互全部采用标准的 XML。

3. 使用标准协议

Web Services 完全使用开放的标准协议进行描述、传输和交换，其界面调用更加规范化。

4. 与平台和编程语言无关

Web Services 不仅与应用平台无关，而且与编程语言也无关。

5. 高度可集成能力

Web Services 采取简单、易理解的协议作为组件的界面描述，屏蔽了不同平台间的差异。

6. 可跨越通信防火墙

Web Services 使用的 SOAP 一般基于 HTTP 进行通信,可以穿透防火墙。

提供 Web Services 开发工具的主流厂商主要有 Microsoft、IBM 和 Sun。目前 Microsoft 对 Web Services 的技术支持主要通过 ASP.NET 来实现。

8.1.2 与 Web Services 有关的协议

Web Services 采用基于 XML 的接口和通信协议,只要符合相应的接口就可以将任何两种应用程序组合到一起。与 Web Services 技术有关的三个重要的协议(技术标准)如下。

1. SOAP

SOAP 用于提供标准的 RPC 方法来调用 Web Services。

2. WSDL

WSDL 是基于 XML 的用于定义 Web Services 的接口即方法名、参数和返回值等有关属性的语言。

3. UDDI

用于在网上查找 Web Services。一旦 Web Services 注册到 UDDI,客户就可以很方便地查找和定位到所需要的 Web Services。

8.2 Visual C#.NET Web Services 编程

8.2.1 在.NET 环境下支持 Web 服务的类

因为 Web Services 是基于 XML 的技术,因此 Microsoft 习惯称其为 XML Web Services。.NET 环境下对 XML Web Services 技术提供支持的一些类大部分都放在 System.Web.Services 命名空间内。其中最重要的是 WebService 类,它是所有 Web Services 服务的基类。表 8-1 列举了该类的常用属性和方法。

表 8-1 WebServices 类的常用属性和方法

	名称	描述
属性	Context	该属性封装了由 HTTP 服务器用来处理 Web 请求的特定的上下文
	Server	表示当前请求的 HttpServerUtility 对象
	Session	表示当前请求的 HttpSessionState 实例
	User	为 ASP.NET 服务器上的 User 对象,可用于验证用户是否有权执行请求
方法	GetService	可获取 IServiceProvider 的实施者

在.NET 环境下开发 XML Web Services 可分为两个步骤。首先,创建一个具有.asmx 文件扩展名的文件,该文件使用页面指示符声明 XML Web Services,并且要声明一个提供 Web 服务的类,该类必须是上述 WebServices 的派生类。然后,在该类中定义构成 Web 服务功能的各个方法。

只要将.asmx 文件复制到 Web 服务器上某个 ASP.NET 网站的虚拟目录下即可完成部署。如果在 Visual Studio.NET 下建立 Web 服务的网站,那么系统会自动完成部署。

Web Services 本身与语言和开发平台无关,因此 XML Web Services 使用的数据类型与.NET CLR 中支持的数据类型不完全一致。表 8-2 给出了 XML Web Services 中支持的基元数据类型（这些数据类型是由 XML 架构定义（XSD）语言中的数据类型）并与.NET（CLR）中与其等效的数据类型进行对照。

表 8-2 XML Web Services 支持的基元数据类型

XML (XSD)	.NET (CLR)
Boolean	Boolean
Byte	无与此对应
Double	Double
Datatype	无与此对应
Decimal	Decimal
Enumeration	Enum
Float	Single
Int	Int32
Long	Int64
Qname	XmlQualifiedName
Short	Int16
String	String
TimeInstant	DateTime
UnsignedByte	/
UnsignedInt	UInt32
UnsignedLong	UInt64
UnsignedShort	UInt16
基元数组和枚举	/

8.2.2 实现 Web Services 服务端

在 Visual Studio.NET 下编写 Web Service 程序与编写其他类型的.NET 程序几乎没有区别，都是在类中编写可以实现某些特定功能的方法。例 8-1 是在 Visual Studio.NET 下建立 Web Services 服务端的一个简单的示例。

【例 8-1】 在 Visual Studio.NET 下新建一个网站。在"新建网站"对话框中，选择 ASP.NET Web 服务模板。然后输入该 Web Service 网站所在的虚拟目录的位置和使用的语言（一般为 C♯），单击"确定"按钮，如图 8-1 所示。

此时，Visual Studio.NET 会按照模板创建一个空白的 Web Services 项目。可以看到，其中的代码文件内有对 Web 服务的类 Service 的声明，并在该类中提供了一个示范用的"HelloWorld"方法，如图 8-2 所示。

注意，Visual Studio.NET 生成的 Web Services 的代码存放在一个独立的代码文件中，在 IDE 下可以直接编辑修改其中的代码。和 Web 应用不同，Web 服务没有界面元素，所以在设计阶段一般不需要使用 IDE 的设计器视图。

下面要编写 Web 服务中的方法。作为示例，保留了原有的 HelloWorld 方法，并添加了两个简单的方法。这两个方法的代码如下所示：

```
[WebMethod (Description = "This method will return the current time",
```

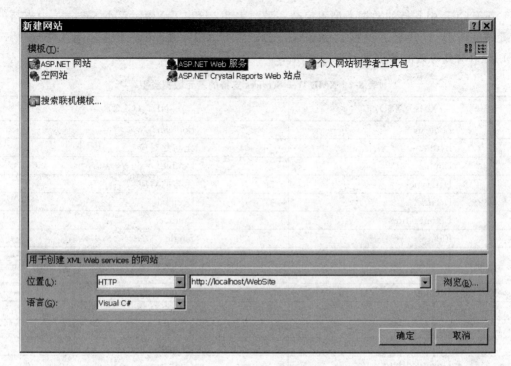

图 8-1 在 IDE 下新建基于 Web 服务的网站

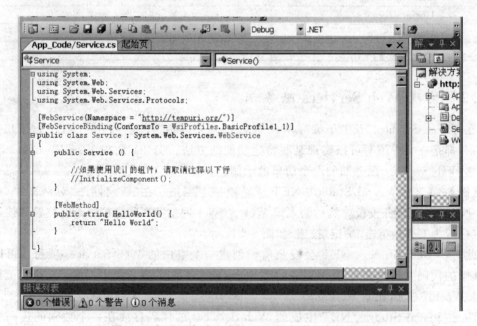

图 8-2 由 IDE 自动生成的 Web 服务中包含的代码

```
    EnableSession = false)]
public string CurrentTime ( ) {
    return System.DateTime.Now.ToString( );
}
[WebMethod (Description = "Adds two integers and returns the result",
```

```
    EnableSession = false)]
public long Add (int x, int y) {
    return (long) (x + y);
}
```

要在每个 Web 服务的方法声明语句的上一行加入一个[WebMethod]属性(Attribute)用于告诉编译器该方法为 Web 服务的方法。在[WebMethod]属性中还可以加入 Description、EnableSession 等附加信息。注意，Web 服务的类中不一定每个方法都是用于提供 Web 服务的，因此该类中的方法也可以不附加[WebMethod]。一般对于在该类中声明为 public 的方法都要添加[WebMethod]属性。

代码输入完成后，可以在 IDE 下"启动调试"。如果代码和设置都没有问题，就会进入 IE 中的 Web 服务测试界面，如图 8-3 所示。

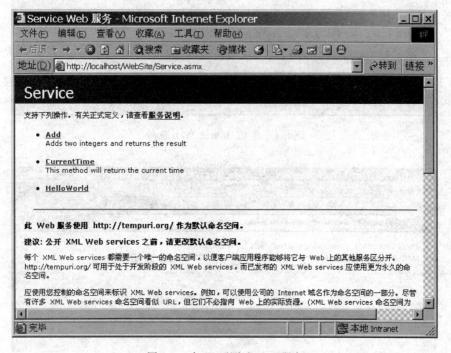

图 8-3 在 IE 下测试 Web 服务

此时单击 CurrentTime 超链接，进入对 CurrentTime 方法测试的页面，如图 8-4 所示。再单击"调用"按钮，可获得调用该方法返回的当前时间，如图 8-5 所示。

"测试 Web 服务"其实是 IIS 内置的一项功能。只要在 IE 中输入 ASP.NET Web 服务的 URL(如 http://localhost/webSite1/service.asmx)，就会显示上述测试页面。

8.2.3 实现 Web Services 客户端

Web 服务是供客户端程序通过网络调用的，但它并不指定特定的客户端程序，它的客户端一般不是浏览器。在 Visual Studio.NET 下一般可以使用 Windows 应用程序或者控制台应用程序作为 Web 服务的客户端。特殊情形下，也有在 Web 应用程序中调用另一网站的 Web 服务，因此 Web 应用程序也可以成为 Web 服务的客户端。

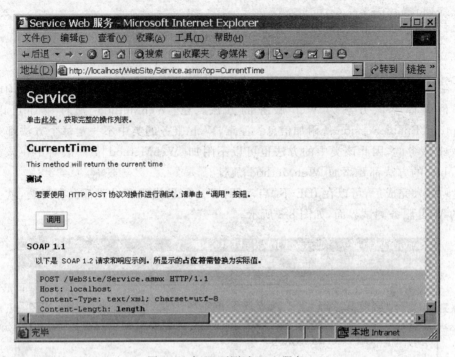

图 8-4　在 IE 下测试 Web 服务

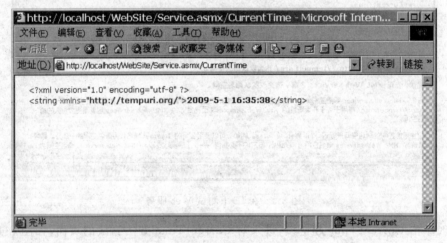

图 8-5　在 IE 下测试 Web 服务的方法

在 Visual Studio .NET 下建立的 Web 服务客户端程序不管它是哪一种类型的程序，它们对 Web Services 的方法进行调用时采用的基本步骤都是一样的。

.NET 框架下的客户端程序如果要调用 XML Web Service,就应该先在客户机上(本地)创建一个相关的"代理类",然后再调用该"代理类"中的方法。代理类把客户端请求打包为发送到服务器上的 SOAP 消息,并检索包含结果的响应。对客户端程序来说,使用代理类提供的 Web 服务的方法和使用 .NET 中其他的类的方法没有什么区别。.NET 框架中已经定义了建立 Web 服务代理类所需的基类。

在 Visual Studio .NET 下编写客户端程序时只要执行"添加 Web 引用"操作,就可由

IDE自动创建一个XML Web Service代理类,并把它添加到应用程序。

【例8-2】 本例创建一个基于.NET Windows Form的Web Services客户端程序,具体步骤如下。

1. 界面设计

创建一个Windows Form应用程序,并设计简单的窗体界面。在界面上放三个按钮,分别用来调用在例8-1中创建的Web服务中包含的三个方法。

2. 添加Web引用

在IDE的窗体设计界面下,右击"解决方案资源管理器"中代表该应用程序项目的节点,然后在弹出的菜单上选择"添加Web引用"命令,如图8-6所示。在"添加Web引用"对话框的"地址"输入框中输入Web Service的地址(如http://localhost/WebSite/Service.asmx)或执行搜索服务的功能,找到此前创建的Web服务(本例中应在本地寻找,但也可以在网络范围内搜索Web服务,直至整个Internet)。找到并选中某项Web服务后,单击"添加引用"按钮就可以将其添加到应用程序,此时系统会自动创建有关的代理类,如图8-7所示。

图8-6 在IDE下执行添加Web引用

3. 输入方法代码

```
private void button1_Click (object sender, System.EventArgs e)
{   //创建代理类 localhost.Service 类的实例
    localhost.Service service = new localhost.Service( );
    MessageBox.Show (service.HelloWorld( ));        //调用HelloWorld方法并显示
}

private void button2_Click (object sender, System.EventArgs e)
{   //创建代理类 localhost.Service 类的实例
    localhost.Service service = new localhost.Service( );
    MessageBox.Show (service.CurrentTime ( ));       //调用CurrentTime方法并显示
}

private void button3_Click (object sender, System.EventArgs e)
{   //创建代理类 localhost.Service 类的实例
    localhost.Service service = new localhost.Service( );
    MessageBox.Show (service.Add(123,456).ToString( ));   //调用Add方法并显示
}
```

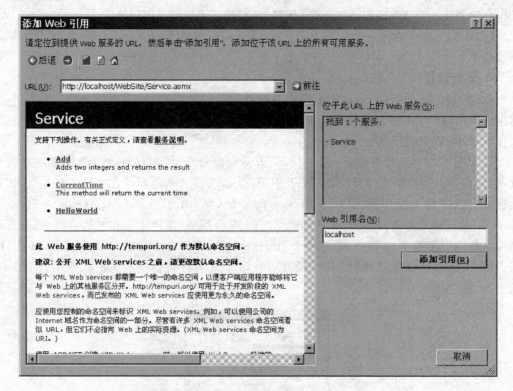

图 8-7 在"添加 Web 引用"对话框下进行操作

编译运行该程序。当单击窗体上某个按钮时,就会出现对应的 Web 服务方法返回的结果。图 8-8 为执行 button1_Click 时返回 HelloWorld 方法的结果。

图 8-8 本例客户端程序执行时的效果

说明:

(1) 有关"添加 Web 引用"的操作,在不同的 Visual Studio 版本下有所差异。本例中叙述的是 VS 2005 下的方式。在 VS 2008 下操作时,应在"解决方案资源管理器"下执行"添加服务引用"命令,在出现的对话框内单击左下角的"高级"按钮,再在下一个对话框内单击左下角的"添加 Web 引用"按钮,此后的操作与上述 VS 2005 下就没有什么差别了。

(2) 本例中通过 Web 引用创建的代理服务类名称是 localhost.Service,而具体创建时的类名可能与此不同(一般在进行"添加 Web 引用"时可以编辑该名称)。

(3) 第一次调用 Web Services 的方法时系统反应有所迟缓,那是因为启动 ASP.NET 和编译 .asmx 文件等需要耗费时间。

8.3 使用 Web Services 实现信息集成

8.3.1 在一个应用中集成多个 Web 服务

企业里有许多应用程序和数据库,它们可能由不同部门所控制,并且运行在各种异构的平台上。为了充分发挥这些信息的作用,需要对它们进行集成。按传统技术方案进行处理时,信息集成是非常烦琐的。现在有了 Web Services,可以将这些程序都修改为能够通过 Web 服务发布的方法。然后就可以在客户端程序中调用其中的一个或几个 Web Services 提供的信息,并可任意按需组合。由于 Web 服务与平台和编程语言的无关性,将程序修改为 Web 服务的工作相对容易。下面给出一个示例。

【例 8-3】 本例创建基于两个 Web Services 的分布式应用系统。虽然这两个 Web Services 来自同一台服务器下的两个网站,并且都是用 Visual C# .NET 开发的。但事实上,可以很容易地将其推广到对来自不同服务器,使用不同语言(开发工具)生成的两个或更多个 Web Services 进行系统集成的场合。

1. 第一个 Web Services 网站

可利用例 8-1 中建立的 Web 服务网站,在该网站下有一个 Web 服务方法 Add。

2. 第二个 Web Services 网站

类似例 8-1,创建另一个 Web 服务网站,其中包含一个 Web 服务方法 Multiply。该方法的代码如下:

```
[WebMethod]
public long Multiply (int x, int y) {
    return (long) (x * y);
}
```

3. 客户端界面设计

创建一个 Windows 应用程序。如图 8-9 所示,在该程序的窗体上放两个文本框、三个按钮和两个标签。

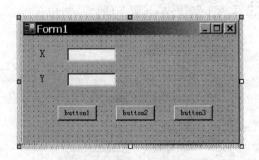

图 8-9 本例中客户端的界面

4. 客户端输入代码

先将两个 Web 服务都添加 Web 引用到程序中,再编写以下事件代码:

```
private void button1_Click (object sender, System.EventArgs e)
{
    int x, y;
    x = Int32.Parse (textBox1.Text);
    y = Int32.Parse (textBox2.Text);
    host1.Service service1 = new host1.Service( );    //生成第一个 Web 服务的代理类对象
    long z = service1.Add (x, y);                      //调用该服务的 Add 方法
    MessageBox.Show ( z.ToString( ));
}

private void button2_Click(object sender, System.EventArgs e)
{
    int x, y;
    x = Int32.Parse (textBox1.Text);
    y = Int32.Parse (textBox2.Text);
    host2.Service service2 = new host2.Service( );    //生成第二个 Web 服务的代理类对象
    long z = service2.Multiply (x, y);                //调用该服务的 Multiply 方法
    MessageBox.Show ( z.ToString( ));
}

private void button3_Click(object sender, System.EventArgs e)
{
    int x, y;
    x = Int32.Parse (textBox1.Text);
    y = Int32.Parse (textBox2.Text);
    host1.Service service1 = new host1.Service( );    //生成第一个 Web 服务的代理类对象
    host2.Service service2 = new host2.Service( );    //生成第二个 Web 服务的代理类对象
        //以下语句计算 z = x² + y²,调用了两个不同来源 Web 服务中的方法
    long z = service1.Add ((int) service2.Multiply (x,x), (int) service2.Multiply (y,y));
    MessageBox.Show (z.ToString( ));
}
```

编译运行客户端程序,在程序中输入 x 和 y 的值,单击 button1 执行 host1 网站的 Add 方法返回 x 与 y 之和,单击 button2 则执行 host2 网站的 Multiply 方法返回 x 与 y 之积,单击 button3 则在一个语句中同时使用 Add 和 Multiply 两个方法,如图 8-10 所示。注意,Add 和 Multiply 是两个来自不同网站的方法,将它们轻松地集成在同一个方法中(严格地讲,是在同一个表达式内),这充分体现了基于 Web 服务的体系结构在可集成性方面是超强的。

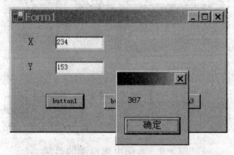

图 8-10 本例客户端程序执行时的效果

8.3.2 在 Web 服务中使用数据库

如果 Web 服务中不能使用数据库,就会大大降低它的应用价值。下面介绍一下如何在 Web 服务中使用 ADO.NET 的数据库方法。

【例 8-4】 本例中利用例 7-6 中曾叙及的 Access 数据库 db1.mdb 和其中的 zgb 表。先将该数据库文件复制到 Web 服务网站的工作目录中。

1. 创建 Web 服务的网站

在 Visual C# .NET 下创建 Web 服务的网站,在 Web 服务的代码文件中添加命名空间引用:

using System.Data.OleDb;

在 Web 服务的类 Service1(具体类名可以不一样)中插入以下的代码:

```
public class Service1 : System.Web.Services.WebService
{
    private OleDbConnection oleDbConnection1;
    private OleDbCommand oleDbCommand1;
    public Service1( ) {
        InitializeComponent ();
    }
    [WebMethod]                              //定义一个 Web 服务方法,它的功能是插入数据记录
    public string insertRec(string gh, int gl, string xm)
    {
        try {
            oleDbConnection1.Open ( );
            oleDbCommand1.CommandText = "insert into zgb (姓名,工号,工龄) "
                + "values('" + xm + "','" + gh + "'," + gl.ToString() + ")";
            oleDbCommand1.ExecuteNonQuery();
            oleDbConnection1.Close( );
            return "OK";
        }
        catch {
            return "Error";
        }
    }

    private void InitializeComponent()
    {
        oleDbConnection1 = new OleDbConnection ();
        oleDbCommand1 = new OleDbCommand ();
        oleDbConnection1.ConnectionString =
        "Provider = Microsoft.Jet.OLEDB.4.0;Data Source = "
            + Server.MapPath("zgsj.mdb");
        oleDbCommand1.Connection = oleDbConnection1;
    }
}
```

注意,与 .aspx 文件产生的程序不同,Web 服务的 .asmx 产生的程序是常驻内存的。因此将程序中需要使用的数据库组件放在 InitializeComponent 方法中创建,可以节省每次调用 Web 服务方法时用于创建这些组件所花费的时间。

2. 创建客户端程序

创建一个基于 Windows Form 的程序，该程序的简单界面如图 8-11 所示。

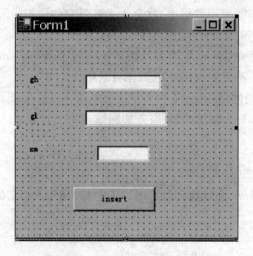

图 8-11　本例中客户端程序的界面

在程序中执行添加 Web 引用后，再编写以下代码：

```
private void button1_Click(object sender,System.EventArgs e)
{
    string result;
    localhost.Service1 service = new localhost.Service1( );
    result = service.insertRec (textBox1.Text, Int32.Parse (textBox2.Text),textBox3.Text);
    MessageBox.Show (result);
}
```

编译运行该程序。在客户端的窗体中输入工号、工龄和姓名，再单击 insert 按钮。如果没有意外，就能将该记录插入到 Web 服务网站的数据库中，如图 8-12 所示。

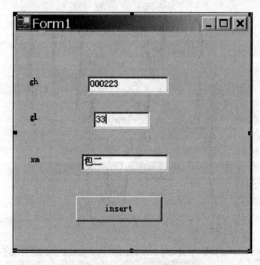

图 8-12　本例执行时的效果

8.3.3 跨平台调用 Web 服务

为了揭示 Web Services 技术具有跨平台使用的特性,下面举两个例子。

【例 8-5】 本例通过控制台应用程序调用 Web 服务。为了简化过程,使用在例 8-1 中创建的 Web 服务程序。

在 Visual C♯.NET 下创建一个控制台应用程序的项目,类似例 8-2 中那样在项目中添加 Web 引用。然后在作为程序入口的 Main 方法中写入以下代码:

```
…
static void Main(string[] args)
{
    localhost.Service service = new localhost.Service();   //创建 Web 服务代理类的对象
    Console.WriteLine(service.HelloWorld ());              //调用 Web 服务中 HelloWorld 方法
    int x,y;
    Console.Write ("x = ");
    x = Int32.Parse (Console.ReadLine ());                 //从控制台输入 x
    Console.Write("y = ");
    y = Int32.Parse(Console.ReadLine());                   //从控制台输入 y
    Console.WriteLine(service.Add(x,y).ToString());        //返回调用 Web 服务中 Add(x,y) 的结果
    Console.ReadLine();
}
```

调试运行该程序,运行时控制台窗口显示如图 8-13 所示。

图 8-13　在控制台应用程序中调用 Web 服务

【例 8-6】 本例通过 ASP.NET 创建的网站(Web 应用程序)调用 Web 服务的方法,这些 Web 服务既可以是本地的,也可以是异地的。仍使用在例 8-1 中创建的本地 Web 服务。

在 Visual Studio.NET 下创建一个新网站,在 default.aspx 的 Web 窗体上放置若干文本框和按钮等控件,如图 8-14 所示。

在该项目中执行"添加 Web 引用"命令,具体操作方法与例 8-2 或例 8-5 中基本没有差别。然后给 Button1 按钮的 Click 事件编写如下的代码:

```
protected void Button1_Click(object sender,EventArgs e)
{
    localhost.Service service = new localhost.Service();
    int x,y;
    x = Int32.Parse (TextBox1.Text);
    y = Int32.Parse ( TextBox2.Text);
    long z = service.Add (x,y);
```

```
        Response.Write (x.ToString() + " + " + y.ToString() + " = " + z.ToString());
    }
```

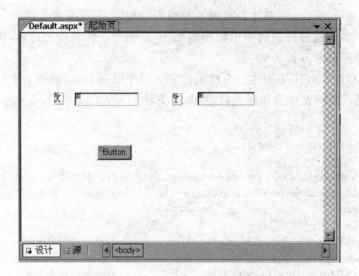

图 8-14 本例中设计的 Web 页面

编译运行该网站的 Web 应用程序,在页面上分别输入变量 X 和 Y(例如可输入 3 和 4),然后单击 Button1 按钮。就会返回由 Web 服务的 Add 方法计算得到的值(例如 7),如图 8-15 所示。

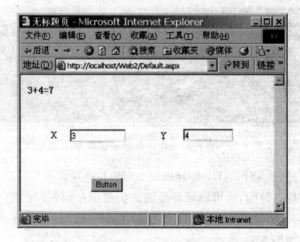

图 8-15 Web 程序获得由 Web 服务提供的计算

注意,本例中,IE 是 Web 应用程序的客户,而 Web 应用程序又是 Web 服务程序的客户,因此对 Web 服务程序来说,IE 是间接的客户。

第 9 章　使用加密技术

在计算机应用中,特别是与网络和电子商务有关的应用中,需要十分重视系统和数据的安全性、保密性问题。因此,应用程序中经常需要使用密码验证用户身份,对计算机传送或存储的数据及文件则需要进行一些加密处理。.NET 框架对当前流行的各种加密技术提供了充分的支持。

9.1　计算数据的哈希值

哈希算法是一类算法的统称,其中比较有名的是"SHA1"、"MD5"等算法。哈希算法将二进制对象(如字符串)等转换为哈希值。哈希值的用途非常广泛,除了用于对密码或其他重要数据进行加密外,也可以用于数据校验或比对、防篡改等场合。.NET 在 System.Web.Security 命名空间内定义了各种哈希算法的基类 HashAlgorithm 和若干常用的哈希算法的具体实现(派生类)。

表 9-1 介绍了 HashAlgorithm 类中的重要成员。

表 9-1　HashAlgorithm 类的重要属性和方法

	名　称	描　述
属性	CanTransformMultipleBlocks	该属性指示是否可以一次转换多个数据块
	Hash	该属性表示使用哈希算法得到的值
	HashSize	获取计算所得的哈希代码的大小(以位为单位)
方法	ComputeHash	计算输入数据的哈希值
	TransformBlock	计算输入字节数组指定区域的哈希值,并复制到输出字节数组的指定区域

注意,HashAlgorithm 是一个虚拟类,实际使用的是它的派生类。下面的示例中,分别使用了 MD5CryptoServiceProvider、SHA1CryptoServiceProvider、HMACMD5、HMACRIPEMD160 等几个派生类。其中 MD5CryptoServiceProvider 是 HashAlgorithm 派生类 MD5 的派生类。

【例 9-1】　本例演示如何计算字符串的哈希值。

在 Visual Studio .NET IDE 下创建一个 Windows 应用程序,在窗体内放入两个文本框、四个单选按钮、一个按钮、一个状态条(statusStrip1)等控件。该窗体在设计视图中的显示如图 9-1 所示。

在窗体代码文件中添加以下代码:

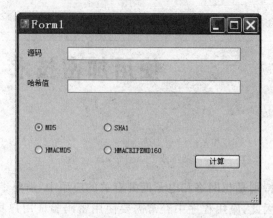

图 9-1　设计视图下窗体的界面

```
using System.Security.Cryptography;              //添加引用有关的命名空间
...
private HashAlgorithm provider;                  //在 Form1 类中添加私有变量
...
private void button1_Click(object sender,EventArgs e)
{
    string password = textBox1.Text;
        //以下几个条件语句中按照被选中的单选按钮确定使用何种哈希算法
    if(radioButton1.Checked)
        provider = new MD5CryptoServiceProvider();
    if (radioButton2.Checked)
        provider = new SHA1CryptoServiceProvider();
    if (radioButton3.Checked)
        provider = new HMACMD5();
    if (radioButton4.Checked)
        provider = new HMACRIPEMD160();
    byte[] hashedPassword =
        provider.ComputeHash(Encoding.Unicode.GetBytes(password));
            //使用特定的哈希算法计算 password 的哈希值
    StringBuilder sb1 = new StringBuilder();
    for( int i = 0;i< hashedPassword.Length; i++)
        sb1.Append(hashedPassword[i].ToString());
    textBox2.Text = sb1.ToString();
    toolStripStatusLabel1.Text = "源码长度: " +
        textBox1.Text.Length.ToString();
    toolStripStatusLabel2.Text = "编码长度: " +
        hashedPassword.Length.ToString("x2");    //x2 表示输出两位十六进制数字
    statusStrip1.ShowItemToolTips = true;        //状态条输出相关信息
}
```

运行该程序,输入源码字符串,单击"计算"按钮,程序就会显示计算结果,如图 9-2 所示。

图 9-2 使用 MD5 算法输出"计算机"的哈希值

哈希值的长度是固定的,和源码的长度没有关系。从图 9-2 看到对源码"计算机"使用 MD5 算法计算得到的哈希值是"216191229118618238915715222193691032225111",状态条上显示出其编码长度为 10。这是因为编码是二进制字节数据,长度 10 指的是 16 个字节(十六进制显示)。本例程序中对哈希值显示时是把每个字节的值转换为十进制数字首尾相接的结果。所以这里输出的阿拉伯数字的位数并不是固定长度的。

哈希算法本质上是对二进制字节数据进行的,ComputeHash 方法的参数和返回值都是字节数组类型。本例中使用 Encoding.Default.GetBytes(password)将字符串转换为二进制字节数组。

哈希值计算时对源码的改变高度敏感。

由于哈希值长度是固定的,因此源码与哈希值之间是多对一的映射。也就是说,不能从已知的哈希值倒过来求出其源码。

由于哈希求值本质上是针对二进制数据的,因此可以对任何类型对象的实例进行计算。.NET 的 Object 类中定义了一个 GetHashCode 方法,该方法可被派生类重载,作为各种特定类型的哈希求值函数,可广泛用于比较或校验等场合。

9.2 使用对称加密技术

用哈希算法进行的编码,它使信息量受到减损,因此找不出有效的解码算法。如果某些数据在保存或传送环节中为了保密需要采用某种形式的编码,但在使用时又要将其解密,则应使用某种可以解码的编码算法。目前比较常用的这一类编码是私钥加密算法。私钥加密又称为对称加密,因为它将同一个密钥既用于加密又用于解密。私钥算法一次可以加密一个数据块,因此执行起来非常快(与公钥算法相比),适用于对较大的数据流执行加密转换。一般情况下,在密钥没有泄漏的情况下,这种加密技术是很安全的。

.NET 的 Security.Cryptography 命名空间中定义了一个虚拟的 SymmetricAlgorithm 类,用作对称加密算法的基类。但实际使用较多的是它的派生类 DES 和 RC2(DES 和 RC2 本身仍是虚拟类)。表 9-2 介绍了 DES 的常用属性和方法。

表 9-2 DES 类的重要属性和方法

	名称	描述
属性	BlockSize	该属性表示加密操作时数据块的大小(以位为单位)
	Key	表示数据加密时使用的密钥
	KeySize	表示数据加密时使用的密钥的大小(以位为单位)
	Mode	表示该对称算法的运算模式
	Padding	表示该加密时使用的填充模式
方法	Clear	释放由 SymmetricAlgorithm 类使用的所有资源
	CreateDecryptor	创建对称解密器对象
	CreateEncryptor	创建对称加密器对象
	GenerateIV	生成用于该算法的随机初始化向量 (IV)
	GenerateKey	生成用于该算法的随机密钥 (Key)

  执行对称加密算法时,不仅要用到一个私钥,而且还要用到一个初始向量 IV。这个 IV 有点类似生成伪随机数系列时使用的初始值(或称种子)。如果使用相同的私钥和不同的 IV 进行加密,那么得到的结果是完全不同的。DES 对象的私钥和 IV 一般都是自动生成的,但用户也可以通过执行 GenerateIV 和 GenerateKey 方法去生成私钥和 IV 或者指定一个私钥和 IV。在解密时使用的密钥和 IV 必须与加密时使用的完全一致。

  一般使用流方式进行对称加密的编码和解码。这种方式特别适合具有实时性需求的应用环境,比如通过网络实时播放流媒体等。此时在服务端可以边加密、边传送,在客户端则边接收、边解密、边播放。既不耽搁功夫,也不怕被盗版。.NET 将这种由加密数据构成的特殊流定义为 CryptoStream 类,该类中常用属性和方法见表 9-3。

表 9-3 CryptoStream 类的重要属性和方法

	名称	描述
属性	CanRead	该属性指示当前 CryptoStream 流是否可读
	CanWrite	该属性指示当前的 CryptoStream 流是否可写
	Length	获取用字节表示的流长度
方法	Clear	释放由 CryptoStream 对象使用的所有资源
	Close	关闭当前流并释放与之关联的所有资源
	CryptoStream	密码流的构造函数,常用形式有三个参数,分别用于指定一个基础流、一个加密(或解密)器和一个确定流的操作方式(读或写等)的枚举值
	Read	从当前 CryptoStream 流中读取字节序列
	ReadByte	从流中读取一个字节
	SetLength	设置当前流的长度
	Write	将一个字节序列写入当前 CryptoStream 流
	WriteByte	将一个字节写入当前 CryptoStream 流

  在实际应用中进行对称加密处理时,一般使用 CryptoStream 类的构造函数创建一个密码流的对象并与某个对称加密器建立链接(CryptoStream 构造函数的第二个参数可指定该链接),剩下的就是流的输入输出问题了。

  【例 9-2】 本例和例 9-3 分别演示如何使用 DES 算法对文本进行加密和解密,程序中使用的 DESCryptoServiceProvider 类是 DES 的派生类。本例中加密完成后,将所得密文和加密中使用的私钥以及初始向量分别保存到两个文件中;例 9-3 则从两个文件中分别获得密文和私钥及初始向量,然后再进行解密。

创建一个控制台应用程序,并输入以下源代码:

```
using System;
using System.Collections.Generic;
using System.Text;
using System.IO;
using System.Security.Cryptography;        //该命名空间中的类支持有关对称加密操作
class Program
{
    static void Main(string[] args){
        string myID = "D35 - 168 - 0988 - 1333";        //用于加密的数据
        DESCryptoServiceProvider provider = new DESCryptoServiceProvider();
        MemoryStream ms = new MemoryStream();           //创建内存流 ms
        CryptoStream encStream = new CryptoStream(ms,
            provider.CreateEncryptor(),CryptoStreamMode.Write);
            //创建对称加密器并链接到一个以内存流 ms 作为基础流的密码流对象
        StreamWriter sw = new StreamWriter(encStream);  //对加密流创建写入器
        sw.WriteLine(myID);             //调用写入器 sw 的 WriteLine 将密文写入密码流
        sw.Close();
        byte[] buffer = ms.ToArray();                   //从内存流中输出加密数据到数组
        FileStream fs = new FileStream("c:\\DES1.bin",FileMode.Create);
        for (int i = 0; i < buffer.Length; i++)
            fs.WriteByte(buffer[i]);
            //将加密后文本保存到文件 DES1.bin
        fs.Close();
        buffer = provider.Key;
        fs = new FileStream("c:\\DES1.key",FileMode.Create);
        for (int i = 0; i < buffer.Length; i++)
            fs.WriteByte(buffer[i]);
            //将加密使用的密钥写入到 DES1.key 文件中保存
        buffer = provider.IV;
        for (int i = 0; i < buffer.Length; i++)
            fs.WriteByte(buffer[i]);
            //将加密使用的初始向量追加到文件 DES1.key 中
        fs.Close();
    }
}
```

【例 9-3】 本例配合例 9-2 演示 DES 对称解码的技术,以下为控制台应用程序的源代码:

```
using System;
using System.Collections.Generic;
using System.Text;
using System.IO;
using System.Security.Cryptography;
class Program
```

```csharp
{
    static void Main(string[] args){
        DESCryptoServiceProvider provider = new DESCryptoServiceProvider();
        FileStream fs = new FileStream("c:\\DES1.bin",FileMode.Open);
        byte[] buffer = new byte[fs.Length];
        for (int i = 0; i < fs.Length; i++)
            buffer[i] = (byte)fs.ReadByte();
            //将密文从文件 DES1.bin 中读入到字节数组
        fs.Close();
        MemoryStream ms = new MemoryStream(buffer);
            //按字节数组中数据创建内存流
        fs = new FileStream("c:\\DES1.key",FileMode.Open);
        buffer = new byte[provider.KeySize / 8];
            //KeySize 的单位是 bit,所以整除 8
        for (int i = 0; i < buffer.Length; i++)
            buffer[i] = (byte)fs.ReadByte();
        provider.Key = buffer;
            //将对称密钥从文件 DES1.key 中读入到对象属性,注意该文件中除了包含
            //密钥以外,还包含一个 IV,因此要仔细计算应该读取的字节数
        buffer = new byte[fs.Length - provider.KeySize / 8];
        for (int i = 0; i < buffer.Length; i++)
            buffer[i] = (byte)fs.ReadByte();
        provider.IV = buffer;                          //将 DES1.key 剩余字节作为 IV 读入到对象属性
        fs.Close();
        CryptoStream encStream =   new CryptoStream(ms,
            provider.CreateDecryptor(),CryptoStreamMode.Read);
        StreamReader sr = new StreamReader(encStream); //生成解密流
        string myID = sr.ReadLine();                   //从解密流读取数据
        Console.WriteLine(myID);                       //控制台输出解密的结果
        provider.Clear();
        sr.Close();
        Console.ReadLine();
    }
}
```

图 9-3 为本例中程序运行时的画面。

RC2 类的用法和 DES 类相似,下面提供一个简单示例供读者参考。

【例 9-4】 本例演示如何使用 RC2 类进行对称加密和解密,以下为源代码:

```csharp
using System;
using System.Collections.Generic;
using System.Text;
using System.IO;
using System.Security.Cryptography;
class Program
{
    static void Main(string[] args){
        string myID = "435 - 86 - 0985 - 021";
        RC2CryptoServiceProvider provider = new RC2CryptoServiceProvider();
        MemoryStream ms = new MemoryStream();
        CryptoStream encStream = new CryptoStream(ms,
```

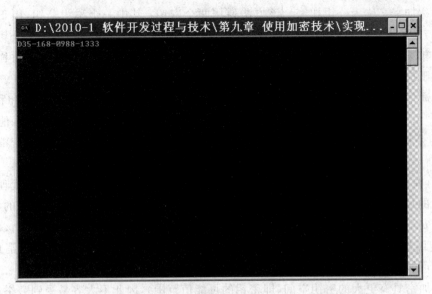

图 9-3　例 9-3 执行时输出经过解密的数据

```
            provider.CreateEncryptor(),CryptoStreamMode.Write);
        //创建使用 RC2 对称算法的加密流
        StreamWriter sw = new StreamWriter(encStream);
        sw.WriteLine(myID);                         //写入密文
        sw.Close();
        byte[] buffer = ms.ToArray();               //密文转换为字节序列
        ms = new MemoryStream(buffer);
        encStream = new CryptoStream(ms,provider.CreateDecryptor(),
            CryptoStreamMode.Read);                 //创建使用 RC2 对称算法的解密流
        StreamReader sr = new StreamReader(encStream);
        Console.WriteLine(sr.ReadLine());           //读取解密后数据并输出
        provider.Clear();
        sr.Close();
        Console.ReadLine();
    }
}
```

　　本例中前半部分进行的是相当于例 9-2 中的编码操作,但省略了将密文和密钥保存到文件的环节;后半部分则相当于例 9-3 中进行的解码操作,但省略了从文件中读取密文和密钥保存的环节。显然,RC2 类用起来和 DES 类没有明显差别。

　　另外一点需要指出的是,这两个例子中使用的密钥以及 IV 都是由系统自动生成的。但也可以通过执行 GenerateKey 方法获得所需的密钥,再将其赋值给加密器对象的相关属性,然后再进行加密。

9.3　使用不对称加密技术

　　对称加密虽然一般来说是相当安全的,但仍有可能由于密钥被窃取或破解而泄密。比对称加密算法安全性更高的是不对称加密算法(技术)。

不对称加密又称为公钥加密。该方法使用两个密钥：其中一个称为公钥，用于对数据进行加密，是可以对任何人公开的；另一个称为私钥，对未经授权的用户保密。公钥和私钥在数学上相关联，用公钥加密的数据只能用私钥解密。公钥加密算法被称为不对称算法的原因是用于加密数据和解密数据的密钥是不同的。

假定通信的双方是 A 和 B，为了确保安全性，请遵照下述基本规则使用公钥和私钥。

首先，由 A 生成一个公钥/私钥对。如果 B 想要给 A 发送一条加密的消息，他将向 A 索要 A 的公钥。A 通过不安全的网络将该公钥发送给 B，然后 B 使用该密钥加密消息后发送给 A，而 A 使用自己的私钥就能解密该消息。

但是，在传输 A 的公钥期间，未经授权的代理可能截获该密钥。而且，同一代理可能截获来自 B 的加密消息。但是，该消息只能用 A 的私钥解密，而该代理无法获得 A 的私钥，因此消息是安全的。同理，当 A 想要将消息发送回 B 时，他应该使用 B 的公钥加密该消息（注意 A 不能用自己的私钥加密发给 B 的消息，因为任何人可以用 A 的公钥解密该消息，而 A 的公钥很可能已被第三方所掌握）。

公钥加密具有更大的密钥空间（即密钥的可能值范围），因此不太容易受到穷举攻击（即对每个可能密钥都进行尝试）。由于公钥不需要保护，因此易于分发。但是，公钥算法比较慢，不适合用来加密大量数据。因此公钥算法常被用于创建数字签名以验证数据发送方的身份或用于加密一个私钥算法中要使用的密钥和 IV。在密钥传输完成后，会话的其余部分就可使用该密钥进行加密。

.NET Framework 下实现公钥加密算法的类有 RSACryptoServiceProvider、DSACryptoServiceProvider 等，它们分别是 RSA、DSA 的派生类。由于公钥加密算法速度较慢，一般仅用于加密少量特别重要的信息，因此也不需使用对称加密时使用的流模型。表 9-4 介绍了 RSACryptoServiceProvider 类的重要成员。

表 9-4　RSACryptoServiceProvider 类的重要属性和方法

	名　称	描　述
属性	KeySize	该属性表示不对称算法中所用的密钥模块的大小（以位为单位）
	SignatureAlgorithm	表示该算法的名称
方法	Clear	释放由 AsymmetricAlgorithm 类使用的所有资源
	Decrypt	使用 RSA 算法对数据进行解密
	Encrypt	使用 RSA 算法对数据进行加密
	ExportCspBlob	导出包含与 RSACryptoServiceProvider 对象关联的密钥信息 Blob
	ExportParameters	导出 RSAParameters 参数集合
	FromXmlString	通过 XML 字符串中的密钥信息初始化 RSA 对象
	ImportCspBlob	导入一个表示 RSA 密钥信息的 Blob
	ImportParameters	导入指定的 RSAParameters 参数集合
	ToXmlString	创建并返回包含当前 RSA 对象的密钥的 XML 字符串
	VerifyData	通过与为指定数据计算的签名进行比较来验证签名数据

由于非对称加密不使用流模型，所以用法反而更简单一些。以下是一个使用非对称加密算法的示例。

【例 9-5】 本例是一个控制台程序，用于演示如何使用 RSACryptoServiceProvider 类进行对称加密和解密。控制台应用程序的源代码如下：

```
using System;
using System.Text;
using System.Security.Cryptography;
class Program
{
    static void Main(string[] args){
        string cardInfo = "Hall,Don; 4455 - 5566 - 6677 - 8899; 09/2008";
        Console.WriteLine(cardInfo);
        UnicodeEncoding encoder = new UnicodeEncoding();
        byte[] datatoencrypt = encoder.GetBytes(cardInfo);
        //datatoencrypt 中是需要加密的数据(已经转换为二进制)
        byte[] encryptedData;                          //已完成加密的数据放到该数组
        byte[] decryptedData;                          //已完成解密的数据放到该数组
        RSACryptoServiceProvider encrypter = new RSACryptoServiceProvider();
        //新建加密器
        encryptedData = encrypter.Encrypt(datatoencrypt,true);        //加密数据
        Console.WriteLine(encoder.GetString(encryptedData));          //输出加密数据
        decryptedData = encrypter.Decrypt(encryptedData,true);        //解密数据
        Console.WriteLine(encoder.GetString(decryptedData)); //输出解密数据
        encrypter.Clear( );
        Console.ReadLine( );
    }
}
```

图 9-4 为本例中程序运行时的画面。

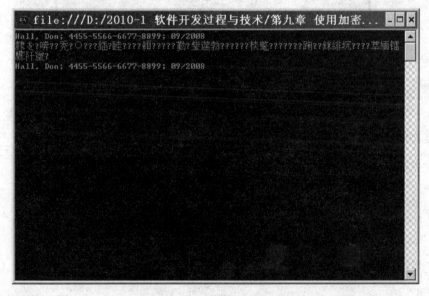

图 9-4 使用非对称加密算法

本例中使用的密钥(包括公钥和私钥)都是系统生成的。加密生成的数据保存在本地数组内，然后再用于解密。程序中 encoder 用于转换文本。

实际使用时，加密和解密一般在不同的机器上进行，并且加密者必须使用由对方提供的

公钥。为了便于模拟这一使用环境,提供以下示例程序。

【例 9-6】 创建一个 Windows 应用程序,在窗体 Form1 上加入三个文本框、一个复选框、六个命令按钮、三个文本标签等控件。将文本框 textBox3 设置为多行输入模式,并加上竖向滚动条。将 button1～button6 的 Text 属性分别置为"加密"、"解密"、"获取参数"、"设置参数"、"写入文件"、"读取文件"。此外,为了用户操作时方便,还加入了用于保存文件和打开文件的对话框控件各一个。图 9-5 为该窗体的设计视图。

在代码文件中,应添加对 System.Text 以及 Security.Cryptography 命名空间的引用,并在 Form1 类中添加以下私有变量:

```
private RSACryptoServiceProvider encrypter = new RSACryptoServiceProvider();
private byte[] datatoencrypt;
private byte[] encryptedData;
private byte[] decryptedData;
private UnicodeEncoding encoder = new UnicodeEncoding();
```

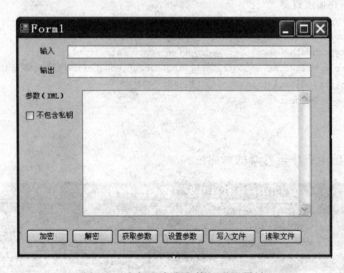

图 9-5 本例程序中窗体界面的布局

然后为窗体上的 6 个按钮的 OnClick 事件编写以下代码:

```
private void button1_Click(object sender,EventArgs e) //进行加密
{
    try{
        datatoencrypt = encoder.GetBytes(textBox1.Text);
        encryptedData = encrypter.Encrypt(datatoencrypt,true);
    }
    catch(Exception Ex){
        MessageBox.Show(Ex.Message);
    }
}

private void button2_Click(object sender,EventArgs e) //进行解密
{
    try{
```

```csharp
        decryptedData = encrypter.Decrypt(encryptedData,true);
        //使用私钥进行解密
        textBox2.Text = encoder.GetString(decryptedData);
    }
    catch (Exception Ex){
        MessageBox.Show(Ex.Message);
    }
}

private void button3_Click(object sender,EventArgs e) //获取参数
{
    textBox3.Text = encrypter.ToXmlString(!checkBox1.Checked);
    //将当前设置以 XML 格式写入文本框 textBox3,如果复选框被勾选
    //则保存的数据中不包含私钥的信息
}

private void button4_Click(object sender,EventArgs e) //设置参数
{
    encrypter.FromXmlString(textBox3.Text);
    //将 textBox3 内的 XML 用于当前环境的设置
}

private void button5_Click(object sender,EventArgs e) //写入文件
{
    string file;
    if (saveFileDialog1.ShowDialog() == DialogResult.OK)
        file = saveFileDialog1.FileName;
    else
        return;
    if (File.Exists(file))
        File.Delete(file);
    FileStream fs = new FileStream(file,FileMode.CreateNew);
    BinaryWriter bw = new BinaryWriter (fs);          //创建二进制文件写入器
    for(int i = 0; i < encryptedData.Length;i++)
       bw.Write (encryptedData[i]);
        //将加密的数据从 encryptedData 数组写入文件
    bw.Close();
    fs.Close();
}

private void button6_Click(object sender,EventArgs e) //读取文件
{
    string file;
    if (openFileDialog1.ShowDialog() == DialogResult.OK)
        file = openFileDialog1.FileName;
    else
        return;
    if (!File.Exists(file)){
        MessageBox.Show(file + "文件不存在!");
        return;
    }
```

```
            FileStream fs = new FileStream(file,FileMode.Open);
            BinaryReader br = new BinaryReader(fs);        //创建二进制文件阅读器
            long L = fs.Length;
            encryptedData = new byte[L];
            for (int i = 0; i < L; i++)
                encryptedData[i] = br.ReadByte();
             //从文件将加密的数据读到字节数组 encryptedData 中
            br.Close( );
            fs.Close( );
    }

    private void Form1_FormClosed(object sender,FormClosedEventArgs e)
    {
            encrypter.Clear( );
    }
```

编译运行本例程序,单击"获取参数"按钮,此时 textBox3 中出现当前设置的 XML 形式的数据,如图 9-6 所示。请用剪贴板复制 textBox3 中的 XML 保存到文件。然后勾选 checkBox1 复选框,再次单击"获取参数"按钮,并将 XML 保存到文件。注意这一次保存的数据中将只包含公钥的信息。

图 9-6 包含私钥的参数

现在将第二次保存的 XML 发给某客户,并且假定该客户也使用本程序(如果没有本程序,则允许他可以下载)。

然后模拟该客户运行本程序,他把 XML 复制到 textBox3 后,单击"设置参数"按钮。此时他的机器中运行的非对称加密程序配置数据中已包含我方提供的公钥。他在 textBox1 中输入一些数据后,单击"加密"按钮,再单击"写入文件"按钮可将加密后的数据保存到 test.bin 文件,如图 9-7 所示。最后,假定他将该文件发给我方。

当我方收到包含密文的 text.bin 后,再次运行本程序。为了保证密码系统的设置和先前一致,可以将先前保存的带有私钥信息的 XML 放入 textBox3,并单击"设置参数"按钮将密码系统恢复到先前状态;然后单击"读取文件"按钮将客户加密的数据读入内存中的数

图 9-7　B 使用 A 方公钥加密发给 A 的数据

组；再单击"解密"按钮，此时在文本框 textBox2 中显示的即为解密后的数据，如图 9-8 所示。

图 9-8　A 方使用私钥解密接收到的数据

至此，就成功地模拟了一次完整的加密通信的流程。当然，实际使用中情形更加复杂，但既然一些关键步骤都已经能通过了，剩下的无非是一些枝节的改善。

第10章 .NET Socket 网络编程

Socket,一般可翻译为"套接字"。它可以让应用程序通过网络与其他系统通信。1983年,美国加州大学在 BSD UNIX 中第一次使用了套接字(Socket)这个形象化的专用名词。在 C/S 模式下,网络上进行通信的两端必须同时使用 Socket 才能进行连接和通信。其中一个 Socket 被称为客户端,另一个 Socket 则当作服务器端。

虽然现在有很多现成的工具如 WWW 浏览器、FTP 程序可以实现在 Internet 上传输数据和文件,但是,使用 Socket 编程可以获得更大的灵活性和更高的效率,特别是对一些特殊的应用,如安全保密性要求高的一些应用等,Socket 级的编程是必不可少的。WinSock API 是 Socket 模型在 Windows 操作系统下的具体实现,它以 API 的形式提供给用户。

10.1 Socket 网络编程接口和.NET Socket 类

10.1.1 Socket 的概念

.NET 对 Socket 编程的支持主要通过 Socket 类,该类位于命名空间 System.Net.Sockets。用 Socket 建立的连接既可以构建在 TCP/IP 基础之上,也可以使用其他的网络协议。因为 Socket 是抽象程度较高的模型,所以各种不同通信协议之间的差异在使用 Socket 时基本被屏蔽掉了。本教程中主要使用 TCP/IP,但即使要改用其他协议,大部分情况下也只要对代码稍加修改即可。

按照套接字模型描述的服务器与客户端之间进行通信的流程如下。

(1) 首先服务器进入监听状态(Listen),等待客户的连接(Connect)请求。
(2) 客户向服务器提出请求(Request)。
(3) 服务器按照先后顺序接受(Accept)客户的连接请求。
(4) 客户与服务器之间来回传递消息(Send,Receive)。
(5) 服务完毕或故障时,由客户或服务器切断该连接(Disconnect)。

如果该通信使用 TCP,则 Socket 在进入监听状态之前还必须与一台使用指定 IP 地址和端口(Port)的服务器主机实行绑定(Bind)。

10.1.2 Socket 类简介

.NET 框架下可使用 Socket 类实现基于 Socket 模型的网络编程。该类位于命名空间 System.Net.Sockets 之下。表 10-1 列出了 Socket 类的常用属性与方法。

表 10-1 Socket 类的常用属性、方法与事件

	名 称	描 述
属性	AddressFamily	定义套接字地址协议族,如 InterNetwork
	Available	存放在网络缓冲区中尚未读取的数据量
	Blocking	是否工作在阻塞模式,默认为 false
	Connected	套接字当前是否处于连接状态
	Handle	获取套接字的句柄
	LocalEndPoint	获取本地终端的信息
	ProtocolType	定义套接字通信使用的协议的类型
	RemoteEndPoint	获取远程终端的信息
	SocketType	定义套接字类型,如 Stream
方法	Accept	该方法接受客户端的连接请求。如果没有连接请求,则返回一个"null"值
	Bind	绑定到一个终端用于监听,参数为 EndPoint 类型
	Close	该方法关闭当前的连接
	Connect	请求与服务器连接
	Listen	该方法用于监听,参数为整型,代表最大可处理的连接数
	Receive	从连接的对方接收数据
	Send	向连接的对方发送数据
	SendFile	将文件和可选数据异步发送到连接的 Socket
	Socket	构造方法,返回一个 Socket 对象。该方法的三个参数分别为 AddressFamily、SocketType、ProtocolType 类型

注:本表没有列入 Socket 的异步通信方法(详见 10.2 节)。主要因为 Socket 类的异步方法与同步方法之间有简单的对应关系,只要掌握了有关的基本概念,就能正确应用。

.NET 下 Socket 编程要用到 Socket 类的许多方法,对初学者有一定难度。较有效的学习方法是从分析一些实例入手。下面给出一个可用于点对点聊天的网络小程序。本例虽然简单,但基本上包含使用 Socket 类编写网络程序的所有基本要点,因此值得读者仔细揣摩。

【例 10-1】 本例用于点对点网上聊天,使用的通信协议是 TCP/IP。所谓点对点,指的是通信双方直接连接而不用通过专门服务器进行连接。由于 Socket 模型规定通信双方必须区分服务器和客户端,因此,程序中实际上是在内部同时集成了作为服务器和客户端进行通信的代码。一般情况下,先启动的一方以服务器方式工作(监听),等待另一方的连接请求。等连接建立后,就能进行通信(如聊天)。

(1)界面设计。

在 Visual Studio .NET 下创建一个 Windows 应用程序项目。在 Form1 窗体上拖放三个 TextBox 控件、两个 RichTextBox 控件、六个 Button 控件、一个 StatusBarPanel 控件和若干 Label 控件。表 10-2 给出了其中部分控件的属性,在设计视图下控件布局如图 10-1 所示。

表 10-2 Form1 及其控件的部分属性设置和说明

控件名	属性名	属性值	描 述
Form1	Text	点对点聊天	
textBox1			用于输入服务器 IP 地址

续表

控件名	属性名	属性值	描述
textBox2			用于输入 TCP 端口号
textBox3			用于输入昵称
richTextBox1			用于显示接收到来自对方的信息
richTextBox2			用于输入发送给对方的信息
button1	Text	开始监听	服务器进入监听状态
button2	Text	停止监听	服务器结束监听状态
button3	Text	连接	客户端请求连接
button4	Text	断开	客户端关闭连接
button5	Text	发送信息	向对方发送信息(服务器和客户端都能使用)
button6	Text	退出	退出应用程序
statusBarPanel1			添加一个 statusBarPanel 用于显示系统状态

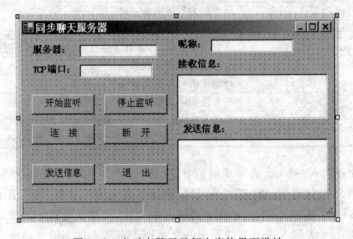

图 10-1　点对点聊天示例中窗体界面设计

(2) 以下为程序中需要输入的代码：

```
using System.Net;
using System.Net.Sockets;
using System.Threading;
...
private IPAddress myIP;
private IPEndPoint  MyServer;
private Socket sock;
private bool threadHalt;
...
private void button1_Click(object sender,System.EventArgs e)                //执行监听
{
    try{
        myIP = IPAddress.Parse(textBox1.Text);          //解析为 IPAddress 类型
    }
    catch{
        MessageBox.Show("您输入的 IP 地址格式不正确,请重新输入!");
```

```csharp
    }
    try{
        MyServer = new  IPEndPoint(myIP, Int32.Parse(textBox2.Text));
        sock = new Socket(AddressFamily.InterNetwork, SocketType.Stream,
                 ProtocolType.Tcp);
        sock.Bind (MyServer);
        sock.Listen (1);                          //本例服务器监听时最多只能连接一个客户端请求
        statusBarPanel1.Text = " 主 机" + textBox1.Text + "  端 口"
                + textBox2.Text + "开始监听...";
        button1.Enabled = false;
        button3.Enabled = false;
        button4.Enabled = false;
        button5.Enabled = true;
        button2.Enabled = true;
        sock = sock.Accept();                     //接受由客户端提出的连接请求
        threadHalt = false;
        statusBarPanel1.Text = "已与客户建立连接";
        Thread thread = new Thread(new ThreadStart(targett));    //创建通信线程
        thread.Start ();                          //启动该线程
    }
    catch{
        MessageBox.Show("不能进入监听状态,可能是端口已被占用!");
    }
}

private void button2_Click(object sender, System.EventArgs e)           //停止监听
{
    try {
        threadHalt = true;
        sock.Close();                             //关闭套接字
        statusBarPanel1.Text = "  主机" + textBox1.Text + ",端口" + textBox2.Text
                + "监听停止!";
        button1.Enabled = true;
        button3.Enabled = true;
        button4.Enabled = false;
        button5.Enabled = false;
        button2.Enabled = false;
    }
    catch {  }
}

private void button3_Click(object sender, System.EventArgs e)           //客户端请求连接
{
    try {
        myIP = IPAddress.Parse(textBox1.Text);
    }
    catch {
        MessageBox.Show("您输入的IP地址格式不正确.请重新输入!");
    }
    try {
        MyServer = new IPEndPoint(myIP, Int32.Parse(textBox2.Text));
```

```csharp
        sock = new Socket(AddressFamily.InterNetwork, SocketType.Stream,
            ProtocolType.Tcp);
        button1.Enabled = false;
        button2.Enabled = false;
        button3.Enabled = false;
        button4.Enabled = true;
        button5.Enabled = true;
        sock.Connect(MyServer);
        statusBarPanel1.Text = "与主机" + textBox1.Text + "  端 口"
            + textBox2.Text + "连接成功!";
        threadHalt = false;
        Thread thread = new Thread(new ThreadStart(targett));      //创建通信线程
        thread.Start();                            //启动该线程
    }
    catch (Exception Ex) {
        MessageBox.Show(Ex.Message);
    }
}

private void button4_Click(object sender, System.EventArgs e)     //断开连接
{
    try {
        threadHalt = true;                    //该信号通知通信线程停止工作
        sock.Close();                         //关闭套接字
        statusBarPanel1.Text = "与主机的连接已断开";
        button1.Enabled = true;
        button3.Enabled = true;
        button2.Enabled = false;
        button4.Enabled = false;
        button5.Enabled = false;
    }
    catch { }
}

private void button5_Click(object sender, System.EventArgs e)     //发送信息给对方
{
    try {
        string msg = textBox3.Text + "->" + richTextBox2.Text + "\r\n";
        Byte[] bya =
            System.Text.Encoding.Default.GetBytes(msg.ToCharArray());
        sock.Send(bya, bya.Length, SocketFlags.None);
    }
    catch {
        MessageBox.Show("连接尚未建立!无法发送!");
    }
}

private void button6_Click(object sender, System.EventArgs e)     //关闭应用程序
{
    this.Close();
}
```

```
private void targett()                              //该方法由通信线程使用
{
    while (!threadHalt){
        int n = sock.Available;                     //获得当前待读取数据的字节数
        if (n>0){
            try {
                Byte[ ] bya = new Byte[n];          //创建临时缓存
                sock.Receive(bya,n,0);              //读取数据到缓存
                string s = System.Text.Encoding.Default.GetString(bya);
                    //将缓存中二进制数据转换为字符串
                richTextBox1.AppendText(s);         //添加到文本框
            }
            catch { };
        }
        Thread.Sleep(300);
    }
}

private void Form1_Load(object sender,EventArgs e)
{
    Control.CheckForIllegalCrossThreadCalls = false;  //某些 Windows 版本下是必需的
}

private void Form1_FormClosing(object sender,FormClosingEventArgs e)
{
    if (sock.Connected)                             //在程序结束时检查通信状态必要时执行释放资源
    {
        statusBarPanel1.Text = "正在关闭连接…";
        threadHalt = true;
        sock.Close();
    }
}
```

编译该程序。为了演示聊天的过程,可在 A、B 两台联网计算机上先后启动本程序;先在计算机 A 上输入本地 IP 地址和绑定的端口号 1088(或任意其他端口号),以及昵称 UserA,执行"开始监听";在计算机 B 上输入服务器 A 的 IP 地址和端口号 1088,以及昵称 UserB,执行"连接";当状态行显示出连接已成功后,就可以互相发送信息了。

发送时只要将信息输入到"发送信息"文本框内再单击"发送信息"按钮即可。图 10-2 和图 10-3 为运行本程序时分别来自服务器和客户端的截图。因为实际联网稍嫌麻烦,笔者将服务器和客户端程序都放在同一台机器上执行了。

说明:

(1) 作为服务器一方的程序,必须遵循绑定(Bind)、监听(Listen)、接受(Accept)的操作顺序,这是由 Socket 工作流程确定的。

(2) 本例中,当连接建立后,不管是 A 方还是 B 方,都创建了一个新线程专门用于接收数据。该线程循环执行,一旦接收到来自对方的数据,立即将其放到一个文本框中显示。该线程的终止条件是控制变量 threadHalt 被设置为 true。使用一个新线程处理数据接收的

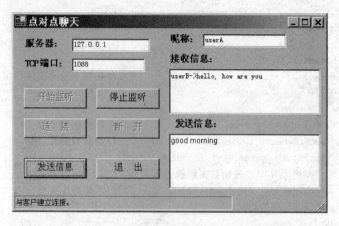

图 10-2　A 方作为服务器先执行"开始监听"

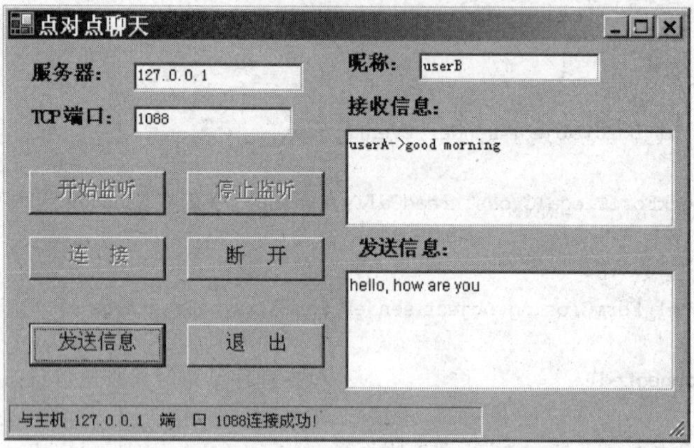

图 10-3　B 方执行"连接"后即可双方通信

好处是:该线程时刻监视相应的通信端口,对方一旦发送数据立即就能响应;与主线程分时运行,不影响程序及时响应消息。

(3) Socket 规定收发的数据必须表示为二进制字节数组的形式,对于其他数据类型(如字符串)就要考虑如何进行编码转换为二进制字节数组。System.Text.Encoding 命名空间提供了与常用编码处理有关的类和方法。本例中使用的 Default 编码方式可以根据需要改用其他编码(如改为 System.Text.Encoding.BigEndianUnicode 等)。

(4) 该程序有许多不足:如只能在两个用户间进行聊天;连接中断时可能会出现异常;当 A 进入监听,而 B 又未及时请求连接时,程序 A 会处于阻塞状态(此时不能正常响应消息);A 停止监听时有可能未释放占用的端口;等等。这些问题说明网络编程确实不太容易。

10.2　同步和异步通信方法

网络通信是需要服务器和客户端双方配合的。所谓的同步通信方法是指当一方执行某个通信步骤(方法)时,在对方作出响应之前程序处于等待的状态。而异步通信方法则允许将这样的步骤分解为两部分,当第一部分执行完毕后,程序可以继续干别的事情,直到接收到来自对方的响应时,再将该步骤的剩余部分执行完毕。同步方法的优点是简单、直接,缺点则是效率低,对消息响应速度慢甚至会使程序被阻塞(但如果像本例中那样用一个独立的线程去执行接收信息时,一般不会引起阻塞,但会占用较多系统资源)。异步方法的优缺点则正好与此相反。

Socket 类的异步通信方法,是将某个同步通信方法(如 Accept、Send 等)转换为两个对应的异步通信方法(如 BeginAccept 和 EndAccept、BeginSend 和 EndSend 等)。经过适当安排,系统可以利用执行这两个方法之间的等待过程去完成其他的任务而又不至于产生冲突(实际上异步通信时部分任务由底层操作系统中的模块接管,其中会采用回调函数等技术)。

下面的例 10-2 是在例 10-1 基础上做一点小小的改进,将原来一处同步通信方法改为对应的异步方法,使程序性能在某方面得到改善。读者通过这个例子,可以初步掌握使用异步通信方法的要点,并体会到异步通信方法带来的实际好处。

【例 10-2】 本例是在例 10-1 基础上做一点小小的改进。将监听时执行的 Accept 方法改为异步方法 BeginAccept 和 EndAccept。在进行改编之前,先来仔细检查一下原先程序中使用同步通信方法时存在的缺点。

当一方使用该程序监听时,Socket 会执行 Accept 方法。此时若无客户请求连接,Accept 方法就不会立即返回,而会使服务器进入"空等"状态(观察到的现象是不能正常响应窗口消息,比如不能拖动或最小化该程序的窗口等)。改进的方法是使用异步通信方式(或者将 Accept 放到另一个线程中去执行也可以解决这一问题)。

以下为修改的步骤。

(1) 复制上述点对点聊天程序;将新程序改名为"异步聊天"。

(2) 打开该程序,对程序中"开始监听"的 button1_Click 事件的代码进行修改,以下为修改后的代码,其中用粗体字排版的是修改过的语句:

```
private void button1_Click(object sender,System.EventArgs e)
{
    try {
      myIP = IPAddress.Parse(textBox1.Text);
    }
    catch{
      MessageBox.Show("您输入的 IP 地址格式不正确.请重新输入!");
    }
    try{
      MyServer = new  IPEndPoint(myIP,Int32.Parse(textBox2.Text));
      sock = new Socket(AddressFamily.InterNetwork,SocketType.Stream,
            ProtocolType.Tcp);
      sock.Bind (MyServer);
      sock.Listen (1);
      statusBarPanel1.Text = " 主    机 " + textBox1.Text + "  端   口 "
            + textBox2.Text + "开始监听 ...";
      button1.Enabled = false;
      button3.Enabled = false;
      button4.Enabled = false;
```

```
        button5.Enabled = true;
        button2.Enabled = true;
        sock.BeginAccept(new AsyncCallback(AcceptCallback),sock);
    }
    catch {
        MessageBox.Show("不能进入监听状态,可能是端口已被占用!");
    }
}

private void AcceptCallback(IAsyncResult ar)          //回调函数
{
    sock = ((Socket)ar.AsyncState).EndAccept(ar);
    threadHalt = false;
    Thread thread = new Thread(new ThreadStart(targett));
    thread.Start ();
}
```

重新编译运行该程序,可发现原先的问题已经解决了。事实上,"开始监听"时,执行 button1_Click 的代码,当执行到 sock.BeginAccept 时,button1_Click 就结束了。此时系统仍然能够正常响应消息,和 Accept 有关的剩余工作要等到 AcceptCallback 被回调时再处理(此时会调用 EndAccept,并将其返回的 Socket 对象用于通信。Windows 系统的回调机制知道何时该调用 AcceptCallback)。

从本例看,将一个同步通信方法改为相应的异步通信方法,一般要按以下步骤实现。

(1) 将原来的该调用语句改为相应的带 Begin 的调用语句,用 new AsyncCallback (CallbackName)作为第一参数,将有关的 Socket 对象作为第二参数,其中 CallbackName 是用户给出的回调函数的名称。

(2) 编写返回 void 的名为 CallbackName 的方法,在该方法第一句执行带 End 的相应方法,其参数是 IAsyncResult 类型。通常将该方法的返回值强制转换为 Socket 类型对象,再对该 Socket 对象进行处理。

10.3 通用 TCP 客户端

在采用 C/S 模式的网络应用程序中,服务器端程序一般比较复杂,代码中也更容易发生各种 Bug。如果该服务器需要面对大量客户端在短时间内集中访问,则还要对系统资源进行优化配置,其中会涉及更多与网络以及 Windows 底层相关的知识,编程语言则以 C 或者 C++最合适。本书仅提供入门级的网络编程技术,所以对服务器端的 Socket 通信技术不作深入探究。而.NET 下应用 Socket 类编写网络客户端程序时,与网络通信有关的基本处理方式都是类似的,比较容易处理。本节中给出一个"通用 TCP 客户端"的实例,例子本身很简单,但却具有较好的代表性,也有一定的实用价值。

【例 10-3】 本例制作一个可登录到任一使用 TCP 的服务器并且可以与其交换数据的"通用 TCP 客户端"。程序中使用 Socket 对象连接服务器,并执行 Send 和 Receive 方法发送和接收数据。请按以下步骤制作编写该程序。

(1) 界面设计。

在 Visual Studio .NET 下创建一个 Windows 应用程序项目。在 Form1 窗体上拖放两个 TextBox、两个 RichTextBox、五个 Button、一个 ComboBox、一个 StatusBar 控件、一个 Timer 组件和若干 Label 控件。表 10-3 给出了其中部分控件的属性，在设计视图下窗体中控件布局如图 10-4 所示。

表 10-3　Form1 及其控件的部分属性设置和说明

控件名	属性名	属性值	描　　述
Form1	Text	通用 TCP 客户端	
TextBox1			用于输入服务器的 IP 地址
TextBox2			用于输入服务器的端口号
RichTextBox1			用于输入客户端请求（或命令）
RichTextBox2			用于显示来自服务器的应答信息
ComboBox1			选择通信中使用的编码方式
Button1	Text	连接	请求连接到 TCP 服务器
Button2	Text	发送	向服务器发出请求（或命令）
Button3	Text	接收	从服务器接收应答信息
Button4	Text	断开	断开与服务器的连接
Button5	Text	退出	退出应用程序
Timer1	Interval	100	定时探测套接口状态
StatusBar1	Panels	在 Panels 中添加三个 statusBarPanel 面板	用于显示有关的状态信息

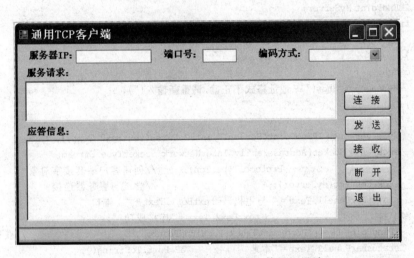

图 10-4　通用 TCP 客户端程序窗体界面设计

(2) 以下为程序中需要输入的代码：

…
using System.Text;
using System.Net;
using System.Net.Sockets;
…

```csharp
private Socket sock;
private Encoding encode;
private Timer timer1;

private void Form1_Load(object sender, EventArgs e)
{
    comboBox1.Items.Clear();                    //comboBox1 组合框清空后添加各种可选编码方案
    comboBox1.Items.Add("Default");
    comboBox1.Items.Add("ASCII");
    comboBox1.Items.Add("BigEndianUnicode");
    comboBox1.Items.Add("Unicode");
    comboBox1.Items.Add("UTF32");
    comboBox1.Items.Add("UTF8");
    comboBox1.Items.Add("UTF7");
    comboBox1.Text = "Default";
    encode = Encoding.Default;
    button2.Enabled = false;
    button3.Enabled = false;
    button4.Enabled = false;
    timer1.Enabled = false;
    Control.CheckForIllegalCrossThreadCalls = false;    //允许线程外控制界面元素
}

private void button1_Click(object sender, EventArgs e)  //执行连接
{
    IPAddress ServerIP = IPAddress.Any;
    IPEndPoint MyServer;
    try{
        ServerIP = IPAddress.Parse(textBox1.Text);
    }
    catch{
        MessageBox.Show("IP 地址格式不正确.请重新输入!");
    }
    try{
        MyServer = new IPEndPoint(ServerIP, Int32.Parse(textBox2.Text));
        sock = new Socket(AddressFamily.InterNetwork, SocketType.Stream,
                          ProtocolType.Tcp);        //创建客户端套接字对象
        sock.Connect(MyServer);                     //尝试与服务器连接
        statusBarPanel1.Text = " 与主机" + textBox1.Text + "  端口"
                             + textBox2.Text + "连接成功!";
        IPEndPoint eP = (IPEndPoint)sock.LocalEndPoint;         //获取本地终端
        statusBarPanel2.Text = "本地端口号: " + eP.Port.ToString();
            //显示本地终端上使用的端口号(由系统随机分配)
        timer1.Enabled = true;
        button1.Enabled = false;
        button4.Enabled = true;
    }
    catch (Exception ex){
        MessageBox.Show(ex.Message);
    }
}
```

```csharp
private void Disconnect()
{
    try{
        sock.Close();                                              //关闭套接字(断开与服务器连接)
        statusBarPanel1.Text = "  主机" + textBox1.Text + "  端口"
            + textBox2.Text + "连接已中断";
        button1.Enabled = true;
        button2.Enabled = false;
        button3.Enabled = false;
        button4.Enabled = false;
        timer1.Enabled = false;
    }
    catch (Exception ex){
        MessageBox.Show(ex.Message);
    }
}

private void button2_Click(object sender,System.EventArgs e)                //执行发送
{
    try{
        string command = richTextBox1.Text + "\r\n";                        //命令末尾添加回车符
        Byte[] bta = encode.GetBytes(command.ToCharArray());
              //将字符串转换为二进制字节数组,encode对象为选定的编码方案
        sock.Send(bta,bta.Length,0);                    //发送给服务器
        richTextBox1.Text = "";
    }
    catch (Exception ex){
        statusBarPanel3.Text = ex.Message;
        Disconnect();
    }
}

private void button3_Click(object sender,System.EventArgs e)                //执行发送
{
    try{
        Byte[] bta = new Byte[1024];
        sock.Receive(bta,bta.Length,0);                 //接收来自服务器的数据并存储到数组 bta
        string s = encode.GetString(bta);               //将 bta 中二进制数据转换为字符串
        richTextBox2.AppendText(s);
    }
    catch (Exception ex){
        statusBarPanel3.Text = ex.Message;
        Disconnect();
    }
}

private void button4_Click(object sender,System.EventArgs e)                //执行断开
{
    Disconnect();
}
```

```csharp
private void button5_Click(object sender,EventArgs e)  //执行关闭
{
    this.Close();
}

private void comboBox1_TextChanged(object sender,EventArgs e)
{ //comboBox1 组合框用于选择程序中使用的编码方案
    switch(comboBox1.Text){
        case "Default": encode = Encoding.Default; break;
        case "ASCII": encode = Encoding.ASCII; break;
        case "BigEndianUnicode": encode = Encoding.BigEndianUnicode;break;
        case "Unicode": encode = Encoding.Unicode; break;
        case "UTF32": encode = Encoding.UTF32; break;
        case "UTF8": encode = Encoding.UTF8; break;
        case "UTF7": encode = Encoding.UTF7; break;
    }
}

private void Form1_FormClosing(object sender,FormClosingEventArgs e)
{
    if (sock.Connected){
        sock.Close();                                  //关闭套接字对象
        statusBarPanel1.Text = "正在关闭连接...";
    }
}

private void timer1_Tick(object sender,EventArgs e)
{
    if (sock.Poll(20,SelectMode.SelectError))          //探测套接字端口的错误信息
        statusBarPanel3.Text = "Socket has an error!";
    else
        statusBarPanel3.Text = "";
    if (sock.Poll(0,SelectMode.SelectWrite))           //探测套接字端口是否可写
        button2.Enabled = true;
    else
        button2.Enabled = false;
    if (sock.Poll(0,SelectMode.SelectRead))            //探测套接字端口是否可读
        button3.Enabled = true;
    else
        button3.Enabled = false;
}
```

编译运行该程序，输入服务器的 IP 地址和使用的 TCP 端口，单击"连接"按钮。当连接成功后，状态行显示连接成功以及客户端的端口号。此时如果服务器通信端口处于可读状态，则"发送"按钮为可用(否则该按钮呈灰显)，客户可向服务器发送命令或服务请求；如果服务器通信端口处于可写状态，则"接收"按钮为可用，可接收到服务器的应答信息。

下面以访问本地 FTP 服务器为例，演示一下本例程序的用法。在运行之前，请确认 FTP 服务器已正确配置并启动。必要时，可为该客户在 FTP 所在机器上创建一个新用户，

还要为 FTP 创建可供用户访问的文件夹。例如，笔者为此创建了一个新用户 aa，该用户的密码也是 aa。

在程序中输入 IP 地址 127.0.0.1 以及端口号 21(21 为 FTP 默认使用的 TCP 端口)，单击"连接"按钮，就可以与 FTP 服务器连接。此时，"发送"按钮为可用。在"服务请求"框内输入命令 user aa，然后执行"发送"，再执行"接收"，接收到 FTP 服务器的"应答信息"如下：

```
220 Microsoft FTP Service
331 Password required for aa.
```

该信息提示用户应输入 aa 的密码，所以可再输入命令 pass aa，接着执行接收，收到"应答信息"如下：

```
230 User aa logged in.
```

表示已经登录成功，如图 10-5 所示。登录后，就可以用 FTP 的命令执行权限内的各种文件操作。由于有些 FTP 命令需要另建"数据连接"，略显麻烦。这里就演示一下 size 命令的用法。在"服务请求"中输入 size a1.txt 后执行发送，然后再接收，收到"应答信息"如下：

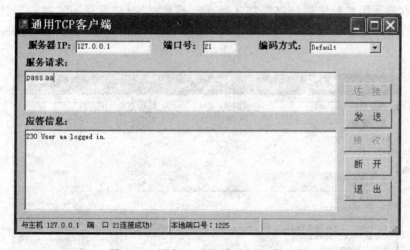

图 10-5　用户 aa 已登录到 FTP 服务器

```
213 3
```

如图 10-6 所示。该信息表示 FTP 服务器上当前目录下的 a1.txt 文件的字节数为 3(位于 3 之前的 213 是应答码，表示该命令已成功执行)。最后为了安全退出，可以先发送 quit 命令到服务器执行，然后再执行"断开"关闭。

为了表示本例中程序具有"通用性"，下面再演示一下用该程序访问本地 Web 服务器。首先请确定本地机器上 Web 服务已启动，并在 Web 服务器虚拟根目录下复制一些简单的网页文件(例如 A.html)。在程序中输入 IP 地址 127.0.0.1 以及端口号 80(Web 服务使用 HTTP，80 为默认的端口号)，然后执行"连接"。连接成功后，在"服务请求"中输入以下内容：

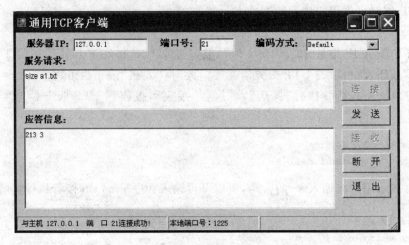

图 10-6 执行 size 命令查询 a1.txt 文件的大小

```
GET /a.html HTTP/1.1
Host: 127.0.0.1
```

注意,在输入第二行之后一定要加入回车。然后再执行"发送"和"接收",就会收到以"HTTP/1.1 200 OK"开头的一段信息,其中包含 A1.html 中的 HTML 代码,如图 10-7 所示。

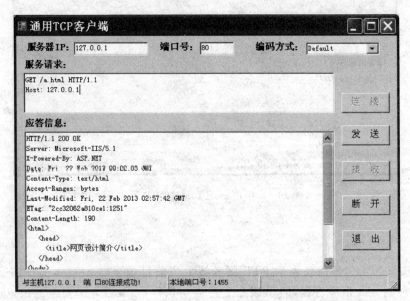

图 10-7 连接 Web 服务器并请求

说明:

(1) 与例 10-1 的 Socket 程序相比,本例程序中减少了作为服务端监听的功能,但增强了客户端的状态显示和编码选择等功能,因此更加具有"通用性"和灵活性。由于大部分服务器采用"请求"→"应答"的模式工作,所以本例中也没有使用独立线程进行数据接收,这样更便于人工操控并节省系统资源。为了监控通信状态并提示用户操作,程序中加入了定时组件 Timer,该 Timer 的时间间隔可根据实际使用效果适当调整。

(2) 程序中使用了 Socket 对象的 Poll 方法动态检测 Socket 的状态。Poll 方法的第二个参数用于指定 selectMode。该参数为 SelectMode.SelectRead 时可确定 Socket 是否为可读;该参数为 SelectMode.SelectWrite 时可确定 Socket 是否为可写;该参数为 SelectMode.SelectError 时则可以检测错误条件。Poll 方法需要一定时间等待用户响应,该方法的第一个参数为整型变量,用于指定系统等待响应的最大时间(单位为毫秒),该参数为负值时可能会处于无限期等待。由于种种原因,该方法无法侦测到某些网络故障,因此对于 Poll 测得的当前状态(如可读或可写)不可尽信,程序中仍需要实行多重异常保护。当需要检查多个 socket 对象的状态时,也可以使用 Select 方法。

(3) 通信时在网络上流动的数据必须是二进制的字节,因此网络应用程序中的字符串必须在发送前转换为字节数组,而对于接收到的二进制数据则需要转换为字符串才能识别。对不同编码方式,如果采用错误的转换方式则会呈现乱码现象。本例程序中定义了一个 Encoding 类型的 encode 对象,用于按需设置通信中的编码方式。该变量可选择 ASCII、Unicode 等.NET 中常用编码方案。程序中 encode 的初始值选为"Default",比较符合国内使用环境下的大部分情况。不同服务器对编码有不同的要求,例如大部分 FTP 服务器要求在命令中为 ASCII 编码,大部分 Web 服务器则使用 UTF8 等。而.NET 框架本身默认的编码方式为 Unicode,因此在数据发送和接收阶段使用同一种编码方式也许会有问题。所以对本例进一步改进时,可以分别对发送和接收数据时所用的编码进行设置。

(4) 大部分常用的 TCP 应用层协议中规定来自服务器的每一条应答中,开头三个字符为"应答码",它们是三位数字。一般地,应答码的第一位是"2"往往表示命令已成功完成,例如图 10-5 中的"230"和图 10-7 中的"200"就分别是 FTP 和 HTTP 服务器中的应答码。各种标准网络服务下应答码的精确含义可参考有关网络协议或参考书。

(5) 大部分情况下,服务器方面要求每个命令结尾都要有一个回车。为避免用户遗漏,程序中对于客户端发送的请求(命令)之后都添加了回车/换行符。多余的回车有时也许会引起副作用,必要时可以对此做一些改进。也有另一种情况,HTTP 消息结尾时往往要两个回车,因此本例用于连接 Web 服务器时,仍需要在"服务请求"结尾处至少输入一个回车,否则不能获得服务器的回应。

第 11 章　使用 TCP 和 UDP 通信协议

11.1　使用 TCP 通信协议

TCP 是 Transfer Control Protocol 的缩写，意为"传输控制协议"。1980 年前后，美国 DARPA 将 ARPANET 上的所有机器转向 TCP/IP，并以 ARPANET 为主干建立 Internet。从此之后，TCP/IP 成为互联网最重要的网络协议，迅速扩展到全世界。

11.1.1　.NET 框架下使用 TCP 通信

TCP 是位于网络传输层的协议，它屏蔽了其下层（应用 IP 等协议构建成的系统）不可靠传输的特性，可向位于其上层（一般称为应用层）的程序提供可靠的点到点的传输。TCP 一般用于广域网（如 Internet），这是由广域网的特点所决定的。一般来说，广域网的可靠性差、延迟长，TCP 则可弥补广域网的弱点，向用户提供相对可靠的传输服务。

TCP 建立连接时需要执行三次握手的动作。TCP 连接除了需要双方指定 IP 地址外，还需要各自指定端口号。端口号是大于 0 小于 65 535 的整数，但 0～1023 的端口号一般都由系统保留给特定的用途（如 FTP 使用 21 端口，Telnet 使用 23 端口，SMTP 使用 25 端口等）。

在.NET 程序中，如果要进行基于 TCP 的网络编程，那么除了如例 10-1 中那样在创建的 Socket 对象时通过构造函数的参数将 AddressFamily 和 ProtocolType 属性分别设置为 AddressFamily.InterNetwork 和 ProtocolType.Tcp 外，更加直接的方法是使用 System.Net.Sockets 命名空间下定义的两个类 TcpListener 和 TcpClient。这两个类应分别用于 TCP 通信的服务器端和客户端程序中。表 11-1 和表 11-2 分别列出了它们的常用属性与方法。

表 11-1　TcpListener 类的常用方法

	名称	描述
方法	TcpListener	为构造函数。一种常见的重载形式是具有两个参数，分别为 IPAddress 和 Int 类型，表示主机的 IP 地址和端口号；还有一种重载形式只使用一个 IPEndPoint 类型的参数
	AcceptSocket	接受客户端的连接请求，返回值是 Socket 类型的对象
	AcceptTcpClient	接受客户端的连接请求，返回值是 TcpClient 类型的对象
	Start	开始工作（监听）
	Stop	停止工作（监听）

表 11-2 TcpClient 类的常用属性和方法

	名　称	描　述
属性	NoDelay	为 bool 类型值,表示是否在缓冲区未满情况下启用延迟。该值为 true 时表示没有延迟
	ReceiveBufferSize	表示接收数据的缓冲区的大小
	ReceiveTimeOut	表示接收数据时的最长等待时间
	SendBufferSize	表示发送数据缓冲区的大小
方法	Connect	用于连接到 TCP 服务器的远程主机,有几种重载形式。其中一种是具有两个参数 IPAddress 和 Int 类型,分别表示远程主机的 IP 地址和端口号。另一种只使用一个表示远程主机的 IPEndPoint 类型的参数
	Close	关闭连接
	GetStream	获得来自服务器的应答流,返回值类型为 NetworkStream

使用 TcpClient 类与服务器通信时,可执行 GetStream 方法获得一个 NetworkStream 类型的对象,然后通过该对象的 Read 和 Write 方法进行数据接收和发送。由于 NetworkStream 是 Stream 类的派生类,在这种方式下便于在 Stream 的不同派生类对象之间进行转换,也有助于提高通信的效率。

11.1.2 使用 TcpListener 和 TcpClient 类实现聊天室

TcpListener 和 TcpClient 类专门用于 TCP 通信,并且将服务端和客户端的基本功能进行了分割,因此比较好用,效率也有所提高。但其在本质上仍是基于 Socket 的通信。

TCP 通信的服务器端程序中应包含至少一个 TcpListener 对象用于监听指定的端口。当 TcpListener 对象处于监听时,一旦有客户端请求连接时可以执行 AcceptSocket 或 AcceptTcpClient 方法接受连接。如果执行 AcceptSocket 方法接受请求,那么就返回一个 Socket 对象,与该客户的后续操作就要通过该 Socket 对象进行;如果执行 AcceptTcpClient 方法,则返回一个 TcpClient 对象。TCP 通信的客户端程序相对比较简单,一般只要使用 TcpClient 类的对象及其方法即可。

下面给出一个使用 TcpListener 和 TcpClient 类进行 TCP 通信的示例。该例可用于多人网络聊天。它的结构符合 Client/Server 的基本要求,程序中还使用了自定义的"协议",是一个较典型的网络应用程序。

【例 11-1】 本例实现简易"聊天室"的功能,整个系统分为服务器端程序和客户端程序两个部分。按以下步骤进行。

(1) 服务器端程序界面设计。

创建一个 Windows 应用程序项目,窗体类 Form1 上放入两个 TextBox、两个 RichTextBox、两个 Button、一个 StatusBar、若干标签等控件和一个 Timer 定时控件。表 11-3 说明如何设置有关控件的属性,设计视图下窗体中控件布局如图 11-1 所示。

表 11-3 Form1 及其控件的部分属性设置

控件名	属性名	属性值	描　述
Form1	Text	聊天室服务器	
textBox1			输入服务器 IP 地址

续表

控件名	属性名	属性值	描述
textBox2			输入服务端口
richtextBox1			显示当前在线用户列表
richtextBox2			显示系统工作日志
button1	Text	启动服务	服务器开始工作,进入监听状态
button2	Text	停止服务	服务器停止工作
statusBar1			需要往里面添加两个 statusBarPanel,用于显示系统状态
timer1	Interval	1000	控制定时显示系统状态
timer1	Enabled	false	

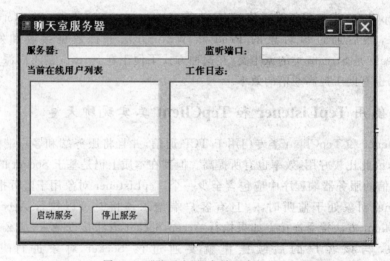

图 11-1 "聊天室"服务端程序的界面

(2)服务器端程序的源代码如下:

```
⋮
using System.Net;
using System.Net.Sockets;
using System.Threading;
using System.Text;
⋮
private IPEndPoint MyServer;
private ChatRoom chatroom;
⋮
private void Form1_Load(object sender, System.EventArgs e)
{
    chatroom = new ChatRoom();            //创建 ChatRoom(聊天室),ChatRoom 类的定义在后面
    Control.CheckForIllegalCrossThreadCalls = false;
}

private void Form1_FormClosing(object sender, FormClosingEventArgs e)
```

```csharp
    {
        if(! chatroom.control)
            chatroom.Close();
    }

    private void button1_Click(object sender,System.EventArgs e)            //聊天室服务开始
    {
        IPAddress myIP = IPAddress.Parse("127.0.0.1");
        int myPort = 0;
        try{
            myIP = IPAddress.Parse(textBox1.Text);           //将文本转换为 IP 地址
            myPort = Int32.Parse(textBox2.Text);             //将文本转换为端口号
        }
        catch{
            MessageBox.Show("输入的 IP 地址或端口格式不正确,请重新输入!");
        }
        try {
            MyServer = new   IPEndPoint(myIP,myPort);        //创建终端类(IPEndPoint)对象
        }
        catch (Exception ex){
            statusBarPanel1.Text = ex.Message;
        }
        if(chatroom.listen(MyServer)> 0)                     //成功进入监听状态,聊天服务正常启动
        {
            statusBarPanel1.Text = " 主   机 " + textBox1.Text + "   端   口 "
              + textBox2.Text + "开始监听 ...";
            timer1.Enabled = true;
            button2.Enabled = true;
            button1.Enabled = false;
            richTextBox1.Clear();
            richTextBox2.Clear();
        }
        else
            statusBarPanel1.Text = "服务器监听不能正常进行,可能网络存在问题。";
    }

    private void button2_Click(object sender,System.EventArgs e)            //关闭聊天室
    {
        chatroom.Close();                             //调用 chatroom 的关闭方法
        richTextBox1.Clear();
        richTextBox2.Clear();
        statusBarPanel1.Text = "";
        statusBarPanel2.Text = "";
        timer1.Enabled = false;
        button1.Enabled = true;
        button2.Enabled = false;
    }

    private void timer1_Tick(object sender,System.EventArgs e)              //用于控制定时刷新
    {
        richTextBox1.Text = chatroom.userlist;             //显示当前在线用户列表
```

```csharp
            richTextBox2.Text = chatroom.msg;                    //显示工作日志
            statusBarPanel2.Text = "当前在线客户数 "
                    + chatroom.connectedCount.ToString() + ".";
        }
        ...

        public class ClientInfo                    //定义 ClientInfo 类,该类的实例表示一个当前在线的客户
        {
            public Socket workSocket = null;                //与该客户通信专用的一个 Socket 对象
            public string Clientname;                       //客户名
            public bool stop = false;
        }

        public class ChatRoom                      //定义 ChatRoom 类,该类的方法实现聊天室的功能
        {
            public int connectedCount = 0;                  //该变量用于对在线客户计数并可向外发布
            public string userlist = "";                    //用于对外发布在线客户列表,初始为空
            public string msg = "";                         //存放日志信息,并可向外发布
            public ArrayList al = new ArrayList();          //创建一个列表用于存放在线客户
            public bool control = false;
            private TcpListener Listener;
            private Socket ClientSock = null;

            public int listen(IPEndPoint MyServer)          //执行监听
            {
                Listener = new TcpListener(MyServer);
                Listener.Start(50);                  //表示最多可同时接受 50 个客户连接,该值可调整
                control = true;                      //该控制变量为 true 时,表示服务器处于监听状态
                Thread thread = new Thread(new ThreadStart(Accepttargett));
                    //创建一个独立线程用于接受客户请求
                thread.Start();
                return 1;
            }

            private void Accepttargett()                    //用于接受客户连接请求
            {
              while (control){
                try{
                    ClientSock = Listener.AcceptSocket();
                }
                catch {
                    continue;
                }
                Byte[] bta = new Byte[1024];
                int p = ClientSock.Receive(bta,bta.Length,0);
                    //接收数据,取出客户名。以下将创建该客户并添加到客户列表
                string name = System.Text.Encoding.Default.GetString(bta,0,p);
                connectedCount++;                            //当前在线客户数增 1
                userlist += name + "\r\n";
                ClientInfo state = new ClientInfo();         //新建一个客户对象实例
```

```csharp
            state.workSocket = ClientSock;              //在该实例中引用 ClientSock
            state.Clientname = name;
            al.Add(state);                              //添加该客户到列表
            DateTime time = DateTime.Now;
            msg += "用户 " + name + "," + time.ToString() + "上线\r\n";
            UpdateClientUserList();                     //刷新当前用户列表
            Thread thread = new Thread(new ParameterizedThreadStart(targett1));
                //新建一个线程专门用于处理该用户
            thread.Start(ClientSock);                   //启动该线程,ClientSock 作为参数传递
        }
    }

    private void targett1(object sock)
        //在相关线程中执行该方法,处理与某在线客户相关的所有收信任务
    {
        Socket workSocket = (Socket)sock;
        Byte[] bta = new Byte[1024];
        string  sta,stc,std;
        int k,p,q;
        while(workSocket.Connected){
            try{
                k = workSocket.Receive(bta,bta.Length,0);   //k 为实际收到的字节数
            }
            catch{
                break;
            }
            if(k > 3){
                sta = System.Text.Encoding.Default.GetString(bta,0,k);
                if(sta.Substring(0,3) == " *** ")     // *** 表示用户要下线
                {
                    stc = sta.Remove(0,3);
                    OffLine(stc);
                    continue;
                }
                if(sta.Substring(0,3) == ">>>")       //>>>表示给另一用户发送信息
                {
                    p = sta.IndexOf(",",0,sta.Length);
                    q = sta.IndexOf(":",0,sta.Length);
                    if(p > 0 && q > p){
                        stc = sta.Substring(3,p - 3);           //取得发信人
                        std = sta.Substring(p + 1,q - p - 1);                   //取得收信人
                        sendMessage(sta,stc,std);              //调用 sendToClient 发送信息
                    }
                    else
                        this.msg += "无效信息:(" + sta + ")\r\n";
                }
                else
                    this.msg += "无效信息:(" + sta + ")\r\n";
            }
            Thread.Sleep(200);
        }
```

```csharp
        }

        private void OffLine(string name)                    //当客户请求下线时进行处理
        {
            Byte[] bta = new Byte[1024];
            int i = 0;
            for(i = 0; i < al.Count; i++){
                ClientInfo so = (ClientInfo) al[i];          //从当前在线客户列表中取出第 i 项
                if(name == so.Clientname && so.workSocket.Connected){    //如果客户名相符
                    so.workSocket.Close();                   //关闭该客户项对应的 Socket
                    al.RemoveAt(i);
                    break;
                }
            }
            int p = userlist.IndexOf(name, 0, userlist.Length);
            if(p >= 0){
                userlist = userlist.Remove(p, name.Length + 2);
                this.connectedCount -- ;                     //当前在线客户计数减 1
                UpdateClientUserList();                      //刷新当前客户列表
            }
            DateTime time = DateTime.Now;
            msg += "用户 " + name + "," + time.ToString() + "下线\r\n";    //日志中添加该记录
        }

        private void sendMessage (string sta, string name, string name1)
        {   //转发信息,其中 name 和 name1 分别为发信人和收信人
            Byte[] bta = new Byte[1024];
            DateTime time = DateTime.Now;
            int i = 0;
            for(i = al.Count - 1; i >= 0; i-- ){
                ClientInfo so = (ClientInfo) al[i];
                if(name1 == so.Clientname && so.workSocket.Connected){
                    bta = System.Text.Encoding.Default.GetBytes(sta.ToCharArray());
                    so.workSocket.Send(bta, bta.Length, 0);              //使用专属的 Socket 发送信息
                    msg += name + "发送一条信息给 " + name1 + "(" + time.ToString() + ")\r\n";
                    return;
                }
            }
            this.msg += "找不到用户 " + name1 + "(" + sta + ")" + "\r\n";
        }

        private void UpdateClientUserList()                  //向每个当前在线客户提供最新的客户列表
        {
            string s1 = "$$$" + userlist;                    //特定标记 $$$ 可使接收方识别为客户列表
            Byte[] bta = new Byte[1024];
            bta = System.Text.Encoding.Default.GetBytes(s1.ToCharArray());
            int i = 0;
            while(i < al.Count){
                try{
                    ClientInfo so = (ClientInfo) al[i];
                    so.workSocket.Send(bta, bta.Length, 0);
```

```
            }
            catch{
                this.msg += "发送用户列表时错误 (i = " + i.ToString() + ")\r\n";
            }
            i++;
        }
    }

    public int Close()                              //关闭聊天室服务
    {
        int i = 0;
        for( i = al.Count - 1; i >= 0; i-- ){
            ClientInfo so = (ClientInfo) al[i];
            so.workSocket.Close();
            al.Remove(i);
        }
        this.userlist = "";
        this.connectedCount = 0;
        Listener.Stop();
        control = false;
        return 1;
    }
} //ChatRoom 定义到此结束
```

(3) 客户端程序界面设计。

创建一个 Windows 应用程序项目，窗体类 Form1 上放入三个 TextBox、两个 RichTextBox、三个 Button、一个 ComboBox、一个 StatusBar 等控件和若干标签。表 11-4 描述部分控件的属性，控件分布如图 11-2 所示。

表 11-4　Form1 及其控件的部分属性设置

控件名	属性名	属性值	描述
Form1	Text	聊天室客户端	
textBox1			输入服务器 IP 地址
textBox2			输入服务端口
textBox3			输入注册用户名
richtextBox1			输入将被发送的信息
richtextBox2			显示接收到的信息
comboBox1			从当前在线用户列表中选取收信人
button1	Text	请求连接	
button2	Text	关闭连接	
button3	Text	发送	
statusBarPanel1			显示状态

(4) 客户端程序的源代码如下：

```
……
using System.Net;
using System.Net.Sockets;
```

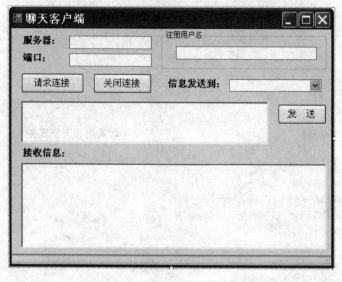

图 11-2 "聊天室"客户端程序的界面

```
using System.Threading;
  ⋮
private TcpClient Client;
private Thread thread;
private bool control = false;
private NetworkStream stream;

private void Form1_Closing(object sender,System.ComponentModel.CancelEventArgs e)
{
    if (Client != null && Client.Connected)
        CloseConnection();                        //调用CloseConnection方法断开与服务器的连接
}

private void Form1_Load(object sender,EventArgs e)
{
    Control.CheckForIllegalCrossThreadCalls = false;
}

private void button1_Click(object sender,System.EventArgs e)          //连接到服务器
{
    IPAddress myIP = IPAddress.Parse("127.0.0.1");
    IPEndPoint MyServer;
    int myPort = 0;
    try{
        myIP = IPAddress.Parse(textBox1.Text);     //将输入文本转换为IP地址
        myPort = Int32.Parse(textBox2.Text);       //将输入文本转换为端口号
    }
    catch{
        MessageBox.Show("输入的IP地址或端口格式不正确,请重新输入!");
    }
    try{
```

```csharp
            MyServer = new IPEndPoint(myIP,myPort);
            Client = new TcpClient();                    //新建TcpClient对象,用来与服务器通信
            Client.Connect(MyServer);                    //请求与MyServer代表的服务器终端连接
            statusBarPanel1.Text = " 与主机 " + textBox1.Text + "   端 口"
                    + textBox2.Text + "连接成功!";
            string userName = textBox3.Text;
            Byte[] bta = System.Text.Encoding.Default.GetBytes(userName.ToCharArray());
            stream = Client.GetStream();                 //获取网络流,此后可采用流方式进行有关操作
            stream.Write(bta,0,bta.Length);
                //将用户名发送到服务器(必须在刚连接上时进行)
            stream.Flush();                              //清空网络流的缓存区(强制立即输出)
            control = true;                              //该标志变量控制相关线程是否要继续执行
            thread = new Thread(new ThreadStart(targett));
            thread.Start();                              //启动用于接收信息的线程
            button2.Enabled = true;
            button3.Enabled = true;
            button1.Enabled = false;
        }
        catch (Exception ex){
            MessageBox.Show(ex.Message);
        }
    }

    private void targett()
    {
        while (control){
            Byte[] bta = new Byte[4096];
            try{
                int p,q;
                if (stream.DataAvailable)                //该属性为true时表示缓存区内有可接收的数据
                {
                    p = stream.Read(bta,0,4096);         //接收数据,p为实际读取的字节数
                    string s1 = System.Text.Encoding.Default.GetString(bta,0,p);
                    if (s1.Length > 3){
                        string option = s1.Substring(0,3);  //按约定前3个字符用于控制
                        s1 = s1.Remove(0,3);
                        if (option == "$$$")             //"$$$"表示该信息用于刷新用户列表
                            GetUserList(s1);             //调用GetUserList刷新当前在线用户列表
                        else
                          if (option == ">>>")           //">>>"表示该信息为客户间通信
                          {
                              p = s1.IndexOf(",",0,s1.Length);
                              q = s1.IndexOf(":",0,s1.Length);
                              string s2 = s1.Substring(0,p);            //取得发信人
                              string s3 = s1.Substring(p+1,q-p-1);      //取得收信人
                              richTextBox2.AppendText(s2 + "对" + s3
                                    + "说" + s1.Remove(0,q));           //在文本框内添加该信息
                          }
                      }
                  }
```

使用TCP和UDP通信协议

```csharp
        catch{
            MessageBox.Show("数据接收错误,已被迫关闭连接!");
            try {
                Client.Close();
            }
            finally {
                control = false;
            }
            statusBarPanel1.Text = " 与主机" + textBox1.Text + "  端口"
                    + textBox2.Text + "断开连接!";
            comboBox1.Items.Clear();
            button1.Enabled = true;
            button2.Enabled = false;
            button3.Enabled = false;
            stream.Close();
            break;
        }
        Thread.Sleep(500);
    }
}

private void GetUserList(string UserList)          //将收到的最新客户列表用于在本地更新
{
    comboBox1.Items.Clear();                       //清除原有的当前上线客户列表
    StringReader sr = new StringReader(UserList);
        //新建 StringReader 对象便于后续读取(可按文本方式读取)
    while (sr.Peek()>= 0)
        comboBox1.Items.Add(sr.ReadLine());        //每读一行都添加为组合框中的一个选项
    sr.Close();
}

private void CloseConnection()                     //关闭与服务器的连接
{
    string msg = " *** " + textBox3.Text;          //" *** "用于通知服务器该客户要下线
    Byte[ ] bta = new Byte[1024];
    bta = System.Text.Encoding.Default.GetBytes(msg.ToCharArray());
    try{
        stream.Write(bta,0,bta.Length);            //发送 msg 中消息给服务器
        stream.Flush();                            //清空缓存区(强制其立即输出)
        control = false;                           //通知相关线程任务已结束
        Client.Close();
        statusBarPanel1.Text = " 与主机" + textBox1.Text + "  端口"
                + textBox2.Text + "断开连接!";
        comboBox1.Items.Clear();
        button1.Enabled = true;
        button2.Enabled = false;
        button3.Enabled = false;
    }
    catch {
        MessageBox.Show("连接未能断开!");
    }
}
```

```csharp
}

private void button2_Click(object sender,System.EventArgs e)        //执行关闭连接
{
    CloseConnection();
}

private void button3_Click(object sender,System.EventArgs e)        //发送信息
{
    if (comboBox1.Text == ""){
      MessageBox.Show("请选择信息接收者");
      return;
    }
    try{
      string msg = ">>>" + textBox3.Text + "," + comboBox1.Text + ":"
            + richTextBox1.Text + "\r\n";
         //msg 以">>>"开头,之后为发信人、收信人以及内容,三者间要插入逗号和冒号
      Byte[] bta = System.Text.Encoding.Default.GetBytes(msg.ToCharArray());
      stream.Write(bta,0,bta.Length);                  //发送该消息
      stream.Flush();
    }
    catch {
      MessageBox.Show("信息无法正确发送!");
    }
}
```

上述步骤完成后,可分别对服务器端和客户端程序进行调试编译。编译成功后,可按以下步骤运行演示。

(1) 启动服务器端程序,输入本地终端的 IP 地址和自选的端口号(如 127.0.0.1 和 888),单击"启动服务"按钮。启动成功后,状态行显示已开始进入监听状态,当前在线用户数为 0,如图 11-3 所示。

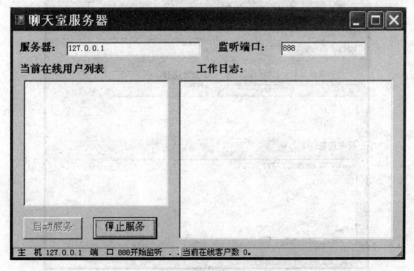

图 11-3 启动聊天室服务端程序

(2)启动若干客户端程序(至少两个,它们可以位于同一台计算机或者在联网的不同计算机上),在每个客户端程序窗口中输入上述服务器的 IP 地址和设定的端口号以及注册用户名(必须在聊天室内具有唯一性),然后单击"请求连接"按钮。连接成功后,状态行显示与服务器主机连接成功,如图 11-4 所示。

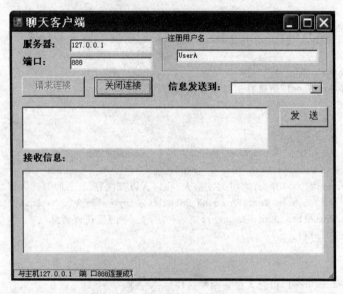

图 11-4 启动聊天室客户端程序

(3)已上线的客户之间可互相发信聊天。例如,当 UserB 要给 UserA 发信时,应在"信息发送到"组合框(该框内包含当前已上线的所有用户,能自动刷新)内选择 UserA,在窗体中间的文本框内输入信息后单击右侧的"发送"按钮即能发送。

(4)此时,UserA 的客户端接收到 UserB 发来的信息(实际是通过服务器转发的)并显示在"接收信息"文本框内。如图 11-5 所示,服务器端窗体上的显示则如图 11-6 所示。

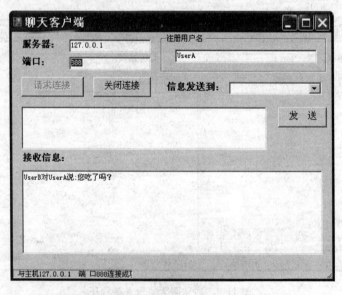

图 11-5 UserA 收到 UserB 的聊天信息

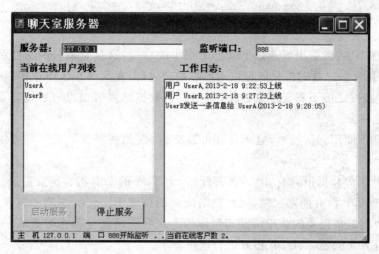

图 11-6　服务器端程序上显示当前状态

（5）如果某位客户要下线，应先单击"关闭连接"按钮，然后再关闭应用程序，否则可能出现异常。当所有客户都已下线后，可单击"停止服务"按钮停止聊天室服务功能，然后就可以关闭服务器程序。

说明：

（1）本例的通信模式下，任何两个客户间发送消息都是由服务器转发的。这与"点对点"通信不同，但也是 Client/Server 的常用模式。由于对每个客户都要提供一个专用的 Socket 对象和一个线程，因此会占用服务器上较多系统资源，不适合大量用户在线聊天的场合。

（2）TcpListener 对象在 TCP 通信时的作用，实际上是替代了原先用于监听任务的 Socket。TcpClient 则单纯用于收发信息。由于服务器与客户是"一对多"关系，TcpListener 需要循环执行 AcceptSocket 方法，每次执行都返回一个新建的 Socket 对象（该 Socket 已与新接受的客户端相连接），然后在当前客户列表中新增一个客户项，并在该项中引用上述 Socket 对象，并创建专门的线程用于该 Socket 接收数据。

（3）网络通信技术让数据可以在网络上流动。为了完成网络应用程序规定的功能（如聊天），必须使用某种方式去解释这些数据。本例中，将每个消息的前 3 个字符定义为操作符（或理解为代号），比如"＊＊＊"表示某个客户要下线等。这种方式实质上是网络"协议"的一种雏形。因为不管网络协议多么复杂，本质上只是在通信参与各方之间约定的一些特殊命令或数据解读方式。

11.2　使用 UDP 通信协议

UDP（User Datagram Protocol，用户数据报协议）是另一个在互联网中常用的传输层协议，该协议提供了向另一用户程序发送信息的最简便的协议机制。与 TCP 一样，其默认的下层协议是 IP。UDP 是面向操作的，不提供提交和复制保护，因此不能保证数据的可靠传输。UDP 一般用在可靠性较高的局域网中。

11.2.1 .NET框架下使用UDP通信

UDP只在IP的数据报服务之上增加了很少的功能,这就是端口的功能和差错检测的功能。虽然UDP用户数据报只能提供不可靠的交付,但在某些方面却有其特殊的优点。

(1) 发送数据之前不需要建立连接(当然发送数据结束时也没有连接需要释放),因此能提高系统效率。

(2) UDP不使用拥塞控制,也不保证可靠交付,因此在服务器上不需要维持复杂的连接状态表。

(3) UDP用户数据报只有8B的首部开销,比TCP的20B的首部要短。

(4) 由于UDP没有拥塞控制,因此网络出现的拥塞不会使源主机的发送速率降低,这对某些实时应用是很重要的。很多的实时应用允许在网络发生拥塞时丢失一些数据,但却不允许数据有太大的延时,UDP正好适合这种要求。

.NET下可使用Socket类编写基于UDP的网络程序,只要在创建Socket时将构造函数的第三个参数选为枚举值ProtocolType.Udp即可。此外,.NET的System.Net.Sockets命名空间下还有一个UdpClient类,可专门用于UDP的网络编程。由于使用UDP时在服务器端不需要执行监听,因此该类在客户端和服务器端都能用。表11-5介绍UdpClient类的主要属性和方法。

表11-5 UdpClient类的常用属性和方法

	名 称	描 述
属性	Available	获取从网络接收的可读取的数据量
	Client	获取或设置基础网络Socket
	EnableBroadcast	获取或设置Boolean值,指定UdpClient是否可以发送或接收广播数据报
方法	Close	关闭UDP连接
	Connect	建立默认远程主机
	DropMulticastGroup	退出多路广播组
	JoinMulticastGroup	将UdpClient添加到多路广播组
	Receive	返回已由远程主机发送的UDP数据报
	Send	将UDP数据报发送到远程主机

11.2.2 使用UdpClient类收发短信

下面介绍一个使用UdpClient编写的基于UDP通信的短消息收发程序。

【例11-2】 本例不分服务端和客户端,任何两个使用本程序的终端之间可以用UDP传送信息。与例10-1的聊天相比,该程序提供的短信收发功能,更像手机短信,即发信方通常并不确定对方是否能够收到信息。实际上,这正是UDP通信的特征。

(1) 应用程序界面的设计。

创建一个Windows应用程序,窗体上使用了6个文本框、4个按钮和若干标签等控件,表11-6说明如何设置控件的属性,Form1类在设计视图下如图11-7所示。

表 11-6　Form1 及其控件的部分属性设置

控件名称	属性名称	属性值	描　述
textBox1			输入本地终端的 IP 地址
textBox2			输入本地终端端口号
textBox3			输入远程终端的 IP 地址
textBox4			输入远程终端端口号
textBox5	MultiLine	true	输入发送消息的文本
textBox6	MultiLine	true	显示接收消息的文本
button1	Text	启动	
button2	Text	发送	
button3	Text	接收	
button4	Text	关闭	

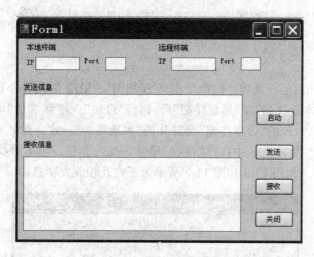

图 11-7　UDP 短信收发程序的界面

(2) 编写以下代码：

```
using System.Net.Sockets;
using System.Net;
    ⋮
private UdpClient udpClient;
private void button1_Click(object sender, System.EventArgs e)    //执行"启动"
{
    IPAddress address = IPAddress.Parse(textBox1.Text);          //取得本地终端的 IP 地址
    int port = Int32.Parse(textBox2.Text);                       //取得本地终端的端口号
    IPEndPoint endpoint = new IPEndPoint(address, port);
    udpClient = new UdpClient(endpoint);                         //新建 UDP 客户端对象
}

private void button2_Click(object sender, System.EventArgs e)    //执行"发送"
{
    IPAddress address = IPAddress.Parse(textBox3.Text);          //取得远程终端 IP 地址
    int port = Int32.Parse(textBox4.Text);                       //取得远程终端的端口号
```

使用 TCP 和 UDP 通信协议

```
        IPEndPoint RemoteIpEndPoint = new IPEndPoint(address,port);
        Byte[] bta = Encoding.Default.GetBytes(textBox5.Text);
        udpClient.Send(bta,bta.Length,RemoteIpEndPoint);           //向远程终端发送消息
    }

    private void button3_Click(object sender,EventArgs e)          //执行"接收"
    {
        IPAddress address = IPAddress.Parse(textBox3.Text);        //取得远程终端 IP 地址
        int port = Int32.Parse(textBox4.Text);                     //取得远程终端的端口号
        IPEndPoint RemoteIpEndPoint = new IPEndPoint(address,port);
        Byte[] bta = udpClient.Receive(ref RemoteIpEndPoint);      //接收消息
        string returnData = Encoding.Default.GetString(bta);
        textBox6.AppendText(returnData + "\r\n");                  //将接收的消息添加到 textBox6
    }

    private void button4_Click(object sender,System.EventArgs e)   //执行"关闭"
    {
        udpClient.Close();
    }
```

编译该程序,先后运行该程序的两个实例 A 和 B(一般应在联网的不同机器上)。分别在 A 和 B 端设置"本地终端"和"远程终端"后,执行"启动"。注意 A 的"本地终端"一般要与B 的"远程终端"一致,A 的"远程终端"则与 B 的"本地终端"一致。如果 A 要发送信息给 B,在 A 中执行"发送",然后在 B 中执行"接收"即可。反之亦然。当不再收发消息时,可以执行"关闭"退出程序。如图 11-8 和图 11-9 所示为正在互相收发消息的两个终端。

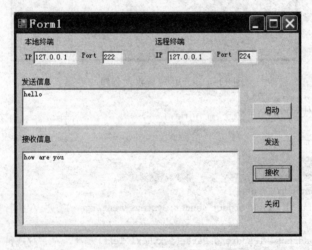

图 11-8 正在互发 UDP 短信——终端 A

说明:

(1) 虽然 UDP 通信一般不需要进行连接,但 UdpClient 仍有一个 Connect 方法可供选用。它的用法是这样的,如果要多次发送消息到同一个终端端口,则可以先执行 Connect 连接到该端口,然后可以多次执行 send 方法的只有两个参数的重载形式(缺少用于指定远程终端的第三个参数的,表示向 Connect 指定的终端进行发送)。

(2) 在 receive 方法的参数中,也可以选择远程终端的 IP 为 IPAddress.Any(等效于以

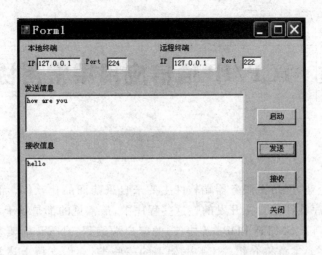

图 11-9　正在互发 UDP 短信——终端 B

点分隔表示的 IP 地址 0.0.0.0)。此时,任意终端的同一端口号下发送的 UDP 数据报都能被接收。

(3) 本例中,如果 A 发送给 B,但 B 未执行接收,那么最终 B 可能漏失该消息,并且 A 对此也许并不知情。这正是 UDP 通信可靠性不如 TCP 的表现之一。如果在程序中仿照例 10-1 中那样,创建单独的线程,循环执行 Receive 方法,可有效减少漏失消息的可能性。

(4) 进一步实验还发现:当 A 向 B 发送信息时,无论 A 先发送 B 再接收,还是 B 先接收 A 再发送,B 都是可以收到的(B 执行接收后可以有一段时间,只要在该时段内 A 执行发送 B 都能收到)。如果 A 连续发送两次,然后 B 再接收,则 B 只能收到 A 后一次发送的内容。

第 12 章 TCP/IP 通信应用层常用协议编程

对于一般的企业,网络上服务器端软件主要来自采购商品化软件。而由于个性化的特殊需求,客户端程序往往是自主开发的。这些程序中,最常见的都是基于 TCP/IP 的应用层协议(如 FTP、HTTP、SMTP、POP3 等协议)的客户端编程。.NET 框架非常适合开发这一类的网络应用程序。本章将介绍.NET 框架下的一些类,它们支持上述常用 TCP/IP 应用层协议的网络应用程序开发。

12.1 WebRequest 及其相关类

WebRequest 是.NET 用于产生对 Internet 资源请求的基类,该类位于 System.Net 命名空间。表 12-1 列出该类的常用属性与方法。

表 12-1 WebRequest 类的常用属性与方法

	名称	描述
属性	ContentLength	所发送的请求数据的内容长度
	ContentType	所发送的请求数据的内容类型
	Credentials	对 Internet 资源请求进行身份验证的网络凭据
	Headers	与请求关联的标头名称/值对的集合
	Method	请求中使用的协议方法
	Proxy	访问此 Internet 资源的网络代理
	RequestUri	与此请求相关联的 Internet 资源的 URI
	Timeout	请求超时前的时间长度
方法	Abort	中止请求
	Create	初始化新的 WebRequest。为静态方法,可使用 URI 作为参数
	GetRequestStream	返回用于将数据写入 Internet 资源的 Stream
	GetResponse	返回对 Internet 请求的响应

WebResponse 是用于提供来自 Internet 上某个 URI 响应的一个抽象基类,它也是位于 System.Net 命名空间的。表 12-2 列出该类的常用属性与方法。

表 12-2 WebResponse 类的常用属性与方法

	名称	描述
属性	ContentLength	接收数据的内容长度
	ContentType	接收数据的内容类型
	Headers	与此请求关联的标头名称/值对的集合
	ResponseUri	实际响应此请求的 Internet 资源的 URI
方法	Close	关闭响应流
	GetResponseStream	从 Internet 资源返回数据流

实际使用时，一般先调用 WebRequest 类的 Create 静态方法创建一个对 URI 请求的对象，然后利用该对象的 GetResponse 返回一个 WebResponse 对象，再从该对象中提取所需内容。具体可见以下各节的示例。

除了以上两个类最为常用外，还有一个 WebClient 类可用于表示 Web 程序客户端的基本操作，表 12-3 列出该类的常用属性与方法。

表 12-3 WebClient 类的常用属性与方法

	名称	描述
属性	BaseAddress	与请求关联的 URI 中的 IP 地址
	Credentials	向 Internet 资源请求时进行身份验证的网络凭据
	Headers	与请求关联的标头名称/值对集合
	QueryString	与请求关联的查询名称/值对集合
	ResponseHeaders	与响应关联的标头名称值对集合
	Site	客户端站点
方法	DownloadFile	从指定站点下载文件
	DownloadData	从指定站点下载数据
	UploadFile	向指定站点上传文件
	UploadData	向指定站点上传数据
	OpenRead	打开网络流读数据
	OpenWrite	打开网络流写数据

最后还要介绍一下 Uri 类，该类在 .NET 程序中可以将 URI 当作对象处理。Uri 类的构造函数较常用的形式为带一个参数，即 Uri(string uri)。Uri 类有许多属性和方法，表 12-4 列出其中最常用的部分属性。

表 12-4 Uri 类的常用属性

	名 称	描 述
属性	Host	获取此实例中的主机部分
	IsAbsoluteUri	指示 URI 是否为绝对的
	IsDefaultPort	指示 URI 的端口值是否是该方案的默认值
	IsFile	指示指定的 URI 是否代表文件
	LocalPath	获取文件名在本地操作系统下的表示形式
	Port	URI 中的端口号
	Query	可获取此 URI 中包含的任何查询信息
	Scheme	URI 中使用的方案名称
	UserInfo	表示用户信息,可用于获取用户名、密码或其他与此 URI 关联的用户信息

Uri 的 Scheme 属性表示为 URI 中使用的方案名称,是一个字符串。表 12-5 对该属性值的几个可选项作出简单说明。

表 12-5 Uri 类的 Scheme 属性的可选值

方 案	说 明
file	资源是本地计算机上的文件
ftp	可通过 FTP 访问资源
gopher	可通过 Gopher 协议访问该资源
http	可通过 HTTP 访问该资源
https	可通过 SSL 加密的 HTTP 访问该资源
mailto	可通过 SMTP 访问(资源为电子邮件地址)
nntp	可通过 NNTP 访问该资源

12.2 在.NET 框架下实现 FTP 应用

FTP 是基于 TCP/IP 的网络应用层协议中的最常用协议之一,各类 FTP 站点上保存着极其丰富的网络资源。FTP 使用方便,传送可靠,与平台无关,在各种应用程序中广泛应用。

12.2.1 FTP 及应用程序

FTP 即 File Transfer Protocol,意为文件传输协议。FTP 允许客户从服务器下载文件。FTP 服务有匿名和非匿名两种,即使没有得到授权的用户也可以使用匿名服务传输一些共享文件。FTP 采用客户/服务器工作模式。一般情况下,FTP 使用 TCP 作为通信的传输层协议,它的控制连接默认使用的端口号为 21(十进制)。

FTP 使用命令方式工作:客户端通过控制连接向服务器发送命令,服务器对命令进行响应。命令一般由命令关键词加上若干参数构成,关键词和参数之间用空格分隔。命令以回车符结束。表 12-6 为 FTP 的常用命令及其说明。

表 12-6　FTP 中常用命令简介

命令关键字	功能简述	参数
acct	账号	用户账户
cwd	改变当前目录	目录路径
dele	删除文件	文件名
list	显示目录	目录名，无参数时为当前目录
mkd	创建目录	要创建的目录名称，可以含路径
mode	设置传送模式	模式名
pass	输入密码	登录用的密码
pasv	请求一个数据连接的端口	
port	设置数据传输端口	端口号码
pwd	显示当前位置	
quit	退出	
retr	下载文件	文件名
rmd	删除目录	文件名
rnto	重命名文件	原文件名和新文件名
size	查文件尺寸	文件名
stor	保存文件到服务器	文件名
type	指定数据类型	数据类型名称，默认类型是 ASCII
user	用户登录	用户名

　　FTP 服务器接收到客户端命令后，会反馈给客户端一个应答消息（字符串）。该消息起始处是一个 3 位数字的编码，通常称为应答码。应答码之后还有返回的结果或其他说明和提示信息。客户端程序根据应答码确定服务是否成功以及下一步还要做什么。当该命令涉及文件下载等操作时，客户端与服务器之间还要建立临时的数据连接进行数据传送。数据连接使用与控制连接不同的端口，通过 pasv 或 port 等命令可以指定数据连接的端口号。

　　应答码第一位为 2 时（如 200、213、250 等），一般表示成功执行了一条命令。第一位为 3 时（如 331、332 等），一般表示命令可以执行，但需要补充信息。应答码第一位为 4 或 5 时，一般表示不能执行该命令。表 12-7 列出 FTP 中部分常用的应答码。

表 12-7　FTP 中部分常用的应答码

应答码	描述
125	准备传送
150	文件状态良好，打开数据连接
200	命令成功
202	命令未实现
212	目录状态
213	文件状态
221	已关闭控制连接，可以退出登录
250	请求的文件操作完成
331	用户名正确，请输入密码
350	请求的文件操作需要进一步命令
421	不能提供服务，已关闭控制连接

续表

应答码	描　述
425	不能打开数据连接
450	请求的文件操作未执行
500	格式错误,命令不可识别
501	参数中包含语法错误
503	命令顺序错误
553	文件名不合法

　　FTP 与操作系统平台无关,一些大型 FTP 服务器是运行在非 Windows 平台上的,但也有多款提供 FTP 服务的软件系统可在 Windows 上运行。Windows 自带的 IIS 中也附带有简易的 FTP 服务功能,因此不需要为运行演示本节中的示例进行额外的复杂配置。IIS 下管理的本地 FTP 服务使用默认端口为 21,默认的 FTP 文件系统根目录为 C:\Inetpub\ftproot。图 12-1 为在笔者的笔记本上使用 IIS 设置本地 FTP 服务的属性,操作系统为 Windows XP。

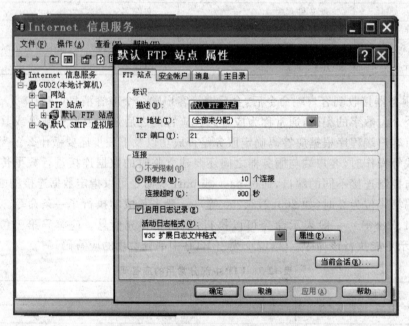

图 12-1　使用 IIS 设置本地 FTP 站点的属性

　　在.NET 框架下编写 FTP 客户端应用程序时,大致有以下几种方法。

　　(1) 使用 Socket 及其相关类。客户端可以采用 Socket 对象连接到 FTP 服务器,然后将需要执行的命令发送给服务器,再从服务器接受各种数据进行处理。例 10-3 中就曾"通用 TCP 客户端"用于尝试简易的 FTP 操作。只要对此程序进行适当修改就可以实现几乎任何所需的 FTP 客户端功能。但用这种方法编写程序,相对有一定难度,这样的程序还极易发生异常。并且在未经过若干优化处理的情况下,效率也不高。

　　(2) 使用 TcpClient 及其相关类。这种方法本质上与上一种方法差别不大,只不过把

Socket 替换为相对好用一点的 TcpClient 类的对象。编写的程序中发生异常可能性会有所降低。

（3）使用 FtpWebRequest 及其相关类。这些类是 .NET 框架中专门为 FTP 应用而提供的。它们是由 WebRequest 及其相关类所派生的，符合广义的 Web 程序所具有的特征。因此，使用起来比较方便，也不易产生异常，并且有利于在应用程序内部以更加统一的方式处理各种不同的网络操作问题。本节后续内容中将介绍 FtpWebRequest 及其相关类以及这些类的应用示例。

12.2.2　FtpWebRequest 及其相关类介绍

FtpWebRequest 类是 WebRequest 的派生类，它表示客户端向 FTP 服务器发出的一项请求。表 12-8 介绍该类的常用属性和方法。为了减少篇幅，表格中已将与 WebRequest 类中重复的部分成员删掉了。

表 12-8　FtpWebRequest 类的部分常用属性

	名　称	描　述
属性	KeepAlive	指定当请求完成后是否关闭到 FTP 服务器的控制连接
	Method	指定要发送到 FTP 服务器的命令
	ReadWriteTimeout	进行写入或读取流操作时的超时长度
	RenameTo	设置重命名文件时的新名称
	UseBinary	指定 FTP 服务器文件传输时使用的数据类型
	UsePassive	客户端进行数据传输时采用被动方式

FtpWebResponse 类是 WebResponse 的派生类，它表示由 FTP 服务器返回给客户的应答信息（控制连接下）。表 12-9 介绍该类的常用属性和方法。

表 12-9　FtpWebResponse 类的部分常用属性

	名　称	描　述
属性	BannerMessage	建立连接时 FTP 服务器发送的消息
	ExitMessage	会话结束时 FTP 服务器发送的消息
	LastModified	为 FTP 服务器上的文件的上次修改日期和时间
	StatusCode	最近一次来自 FTP 服务器的状态码
	StatusDescription	最近一次来自 FTP 服务器的状态消息
	WelcomeMessage	当身份验证完成时 FTP 服务器发送的消息

FtpWebRequest 类的 Method 属性确定发送到服务器的命令。通常，通过使用 WebRequestMethods.Ftp 类型中定义的成员来设置 Method。如果要将 Method 设置为 UploadFile，则必须在调用 GetRequestStream 方法之前进行。如果以不正确的顺序调用 FTP 的命令，则可能引发 ProtocolViolationException 异常。表 12-10 列出由 WebRequestMethods.Ftp 中声明的所有成员。

表 12-10 WebRequestMethods.Ftp 的成员

名称	描述
AppendFile	将文件追加到 FTP 服务器上的现有文件的方法
DeleteFile	删除 FTP 服务器上的文件的方法
DownloadFile	从 FTP 服务器下载文件的方法
GetDateTimestamp	获取当前日期时间凭证的方法
GetFileSize	检索 FTP 服务器上的文件大小的方法
ListDirectory	获取 FTP 服务器上的文件的简短列表的方法
ListDirectoryDetails	获取 FTP 服务器上的文件的详细列表的方法
MakeDirectory	在 FTP 服务器上创建目录的方法
PrintWorkingDirectory	打印当前工作目录名称的方法
RemoveDirectory	移除 FTP 服务器上目录的方法
Rename	重命名 FTP 服务器上目录的方法
UploadFile	将文件上载到 FTP 服务器的方法
UploadFileWithUniqueName	将具有唯一名称的文件上载到 FTP 服务器的方法

12.2.3 使用 WebClient 类实现 FTP 文件操作

对于 FTP 的最基本服务，如上传、下载等操作，只要使用 WebClient 类的方法即可实现。下面给出一个示例。

【例 12-1】 本例使用 WebClient 类的 DownloadData 方法下载本地 FTP 服务器上根目录下文件 abc.txt 中的内容，并且向控制台输出。该程序的源代码如下：

```
using System;
using System.Text;
using System.Net;
class Program {
    static void Main(string[] args)
    {
        Uri uri = new Uri("ftp://localhost/abc.txt");
        //该 uri 用于访问本地 FTP 服务器上指定的文件
        DisplayFileFromServer (uri);
        Console.ReadLine( );
    }

    public static bool DisplayFileFromServer(Uri serverUri)
    {
        if (serverUri.Scheme != Uri.UriSchemeFtp)
            return false;
        WebClient Client = new WebClient ( );
        Client.Credentials = new NetworkCredential("anonymous","jane@ctoso.com");
        //使用该凭证匿名访问 FTP 上的文件,第二个参数是一个邮箱
        try {
            byte[] FileData = Client.DownloadData(serverUri.ToString());
```

```csharp
            string fileString = System.Text.Encoding.Default.GetString(FileData);
            Console.WriteLine(fileString);
        }
        catch (WebException ex) {
            Console.WriteLine(ex.ToString( ));
        }
        return true;
    }
}
```

说明：

（1）WebClient 的实例可以使用具有不同 Scheme（如 FTP、HTTP、NNTP 等）属性的 Uri。在不同的 Scheme 下执行 DownloadData 方法需要使用不同的网络协议，WebClient 屏蔽了这些协议的差异，程序员可以统一方式调用 DownloadData 等方法。

（2）本例中，Client.Credentials＝new NetworkCredential("anonymous","jane@ctoso.com")使 WebClient 可以用匿名方式访问 FTP 服务器。注意，应将 FTP 服务端设置为允许匿名访问，否则本例代码无法获得所需结果。如果是非匿名访问，则 NetworkCredential 构造函数的两个参数必须为用户名和密码。

12.2.4 使用 FtpWebRequest 类实现 FTP 文件操作

WebClient 不是专门针对 FTP 的，因此只能解决小部分与 FTP 有关的问题。而 FtpWebRequest 配合 FtpResponse 一起使用，则可解决几乎所有与 FTP 有关的任务。下面将提供两个有关的应用示例。第一个例子是显示位于 FTP 服务器的根目录下的文件列表。

【例 12-2】 本例为控制台应用程序，以下为源代码：

```csharp
using System;
using System.Text;
using System.Net;
using System.IO;

class Program
{
    static void Main(string[] args) {
        Uri uri = new Uri("ftp://localhost/");
        ListDirectory(uri);
        Console.ReadLine( );
    }

    public static bool ListDirectory(Uri serverUri) {
        FtpWebRequest request = (FtpWebRequest)WebRequest.Create(serverUri);
        request.Method = WebRequestMethods.Ftp.ListDirectory;
            //指定所需调用的方法（命令）为 Ftp.ListDirectory
        request.Credentials = new NetworkCredential("anonymous","jane@ctoso.com");
            //使用匿名访问的权限
```

```
            FtpWebResponse   response = (FtpWebResponse) request.GetResponse( );
            Stream stream = response.GetResponseStream( );
                //以流的形式获得 FTP 应答的数据
            byte[ ] Data = new byte[10000];
            int n = stream.Read(Data,0,10000);
            string str = System.Text.Encoding.Default.GetString(Data,0,n);
                //将二进制数据转换为按 Default 编码的字符串
            Console.WriteLine(str);
            stream.Close( );
            return true;
        }
    }
```

程序运行时,控制台输出的 FTP 上文件列表如图 12-2 所示。

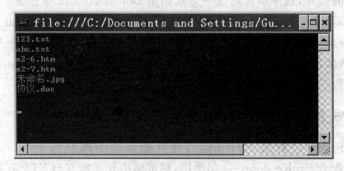

图 12-2　输出 FTP 上的文件列表

第二个例子是删除 FTP 服务器上的某个文件。

【例 12-3】 本例为控制台应用程序,以下为源代码:

```
using System;
using System.Text;
using System.Net;
using System.IO;

class Program
{
    static void Main(string[] args) {
        Uri uri = new Uri("ftp://localhost/abc.txt");
        DeleteFileOnServer(uri);
        Console.ReadLine();
    }

    public static bool DeleteFileOnServer(Uri serverUri)
    {
        FtpWebRequest request = (FtpWebRequest) WebRequest.Create (serverUri);
        request.Method = WebRequestMethods.Ftp.DeleteFile;
            //指定所需调用的方法(命令)为 Ftp.DeleteFile
```

```
        request.Credentials = new NetworkCredential("administrator","admin");
        //指定使用系统管理员权限进行访问,使用密码为 admin
    FtpWebResponse response;
    try {
        response = (FtpWebResponse) request.GetResponse( );
        Console.WriteLine ("Delete status: {0}",response.StatusDescription);
        response.Close( );
    }
    catch (Exception ex) {
        Console.WriteLine("{0}",ex.Message);
    }
    return true;
    }
}
```

为了保证在本例运行时获得正确的结果,用户必须对有关的 FTP 服务器上的子目录具有相应的操作权限(可能要以管理员名义才够权限,因为一般不允许匿名用户删除 FTP 服务器上的文件)。

以笔者使用的计算机(操作系统为 XP)为例,为了成功执行本例的程序,进行了如下设置。

(1) 在控制面板下,进入"管理工具"→"计算机管理"→"本地用户和组",对用户 administrator,设置密码为 admin(或任意设置为其他密码)。

(2) 在"资源管理器"下,对于文件夹 C:\Inetpub\ftproot 设置它的"共享和安全"属性,如图 12-3 和图 12-4 所示。

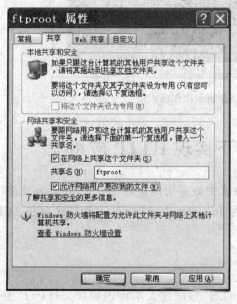
图 12-3　设置文件夹可供"网络共享"

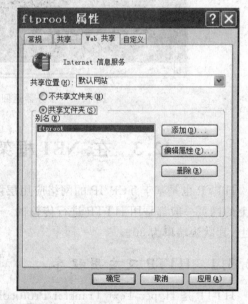
图 12-4　设置文件夹为"Web 共享"

(3) 在 IIS 下对默认 FTP 站点进行设置,如图 12-5 所示。

图 12-5 设置该目录为可读取、写入等

进行以上设置后,执行本示例程序,控制台输出操作成功的信息,如图 12-6 所示。

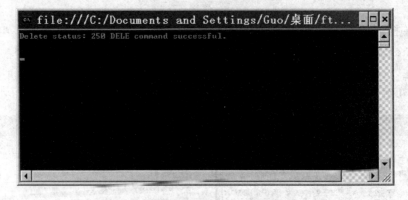

图 12-6 服务器返回信息表示操作已成功

12.3 在.NET 框架下实现 HTTP 应用

HTTP 也是基于 TCP/IP 的网络应用层协议中最常用的协议之一,Internet 上各个站点上的网页一般都是用 HTTP 进行传输的。在 Internet 中,HTTP 一般都建立在 TCP/IP 之上,其默认端口为 80。

12.3.1 HTTP 及应用程序

HTTP 是 Hyper Text Transfer Protocol 的缩写,即超文本传输协议。HTTP 主要用于传输网页,所谓超文本指的就是用 HTML 写的网页。但目前 HTTP 的用途并不限于超文本传输,也可用于 Web 上其他各种任务(如 Web Services 等)。

HTTP 的基本操作是请求/响应模式的,一个客户端与服务器建立连接,并向服务器发送一个请求,请求里包括方法、URI 和协议版本,之后还可以跟一个 MIME 通知,该通知包含客户信息以及其他内容。服务器接受请求后随即作出响应,响应里包括协议版本、一个应答码及相关信息,紧跟着是一个包含服务器信息、实体信息以及其他内容(如超文本等)的 MIME 通知。

HTTP 请求中包含的方法(METHOD)是非常关键的信息,它的作用相当于 FTP 的命令关键字。表 12-11 列出 HTTP 所有可用的方法。

表 12-11 HTTP 中可用的方法

方法	功能描述
GET	请求返回指定 URI 中所包含的完整信息
HEAD	请求返回与 URI 关联的标头信息,常用来检验超文本链接的有效性、可获取性、文件长度和是否已修改
POST	将数据(参数)发送到服务器上特定 URI 进行处理并返回经处理的信息
PUT	请求将 URI 中资源实体存储在服务器上指定的位置
DELETE	删除服务器上指定资源
LINK	请求将现有资源和其他资源建立连接
UNLINK	请求断开与特定资源的连接

与 FTP 的服务器类似,HTTP 服务器在响应客户端请求时,在返回的 HTTP 消息中,同样也包含一项由 3 位数字构成的应答码。表 12-12 列出 HTTP 中部分常用的应答码。

表 12-12 HTTP 中部分常用的应答码

应答码	描述
200	已按请求成功执行
201	POST 已完成
204	服务器已接受,但没有应答
301	资源已移动
304	未找到所请求的资源
400	错误的请求
401	没有获得对所请求的资源进行操作的授权
500	服务器内部错误
501	没有实现所请求的操作
503	不能获得服务

.NET 下应用 HTTP 的编程,主要有服务端和客户端两个方面。服务端主要可以使用 ASP.NET 的技术来解决,ASP.NET 包含动态网页(或称 Web 应用程序)和 Web Services(Web 服务)两大类。前者使用极广泛,可以作为独立课程讲授,因此不在本书讨论之列,后者在第 8 章已有较详细的介绍。客户端的 HTTP 编程技术,一部分可以使用 WebClient 类解决,还有使用 HttpWebRequest 和 HttpWebResponse 类。

HttpWebRequest 是 WebRequest 的针对 HTTP 的派生类。表 12-13 列出该类的常用属性,有些已在 WebRequest 中出现的属性未被列入。

表 12-13　HttpWebRequest 类的常用属性

	名　称	描　述
属性	Address	实际响应请求的 URI
	AllowAutoRedirect	确定是否需要重定向服务端的响应
	ClientCertificates	与此请求关联的安全证书集合
	Connection	HTTP 标头 Connection 的值
	CookieContainer	与此请求关联的 Cookie 的容器
	Expect	HTTP 标头 Expect 的值
	HaveResponse	为 bool 型，指示是否收到了 Internet 资源的响应
	IfModifiedSince	HTTP 标头 If-Modified-Since 的值
	KeepAlive	HTTP 标头 Keep-Alive 的值，该值确定是否与 Internet 资源建立持久连接
	MediaType	请求的媒体类型
	ProtocolVersion	请求的 HTTP 版本
	Timeout	设置请求的超时值
	TransferEncoding	HTTP 标头 Transfer-encoding 的值
	UserAgent	HTTP 标头 User-Agent 的值

注意，一般不要使用 HttpWebRequest 的构造函数。可使用 WebRequest 类的 Create 静态方法初始化新的 HttpWebRequest 对象。如果统一资源标识符（URI）的方案是 http://或 https://，则 Create 返回 HttpWebRequest 对象。例如：

```
HttpWebRequest myReq = (HttpWebRequest) WebRequest.Create ("http://www.conto.com/");
```

HttpWebResponse 是 WebResponse 的针对 HTTP 的派生类。表 12-14 列出该类的常用属性，有些已在 WebResponse 中出现的属性未被列入。

表 12-14　HttpWebResponse 类的常用属性

	名　称	描　述
属性	CharacterSet	响应中使用的字符集
	ContentEncoding	对响应的内容进行编码的方法
	Cookies	与此关联的请求中的 Cookie
	LastModified	该响应中的内容最后一次修改的日期和时间
	Method	引起该响应的 HTTP 请求中所用的方法
	ProtocolVersion	响应中使用的 HTTP 的版本
	Server	服务器的名称
	StatusCode	服务端响应中包含的 HTTP 应答码
	StatusDescription	与响应中 HTTP 应答码一起返回的有关说明

此外，在客户端 HTTP 编程中还有可能需要用到浏览器对象。因为浏览器都比较复杂，一般应使用微软或第三方提供的组件。微软的浏览器组件一般都是对 IE 的内核进行某种封装的产物，在.NET 下比较好用的是"Microsoft Web Browser"COM 组件。如果要使用该 COM 组件，可以在 Visual Studio.NET IDE 下执行"工具"→"选择工具箱项"命令，在该对话框下选中"COM 组件"选项卡，从中找到 Microsoft Web Browser 组件后勾选一下再

单击"确定"按钮,即可将其添加到"工具箱"。以后使用时,可以从工具箱内将其拖放到程序的窗体中即可。图12-7为选择工具箱项的操作。

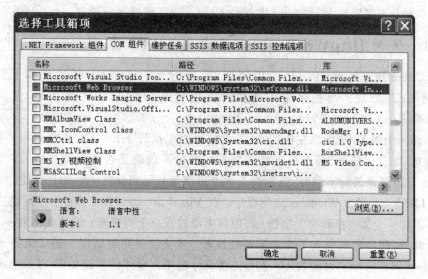

图 12-7　将 Microsoft Web Browser 选入工具箱

由于IE浏览器本身内部构造相当复杂,因此本书中不举例说明如何使用Microsoft Web Browser组件。如果读者只需要简单的浏览功能,那么还是容易的。只要对6.4节中介绍的.NET与COM对象的互操作性有所理解就能做到这一点。更多的使用技巧则依赖于对有关的"对象模型"的掌握,有兴趣的读者可以查阅有关资料。

12.3.2　使用 WebClient 类实现 HTTP 操作

WebClient不仅用于访问FTP服务器上的资源,也用于访问位于HTTP服务器上的资源。而且,几乎可以不对例中代码做任何修改就能完成任务。下面给出一个示例。

【例12-4】　本例使用WebClient类的DownloadFile方法下载本地HTTP服务器上图片p1.jpg文件的内容,然后将其另存为C:\p1.jpg。该程序的源代码如下:

```
using System;
using System.Net;
class Program
{
    static void Main(string[] args) {
        string uri = "http://localhost/p1.jpg";
        WebClient Client = new WebClient( );
        try {
            Client.DownloadFile (uri,"C:\\p1.jpg");
        }
        catch (WebException ex){
            Console.WriteLine(ex.ToString());
        }
    }
}
```

编译运行本例程序,假定本地默认网站的根目录下存有 p1.jpg 文件,则程序运行结束时已将其复制到 C 盘根目录。HTTP 服务器上一般对下载普通文件的请求只需要较低权限,因此本例中不需要对 WebClient 实例的 Credentials 属性进行设置。

12.3.3 使用 HttpWebRequest 类实现 HTTP 操作

WebClient 用于处理 HTTP 应用问题时,有很大的局限性,并且基本上只能执行 HTTP 的 GET 方法。当程序中需要执行其他更复杂的 HTTP 方法时,则可以使用 HttpWebRequest 和 HttpWebResponse 类。

在下面一个例子中,用户在执行 GET 之前可以先执行 HEAD 方法获知相关网络资源的基本信息(如文件长度、是否最近有更新等),然后再确定是否要下载该资源。并且在用 GET 方法对该资源进行下载时,还能设置一个进度条显示当前已下载的百分比。

【例 12-5】 本例为 Windows 应用程序。在 Visual Studio .NET IDE 下进行设计,在主窗体的顶部添加一个文本框和两个按钮;在窗体中部放置一个列表框;窗体底部放一个进度条等控件。此外,窗体内还放入了 3 个标签控件和一个文件保存对话框。进度条的 maximum 和 minimum 属性应分别设置为 100 和 0。在设计视图下窗体的界面如图 12-8 所示。

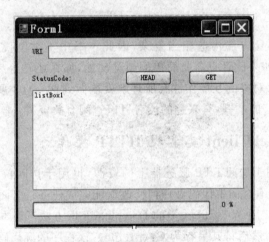

图 12-8 本例中窗体在设计时

在该程序中输入以下代码:

```
using System;
using System.Windows.Forms;
using System.IO;
using System.Net;
...
HttpWebRequest request;
HttpWebResponse response;

private void button1_Click(object sender,EventArgs e)    //该按钮的 Text 为"HEAD"
{
    request = (HttpWebRequest)WebRequest.Create(textBox1.Text);
    request.Method = "HEAD";                             //请求 HTTP 服务器执行 HEAD 方法
    response = (HttpWebResponse) request.GetResponse( );
```

```csharp
        label2.Text = "StatusCode: " + response.StatusCode.ToString( );
            //显示应答中的状态信息
        listBox1.Items.Clear( );
        string header;
        for (int i = 0; i < response.Headers.Count; i++){
            header = response.Headers.Keys[i] + " = " + response.Headers[i].ToString();
                //取出第 i 项标头的名称和对应值,然后添加到列表框
            listBox1.Items.Add(header);
        }
        response.Close();
}

private void button2_Click(object sender, EventArgs e)    //该按钮的 Text 为"GET"
{
    string file = "";
    if (saveFileDialog1.ShowDialog() == DialogResult.OK)              //确定文件保存的位置
        file = saveFileDialog1.FileName;
    else
        return;
    FileStream fs = new FileStream(file, FileMode.Create, FileAccess.Write);
        //新建文件
    request = (HttpWebRequest)WebRequest.Create(textBox1.Text);
    request.Method = "GET";                              //请求 HTTP 服务器执行 GET 方法
    response = (HttpWebResponse)request.GetResponse();
    float step = (float)100 * 4096 / response.ContentLength ;
        //计算进度条单步的增量值
    float V = 0;
    progressBar1.Value = 0;
    byte[] bta = new byte[4096];                         //设置缓存区
    try{
        int len = 0;
        Stream stream = response.GetResponseStream();    //获得来自服务器响应的流
        len = stream.Read(bta, 0, 4096);                 //从响应流读取数据填充到缓存
        while (len > 0){
            fs.Write(bta, 0, len);                       //将缓存数据写入到文件流
            V += step;                                   //求出当前完成部分占总量的百分比
            progressBar1.Value = (int)V;                 //使进度条按百分比显示
            Application.DoEvents();
            len = stream.Read(bta, 0, 4096);
                //读下一批数据到缓存,len 为实际读取的字节数,该值≤4096
            label3.Text = ((int)V).ToString() + " % ";   //在标签上显示当前完成百分比数
        }
    }
    catch (Exception ex){
        MessageBox.Show("读取 Response 流转换 html 阶段出现" + ex.Message);
    }
    fs.Close( );
    response.Close( );
}
```

程序运行时,输入正确的 URI(一般为 HTTP 网站上某个文件的 URL),再单击 HEAD

按钮,则向服务器发出调用 HEAD 方法的请求,此时在列表框中会显示返回信息中包含的所有标头,如图 12-9 所示。

图 12-9　执行 HEAD 方法显示资源的相关信息

这些标头中包含 Content-Length、Last-Modified 等重要信息,用户可根据这些信息决定是否要执行下一步的 GET 操作。如果单击 GET 按钮,就向服务器发出调用 GET 方法的请求,此时 URI 指定的资源即可下载。当文件较大时,下载需要较长时间,此时进度条控件可以动态显示出当前已完成的百分比,如图 12-10 所示。

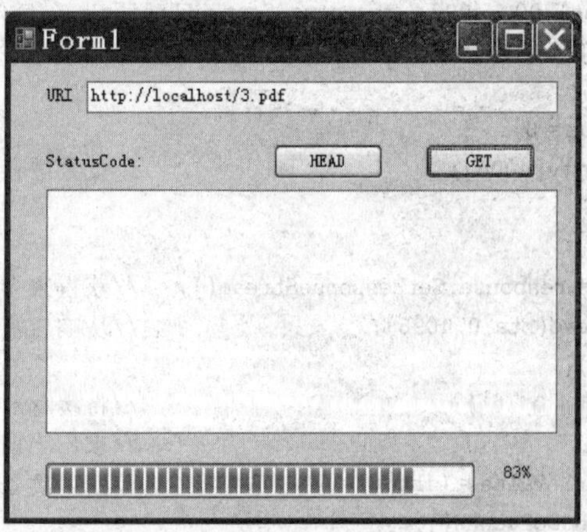

图 12-10　执行 GET 方法下载资源

实际使用中,HTTP 的 POST 方法用途比 GET 方法更广。当使用 HttpWebRequest 的对象执行 POST 方法时,一般可先调用 GetRequestStream 方法获得一个流,然后将上传给服务器的变量值和其他数据写入这个流,还可以在 HttpWebRequest 对象的 CookieContainer 属性中放置 Cookie。当这些工作完成后再调用 GetResponse 方法获取响应。

因此,可以利用 HttpWebRequest 和 HttpWebResponse 类的对象模拟客户在浏览器内的操作,与 HTTP 服务器上的 Web 应用程序进行互动。这种技术在对 Web 应用程序进行自动测试、Web 客户端自动输入等方面都很有效。笔者曾依据上述原理在.NET 下设计了一个可对 ASP.NET 编写的 Web 程序进行自动检测的软件,用于教学中检测学生上机编程的作业。对此有兴趣的读者可发邮件与笔者联系。

12.4 在.NET 框架下实现 SMTP 应用

SMTP 是基于 TCP/IP 的网络应用层中用于邮件传输的协议,其默认的 TCP 端口为 25。

12.4.1 SmtpClient 及其相关类

SMTP 是 Simple Message Transfer Protocol 的缩写,意为简单邮件传输协议。该协议为 TCP/IP 下机器间交换邮件建立了标准模型。它提供了一种邮件传输的机制:当收件方和发件方都在同一个网络上时,可以把邮件直接传给对方;当双方不在同一个网络上时,可按一定的规则通过若干个中间服务器进行转发。

System.Net.Mail 命名空间是.NET 2.0 中新增的,用以取代.NET 1.0 中的 System.Web.Mail 命名空间。System.Net.Mail 中最基本的类是 SmtpClient 和 MailMessage。SmtpClient 类用于在客户端处理 SMTP 邮件,表 12-15 介绍 Smtp Client 类的主要属性和方法。

表 12-15 SmtpClient 类的属性和方法

	名 称	描 述
属性	ClientCertificates	指定使用哪些证书来建立 SSL 连接
	Credentials	设置用于验证发件人身份的凭据
	DeliveryMethod	指定以何方式处理待发的邮件
	EnableSsl	指示 SmtpClient 是否使用 SSL 加密连接
	Host	SMTP 服务器所在的主机地址(域名或 IP)
	PickupDirectoryLocation	指定一个文件夹用于保存由本地 SMTP 服务器处理的邮件
	Port	设置 SMTP 服务使用的端口(默认为 25)
	Timeout	指定调用 Send 方法的超时值
	UseDefaultCredentials	指定是否随请求一起发送 DefaultCredentials
方法	Send	以同步方式将邮件发送到 SMTP 服务器
	SendAsync	以异步方式将邮件发送到 SMTP 服务器
	SendAsyncCancel	取消以异步方式正在发送的邮件

SmtpClient 对象的 DeliveryMethod 属性为 SmtpDeliveryMethod 枚举的值,用于指示如何传递电子邮件。表 12-16 介绍该枚举的成员。

表 12-16 SmtpDeliveryMethod 枚举的成员

名 称	描 述
Network	电子邮件通过网络发送到 SMTP 服务器
PickupDirectoryFromIis	将电子邮件复制到 Pickup 目录,然后通过本地 Internet 信息服务(IIS)传送
SpecifiedPickupDirectory	将电子邮件复制到 SmtpClient 对象的 PickupDirectoryLocation 属性指定的目录,然后由外部应用程序进行传送

MailMessage 类的实例可在程序中表示一份电子邮件。表 12-17 介绍 MailMessage 类的主要属性。

表 12-17 MailMessage 类的重要属性

名称	描述
Attachments	邮件的所有附件,为集合类型
Body	邮件的正文
BodyEncoding	邮件正文中使用的编码
CC	抄送(CC)收件人的地址集合
From	邮件的发信人地址
IsBodyHtml	指示邮件正文是否为 HTML 格式
Priority	指示邮件的优先级,分为 High、Low、Normal
Sender	该邮件的发件人地址,发件人的地址不会进行验证或绑定到当前登录用户
Subject	邮件的主题
SubjectEncoding	在该邮件的主题中使用的编码
To	收件人的地址集合

此外还有一个常用的类 Attachment,它的对象表示电子邮件中的一个附件。MailMessage 的 Attachments 属性的类型是 Attachment 的集合。

12.4.2 使用 SmtpClient 类实现邮件发送

下面是使用 SmtpClient 类发送电子邮件的一个示例。

【例 12-6】 建立一个基于 Windows Form 的应用程序,应用程序窗体中放入若干个标签、文本框、按钮、单选按钮以及一个组合框、一个 openFileDialog 等控件。前 3 个文本框分别用于输入"收件人地址"、"发件人地址"和"主题";textBox4 用于输入邮件正文,应将其 Multiline 属性设置为 true;3 个单选按钮用于选择邮件的优先级别为"高"、"低"和"普通"。组合框 comboBox1 供用户选择使用 SMTP 服务器发送邮件的不同方式,将其 Items 设置为 {"Network","PickupDirectoryFromIis","SpecifiedPickupDirectory"}。窗体 Form1 的设计视图如图 12-11 所示。

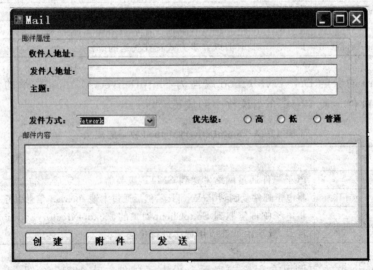

图 12-11 本例中程序窗体的设计视图

以下为本例中需要编写的代码：

⋮
using System.Net.Mail;
⋮
```
private MailMessage Message;
SmtpClient client = new SmtpClient();
private void button1_Click(object sender,System.EventArgs e)          //"创建"按钮
{
    try{
        MailAddress to = new MailAddress(textBox1.Text);
        MailAddress from = new MailAddress(textBox2.Text);
        Message = new MailMessage(from,to);          //新建邮件
        Message.Subject = textBox3.Text;
        Message.Body = textBox4.Text;
        if (radioButton1.Checked)
            Message.Priority = MailPriority.High;    //优先级为高
        else
          if (radioButton2.Checked)
              Message.Priority = MailPriority.Low;   //优先级为低
          else
              Message.Priority = MailPriority.Normal; //优先级为中等
    }
    catch (Exception ee){
        MessageBox.Show(ee.Message);
    }
}

private void button2_Click(object sender,System.EventArgs e)   //"附件"按钮
{
    Attachment attachment;
    if (openFileDialog1.ShowDialog() == DialogResult.OK){
        attachment = new Attachment(openFileDialog1.FileName);
        Message.Attachments.Add(attachment);         //添加到集合类型
    }
}

private void button3_Click(object sender,System.EventArgs e)          //"发送"按钮
{
    switch (comboBox1.Text){
      case "PickupDirectoryFromIis":
        client.DeliveryMethod = SmtpDeliveryMethod.PickupDirectoryFromIis;
        break;
      case "SpecifiedPickupDirectory":
        client.DeliveryMethod = mtpDeliveryMethod.SpecifiedPickupDirectory;
        break;
      default:
        client.DeliveryMethod = SmtpDeliveryMethod.Network;
        break;
    }
    client.Send(Message);                            //发送邮件
}
```

编译运行该程序，在窗体界面下输入邮件中各项，当利用本地 IIS 服务的邮件发送功能

时,发件方式一般可选 PickupDirectoryFromIis。单击"创建"按钮即生成一个邮件的实例,再单击"附件"按钮以浏览方式选择文件作为邮件的附件(可以选择多次),最后单击"发送"按钮完成邮件的发送。

说明:

(1) 本例重点在于介绍发送邮件的基本方法和原理,界面比较简单而且功能不全,读者如有兴趣可自行予以改进。

(2) 虽然对于中小型的普通应用,IIS 的"默认 SMTP 虚拟服务器"也能基本胜任。但企业级应用中可能需要更加专业的 SMTP 服务器。此时发件方式可选择 Network,并且要将 SmtpClient 对象的 Host 设置为 SMTP 服务器的主机。其他还要注意设置验证方式等,具体设置和调试与网络和 SMTP 服务器有关。

关于 SmtpClient 对象设置的问题比较复杂,本书不进行深入探讨。若遇到邮件发送失败时,可设法了解 SMTP 服务器或收件人邮箱对相关服务有何特别规定或要求,然后对有关属性进行设置(如 ClientCertificates、Credentials、UseDefaultCredentials 等属性),一般都可以解决。

(3) Send 是使用同步方法进行发送,使用简单方便,但可能效率较低。实际使用时,可考虑采用异步的方式发送。

对于一般邮件的发送,当前流行的各种邮件收发的软件已足够好用,有些还是免费的,因此很难找到适当理由说明 SMTP 编程的必要性。但当邮件内容和(或)接收者群体是由数据库确定时,则自编收发邮件程序具有明显的优势。为了说明这一点,下面给出一个按照数据库进行"邮件群发"的示例。

【例 12-7】 本例中使用一个 Access 数据库"工资.mdb",该数据库有一个 gzb 表。gzb 表中有"工号"、"姓名"、"基本工资"、"奖金"、"缺勤天数"、"扣款"、"个人所得税"、"实际发放"、"邮箱"等字段。在程序中,将对该表中每一名职工发送邮件,内容是本人当月的"工资单",数据来自 gzb 中的相应记录。

新建一个基于 Windows 应用程序,窗体上放置一个"发送邮件"的按钮。以下是程序中需要编写的代码:

```csharp
⋮
using System.Data;
using System.Data.OleDb;
using System.Net.Mail;
⋮
private MailMessage Message;                    //声明局部变量
SmtpClient client = new SmtpClient();           //声明局部变量并创建对象
private void button1_Click                      //"发送邮件"
{
    string xm,jbgz,jj,kc,gts,sjff,To,From;
    string connectionstring =
        "Provider = Microsoft.Jet.OLEDB.4.0; Data Source = c:\\工资.mdb";
    OleDbDataAdapter dataAdapter
        = new OleDbDataAdapter("SELECT * FROM gzb",connectionstring);
    DataSet myDataSet = new DataSet();
    dataAdapter.Fill(myDataSet);                //将 gzb 的数据填充到数据集
```

```
client.DeliveryMethod = SmtpDeliveryMethod.PickupDirectoryFromIis;
int L = myDataSet.Tables[0].Rows.Count;           //获取工资表行数
for (int i = 0; i < L; i++) {                     //对应工资表每一行发送一个E-mail
    //以下代码从数据行提取姓名、基本工资、奖金、扣款、实际发放等信息
    xm = myDataSet.Tables[0].Rows[i].ItemArray[1].ToString();
    jbgz = myDataSet.Tables[0].Rows[i].ItemArray[2].ToString();
    jj = myDataSet.Tables[0].Rows[i].ItemArray[3].ToString();
    kc = myDataSet.Tables[0].Rows[i].ItemArray[5].ToString();
    sjff = myDataSet.Tables[0].Rows[i].ItemArray[7].ToString();
    //从数据行的第八列提取收件人邮箱
    To = myDataSet.Tables[0].Rows[i].ItemArray[8].ToString();
    From = "AA88@bb.com";                         //输入发件人(公司)的邮箱
    Message = new MailMessage(From,To);           //新建邮件
    Message.Subject = "工资单";                    //邮件主题为"工资单"
    Message.Priority = MailPriority.Normal;       //设置邮件优先级为中等
    //以下几行代码确定邮件正文中内容(即该职工工资单的内容)
    Message.Body = xm + ",您好!\n\n";
    Message.Body += "您本月工资单如下：\n";
    Message.Body += "基本工资：" + jbgz;
    Message.Body += ",奖金：" + jj;
    Message.Body += ",扣款：" + kc;
    Message.Body += "本月实际发放：" + sjff + "\n\n";
    Message.Body += "    请注意查收。\n\n";
    Message.Body += "                    大兴公司财务部";
    client.Send(Message);                         //发送该邮件
}
   ⋮
```

运行该程序，单击"发送邮件"按钮后即有一批邮件自动发出，这些邮件的内容是互不相同的。例如，王九收到的邮件如图 12-12 所示。

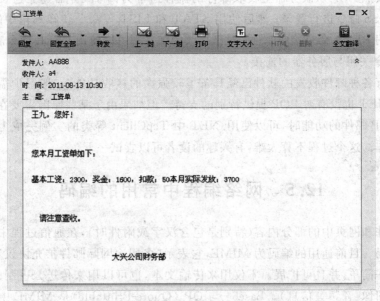

图 12-12　本例程序执行时自动发出的邮件之一

12.4.3 POP 编程

POP 是 Post Office Protocol 的缩写,即邮局协议。常用的第三版又简称为 POP3。POP 服务默认使用 TCP 端口号 110。POP 与 SMTP 配合,可以完成收发邮件的任务。

POP 定义了一组命令。这些 POP 命令由关键字构成,后面跟着可选的参数,作为单行文本发送,随后是(CRLF)。表 12-18 列出 POP3 中常用的命令。

表 12-18 POP3 中常用的命令

命令关键字	功 能 描 述	参 数
USER	登录到 POP3 服务器,一般要紧跟一个 PASS 命令用以验证身份	用户名
PASS	用户口令,用户名应在此前的 USER 命令中提供	用户密码
STAT	要求服务器提供有关信箱的统计信息(如未收邮件数、信箱大小等)	
LIST	请求服务器提供有关邮箱中单个邮件的大小、删除标记等信息	可以用一个代表索引号的参数指定邮件
RETR	要求服务器发送邮件的内容给客户	用一个代表索引号的参数指定邮件
DELE	指示服务器标记指定邮件为删除。实际物理删除在会话进入 Update 状态时进行	用一个代表索引号的参数指定邮件
QUIT	终止会话,关闭与服务器的连接	
UIDL	要求服务器为信箱中的每个邮件报告唯一的消息 ID 串	可选的参数为邮件索引号

POP 服务器对客户的请求命令作出应答。POP 的应答可分为单行应答和多行应答。单行应答首先指示命令是成功还是失败,然后提供适于用户读取或机器分析的其他信息。

客户端按照 POP 从服务器上收取邮件的流程通常为:与服务器建立连接后首先使用 USER 和 PASS 命令进行登录;然后使用 STAT 和 LIST 等命令获知邮箱中的邮件状态;接着就可以用 RETR 命令接收邮件;对已接收的邮件则可以使用 DELE 命令删除;最后使用 QUIT 命令关闭与服务器的连接。

由于现有各种邮件收发的软件已经具备了较强大的接收功能,一般很少需要自编程序实现收信..NET 也没有对 POP 提供特别的支持。但如果由于某些原因需要在应用程序中加入接收 POP 邮件的功能时,可以使用.NET 中 TcpClient 等类的实例完成上述流程中的各项有关操作。这个过程不算太难,有兴趣的读者可以尝试一下。

12.5 网络编程中常用的编码

电子邮件和网页中的部分内容(特别是包含汉字或附件时),在通信过程中往往需要使用专门的编码。目前通用的编码为 MIME,它表示"多用途网际邮件扩充协议"。MIME 编码的协议算法简单,并且可扩展。不仅用来传输文本,也可以用来传送二进制的文件(如邮件附件中的图像、音频等信息)。Base64 与 QP (Quote-Printable)是 MIME 中定义的两种主要的编码方法。

Base64 适合传送二进制数据,它把 3B 中的数据用 4B 表示。这 4B 中,实际用到的都只有前面 6b。由于历史原因,通信系统中某些设备和协议只支持对 7b 的字节的传输(可能将第 8b 作为校验位)。Base64 编码可以在这样的系统下传输 8b 字节的数据。

在 Base64 下,习惯按以下对应规则将每个只含 6b 的字节用一个字母、数字或符号表示:

0~25　　　　对应 A~Z
26~51　　　 对应 a~z
52~61　　　 对应 0~9
62　　　　　 对应 +
63　　　　　 对应 /

这样就可以将二进制数据映射为简单文本。

QP 编码的原理是把一个 8b 的字符用两个十六进制数值表示,然后在前面加"="(或其他字符,如"%"等),经过编码后的文本可能会是这个样子:

= A6 = BC = C4 = FA = BA = C3 = A3 = A1 = B3 = C2 = BF = A1 = C7 = E5 = AB = 5C = A3 = 6D = 3B

只要知道了通信中编码的规则,就能够编写出实现编码或解码的方法(但为安全目的设计的加密算法一般都难以被解码)。.NET 在 System.Convert 类中有一个 ToBase64String 静态方法,可以用于将二进制数组转换为 Base64 编码的字符串。

下面提供一个自编的 Base64Tobytes 方法,可对 Base64 编码的文本进行解码。

【例 12-8】 本例在控制台程序中定义了 Base64ToStream 静态方法,可将 Base64 编码的文本转换为二进制的内存流供程序调用。以下为程序中的源代码:

```
using System;
using System.Text;
using System.IO;
class Program
{
    private static byte To6bit(byte a)            //将字符的 ASCII 码转换为 6b 的字节
    {
        byte b = 0;
        if (a >= 65 && a <= 90)                   //转换大写字母为 0~25
            b = (byte)(a - 65);
        else if (a >= 97 && a <= 122)             //转换小写字母为 26~51
            b = (byte)(a - 71);
        else if (a >= 48 && a <= 57)              //转换数字为 52~61
            b = (byte)(a + 4);
        else if (a == 43)                         //转换"+"为 62
            b = 62;
        else if (a == 47)                         //转换"/"为 63
            b = 63;
        return b;
    }

    public static MemoryStream Base64ToStream(string s0)
    {
```

```csharp
            byte[] ba1 = System.Text.Encoding.ASCII.GetBytes(s0.ToCharArray());
            byte[] ba2 = new byte[2000];        //可根据需要增加该数组的长度
            int w,x,y,z,i,j;
            i = j = 0;
            while (i + 4 <= ba1.Length) {
                w = To6bit(ba1[i]);
                x = To6bit(ba1[i+1]);
                y = To6bit(ba1[i+2]);
                z = To6bit(ba1[i+3]);
                int k = (w << 18) + (x << 12) + (y << 6) + z;
                    //将 4 个 6b 的字节排列后再拆分到 3 个 8b 的字节(下面 3 行代码)
                ba2[j] = (byte)((k >> 16) & 255);
                ba2[j+1] = (byte)((k >> 8) & 255);
                ba2[j+2] = (byte)(k & 255);
                i += 4; j += 3;
            }
            return new MemoryStream(ba2,0,j);   //将 ba2 以流的形式返回便于使用
        }

        static void Main(string[] args)
        {
            string s = "base64 中将 3 个 8b 字节数据拆分为 4 个 6b 字节";
            byte[] ba = System.Text.Encoding.Default.GetBytes(s);
            s = System.Convert.ToBase64String(ba);
            Console.WriteLine("The Base64 is: " + s);
            MemoryStream ms = Base64ToStream(s);
            ba = new byte[ms.Length];
            ms.Read(ba,0,(int)ms.Length);
            s = Encoding.Default.GetString(ba,0,ba.Length);
            Console.WriteLine("The original text is: " + s);
            Console.ReadLine();
        }
    }
```

第 13 章　应用程序系统的调试与配置

本章主要介绍与.NET 托管程序的调试和配置有关的一些问题，还附带讨论了一些有关应用系统发布的问题。这些内容主要针对控制台应用程序和 Windows 应用程序的项目的开发，对于 ASP.NET 和另外一些特殊类型的托管程序则不尽相同。

13.1　.NET 应用程序系统的调试

13.1.1　.NET 程序的 Debug 和 Release 版本

.NET 托管程序的编译器具有一组可供选择的功能开关，通常被称为编译器选项。在命令行方式下执行编译时，可以通过命令中的参数控制这些选项。在 IDE 下设计时，可以通过系统配置等方式控制编译器选项（一般可使用默认配置）。源代码在编译时如果选用不同编译器选项的组合，就能生成具有不同特征的 PE 程序（或 DLL）的版本。在 Visual Studio.NET 下设计时，IDE 工具栏中部有一个下拉框，开发人员可从中选择 Debug 和 Release 两种不同的编译版本，如图 13-1 所示。

图 13-1　IDE 的工具栏中有一个下拉框可选择编译版本

Debug 版本一般用于系统调试，Release 版本则用于正式对外发布。IDE 下编译时前者位于项目文件夹下 bin\debug 之内，后者则位于 bin\release 之内。这两个版本的差别是由编译选项配置不同确定的，一般 Debug 版本内部包含更多调试信息（如注释、断点等），而 Release 版本较多使用了编译器提供的代码优化。此外，Debug 版比较适合在 IDE 下进行调试，可对其实行跟踪（Trace）；而 Release 版一般直接在托管程序平台上运行，不一定能被跟踪。

与上述两种编译版本有关的编译器选项主要是/debug 和/optimize。可以用/debug＋或/debug－打开或关闭编译器对调试功能的支持。/optimize＋或/optimize－选项则表示打开或关闭编译器的代码优化开关。

代码优化功能虽然有提高系统效率等优点，但也有人遇到启用代码优化后生成的 Release 版本与 Debug 版本在运行时的行为不一致，以致出现无法控制的异常。为了避免发生这种情况，建议开发者在程序开发的各个阶段，可经常分别生成 Debug 和 Release 两种版本的程序并进行调试，发现有不一致时即可及时查找到原因。而一旦系统规模增大之后，再要检测代码优化可能带来的负面影响就会非常困难。万一，遇到上述的由于代码优化而产生的异常无法在短时间内克服，而又面临系统交货时，则可尝试临时在 Release 版本的编译器选项中配置/optimize－。

另外，顺便提一下，编译时在项目文件夹下往往还会产生一个 obj 子目录。因为编译是分模块进行的，这些模块就放在 obj 内。最终再把模块组装（连接）为完整的程序。分模块编译有个好处就是支持局部编译或增量编译，也就是说只有代码修改过的模块需要重新编译，这样就有利于提高编译的速度。小型应用系统可能总共只包含一个模块，那样的话，obj 和 bin 中内容可能会差不多。

13.1.2 使用 Trace 类输出跟踪消息

代码跟踪是调试中常用的手段。Visual Studio .NET IDE 下可以对应用程序执行逐行（快捷键为 F11）或逐个方法（快捷键为 F10）的跟踪，也可以在代码中任意行位置插入跟踪点。代码一旦执行到跟踪点的位置，程序会暂停，并且通过代码窗口和其他途径将程序内部的当前状态（如变量的值等）充分呈现给调试人员。因此，跟踪是程序查错的有效手段。从软件工程的观点看，跟踪主要为"白盒"测试提供一种手段。

在 IDE 下对 .NET 程序进行跟踪时，一般应使用 Debug 版本，因为正常情况下，Debug 版本的程序中保存了跟踪所必需的完整信息。这些信息保存在项目文件夹的 bin\debug 子目录下的 .pdb（Program Debug Database）文件之内。Release 版本是否可以被跟踪，取决于其编译时的选项。例如，使用 /debug:pdbonly 则可以被跟踪，使用 /debug- 则不能跟踪。也可以看一下 bin\release 子目录内是否有 .pdb 文件来确定该 Release 版本能否用于跟踪。

.NET 框架下有一个 System.Diagnostics 命名空间，是专门为应用程序的调试提供服务的。Debug 和 Trace 是该命名空间下的类。恰当地使用这两个类的方法，可以给使用不同编译器选项生成的应用程序添加跟踪、调试和检测功能。并且可以在 IDE 以外对程序执行这些跟踪或检测，还可以把跟踪点的相关信息或检测结果写入到日志、文本文件或其他设备中，以便在此后进行分析。表 13-1 给出了 Trace 类中常用的属性和方法。

表 13-1 Trace 类中常用的属性和方法

	名 称	描 述
属性	AutoFlush	该属性指示是否在每次执行写入后都要调用侦听器的 Flush 方法
	IndentLevel	表示当前输出中使用的缩进级别
	IndentSize	每一级中缩进空格的个数
	Listeners	用于接收跟踪输出的一组侦听器的集合
方法	Assert	设置断言。即在此位置检查某 bool 表达式，若表达式为 false，则显示一条消息
	Close	刷新输出缓冲区，然后关闭 Listeners 中的侦听器
	Fail	发出一条错误消息
	Flush	刷新输出缓冲区，并将缓冲区中的数据写入 Listeners
	Indent	将当前的 IndentLevel 增加 1
	TraceError	将一条错误消息写入 Listeners 中
	TraceInformation	将一条跟踪消息写入 Listeners 中
	TraceWarning	将一条警告消息写入 Listeners 中
	Write	将一条消息写入 Listeners 中
	WriteIf	当条件满足时，将一条消息写入 Listeners 中
	WriteLine	将一条消息写入 Listeners 中并换行
	WriteLineIf	当条件满足时，将一条消息写入 Listeners 中并换行

Trace 的方法大部分是静态方法,一般都是用于向侦听器输出的。所谓侦听器就是一个专用的文本输出通道(TextWrite 的派生类对象),可以是控制台窗口、文本文件等。侦听器可以有多个。对 TraceError、TraceInformation、TraceWarning 这三个方法的输出,可以通过 TraceSwitch 类型的对象进行筛选,屏蔽掉其中未达到指定级别的消息。TraceSwitch 类将在稍后予以介绍。

下面的示例是一个使用 Trace 类方法生成调试信息的控制台应用程序。

【例 13-1】 在 Visual Studio .NET 下新建一个控制台应用程序项目,然后输入以下源代码:

```
using System;
using System.Diagnostics;
public class TraceTest
{
    static void Main()
    {
        Trace.Listeners.Add(new ConsoleTraceListener());
          //创建一个向控制台输出的侦听器并加入到 Trace.Listeners
        Trace.WriteLine("Trace is on");
        Trace.TraceInformation("This is a Information.");
        Trace.TraceWarning("This is a Warning!");
        Trace.TraceError("This is a Error!");
        int k = -1;
        Trace.Assert(k >= 0,"k is >= 0");
          //插入一个断言
        TestClass t = new TestClass();
        t.DoSomething();
        Trace.WriteLine("Press ENTER to exit...");
        Trace.Close();
        Console.ReadLine();
    }
}

class TestClass
{
    public void DoSomething(){
        int n = 49;
        Trace.WriteLineIf(n<50,n+" is less than 50. (report from TestClass)");
          //条件满足时输出信息,注意跟踪语句可进入任意子模块中的任何位置
    }
}
```

该程序编译后可以在 IDE 之外运行,运行时除了会弹出如图 13-2 所示的"断言失败"对话框外,还向控制台输出了以下的跟踪信息内容:

```
Trace is on
ConsoleApplication2.vshost.exe Information: 0 : This is a Information
ConsoleApplication2.vshost.exe Warning: 0 : This is a Warning!
ConsoleApplication2.vshost.exe Error: 0 : This is a Error!
失败: k is >= 0
```

```
49 is less than 50. (report from another module)
Press ENTER to exit...
```

因为"断言"(Assert)是自认为恒真的表达式,因此发生"断言失败"对程序危害是非常严重的。因此这种情况下会弹出如图13-2所示的对话框,再由调试人员选择"终止"、"重试"或"忽略"。除了Assert方法以外,调用Fail方法时也会弹出"断言失败"对话框。

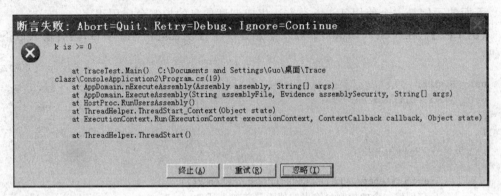

图13-2 使用Trace类进行跟踪时出现"断言失败"对话框

13.1.3 使用TraceSwitch类控制信息输出

在调试阶段对程序进行跟踪时,需要经常调整输出到侦听器的消息的数量和类型。特别是对于通过Trace类的TraceInformation、TraceWarning或WriteLine方法输出的消息,一般来说都不是对程序有重大影响的致命消息,往往是可以忽略的。尤其是在使用Release版本时,会更多地忽略次要因素对系统的干扰。因此,.NET中定义了TraceSwitch类用于控制程序中输出的跟踪信息。TraceSwitch可以在应用系统的配置文件中定义和修改,因此,不必修改或重新编译源代码,就能改变对跟踪信息输出级别的限制。

表13-2给出了TraceSwitch类中常用的属性和方法。

表13-2　TraceSwitch类中的常用属性和方法

	名称	描述
属性	DisplayName	用于标识该开关的名称,应与配置文件中使用的名称一致
	Level	该属性表示开关所允许的消息的级别
	TraceError	用于指示开关是否允许错误处理消息
	TraceInfo	用于指示开关是否允许信息性消息
	TraceVerbose	用于指示开关是否允许所有消息
	TraceWarning	用于指示开关是否允许警告消息
方法	TraceSwitch	构造函数,初始化TraceSwitch类的新实例,其第一个参数为该实例的DisplayName

下面给出使用TraceSwitch类控制跟踪信息输出的一个示例。

【例13-2】 在Visual Studio .NET下新建一个控制台应用程序项目,然后输入以下源代码:

```
using System;
```

```csharp
using System.Diagnostics;

public class TraceTest
{
    static TraceSwitch ts = new TraceSwitch("TraceLevelSwitch","");
    static void Main(){
      TextWriterTraceListener ttl = new TextWriterTraceListener("E:\\Trace.txt");
        //创建一个基于文本文件的侦听器并添加到 Trace.Listeners
      Trace.Listeners.Add(ttl);
      Trace.WriteLineIf(ts.TraceInfo,"Trace is on");
       if(ts.TraceInfo)
          Trace.TraceInformation("This is a Information.");
       if (ts.TraceWarning)
          Trace.TraceWarning("This is a Warning!");
       if(ts.TraceError)
          Trace.TraceError("This is a Error!");
      Trace.WriteLineIf(ts.TraceInfo,"Trace is off");
      Trace.Close();              //关闭跟踪
      ttl.Close();                //关闭侦听器
      Console.ReadLine();
     }
}
```

为了使程序正常运行,还需要在系统的配置文件中输入以下内容:

```xml
<?xml version = "1.0" encoding = "utf-8" ?>
<configuration>
  <system.diagnostics>
    <switches>
        <add name = "TraceLevelSwitch" value = "1" />
    </switches>
  </system.diagnostics>
</configuration>
```

然后,就可以编译运行本例中的程序。该程序运行时产生的跟踪消息被输出到一个磁盘文件 E:\\Trace.txt,打开该文件就能看到程序中产生的跟踪消息。如果修改配置文件中的 XML 元素＜add name＝"TraceLevelSwitch" value＝"1" /＞,将其中的 value 改为 0、2、3 等值后,再运行本例程序,就会发现级别低于该值的跟踪消息被禁止输出。特别是,若设置该 value 属性为 0 时,没有任何跟踪消息被输出。

说明:

(1) 系统配置文件是一个 XML 文件,可以在 IDE 的"解决方案资源管理器"下,执行"添加"→"新建项"命令,然后选择"应用程序配置文件"模板,单击"添加"按钮即可完成创建。关于配置文件的更多相关知识,可参见 13.2 节中有关介绍。

(2) 使用 new TraceSwitch("TraceLevelSwitch","") 创建跟踪开关时,构造函数中的第一个参数为开关的名称(即 DisplayName)。该名称必须与配置文件中位于 switches 元素内部的一项中 name 属性相一致。这个名字叫 TraceLevelSwitch 不是必需的。

(3) 为了使跟踪信息的输出重定向到文件,创建了一个 TextWriterTraceListener 类型的侦听器。与上例中使用的 ConsoleTraceListener 类一样，TextWriterTraceListener 也是 TraceListener 的派生类。TraceListener 的派生类还有 DefaultTraceListener、EventLogTraceListener、TextWriterTraceListener、WebPageTraceListener 等。此外，.NET 下也可以自定义 TraceListener 的派生类作为侦听器。

还有一点要注意的是，Trace.Listeners 属性是集合类型，可以在其中添加多个侦听器用于输出消息。

（4）除了使用 TraceSwitch 和配置文件可控制跟踪时的输出，也可以在源程序开头的位置加入 #undef TRACE 语句使编译后程序中禁止跟踪。这是因为 Visual Studio .NET 中已定义了名为"TRACE"的预处理指令，使得编译器默认将其生成的 Debug 和 Release 版本都编译为可执行跟踪。而 #undef TRACE 语句表示取消对 TRACE 的定义。使用 #undef TRACE 语句后，不需要对源代码进行任何清除，再次编译后就能得到不包含跟踪信息的发布版应用程序。这一特性在实际应用中很有价值，因为在供发布的程序中最好不要包含跟踪信息。

13.1.4 使用 Debug 类输出调试信息

除了可在调试时使用 Trace 类外，.NET 下还提供了一个 Debug 类，也可以用于调试。Debug 类和 Trace 类用法上非常接近，甚至一些属性和方法名称也都是相同的。但其独特性在于，Debug 只对程序的 Debug 版本起作用，在 Release 版本下一般不起作用。因此，对于只想在调试版本中输出的调试信息，可以调用 Debug 类的方法。

下面给出一个使用 Debug 类方法对应用程序调试的示例。

【例 13-3】 在 Visual Studio .NET 下新建一个控制台应用程序项目，然后输入以下源代码：

```
using System;
using System.Diagnostics;

public class DebugTest
{
    static void Main(string[] args){
        Debug.Listeners.Add(new ConsoleTraceListener());
        Debug.AutoFlush = true;
        Debug.WriteLine("Debug On");
        Debug.Assert(true,"Assertion that should not appear");
        Debug.Assert(false,"Assertion that should appear in a Debug file");
        Debug.WriteLine("123");
        Debug.WriteLineIf(true,"456");
        Debug.WriteLineIf(false,"789");
        Debug.Close();
        Console.ReadLine();
    }
}
```

如果在 Debug 编译选项下调试本例程序，会弹出如图 13-3 所示的"断言失败"对话框，并向控制台输出以下调试信息：

```
Debug On
失败：Assertion that should appear in a Debug file
123
456
```

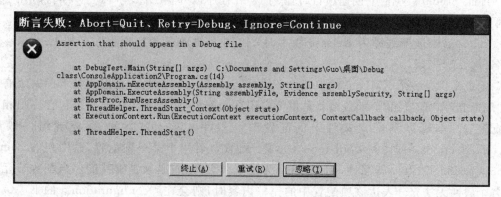

图 13-3 使用 Debug 类进行调试时出现的"断言失败"对话框

如果在 Release 编译选项下调试本例程序，则没有出现对话框和产生任何输出。

13.2 .NET 应用程序系统的配置

.NET 程序和其他类型的程序一样，需要在部署时进行各种配置。.NET 框架对于托管程序应用系统的配置，提供了一套标准的解决方案。

13.2.1 .NET 托管程序的配置和配置文件

应用程序在进行部署时，往往需要做一些配置。配置的内容主要与机器的软硬件环境、安装位置、用户或用户组的使用权限以及应用中的某些偏好等特点有关。复杂的、设计良好的应用程序往往具有众多用户，利用配置文件，可以在不同的运行环境下为不同用户提供尽可能完善的服务。

在之前的各种应用程序运行平台中，关于应用程序的配置方式一般都没有做过统一的规定。.NET 框架由于特定的设计目标，对应用程序的配置提供了一个基本方案以及若干配套工具和代码支持。在此方案下，配置主要保存在一系列以 .config 为扩展名的配置文件内。配置文件是 XML 的，除了某些部分可以由客户定制外，它的格式和用法都是由 .NET 框架预先定义好的。

.NET 框架下最高级别的配置文件是 machine.config，它位于 .NET 系统安装的位置（如 C:\WINDOWS\Microsoft.NET\Framework\v2.0.50727\CONFIG），其中主要包含与本机有关的各项系统配置。它是系统在安装时根据探测到的环境信息自动配置的，用户也可以对其进行修改。在同一文件夹下，还有 machine.config.default、machine.config.comments，这两个文件可用于对 machine.config 恢复默认设置以及提供生成注释版的配置文件。此外，还有 web.config 和 web.config.default 两个文件，它们是本机上各个 Web 应用程序系统共同的最高级配置文件。

任何托管的应用程序系统，都可以使用 machine.config 中的配置。如果是 Web 程序，也可使用上述的本机中最高级的 Web.config。此外，应用程序项目中还可以添加其他的配置文件，它们通常位于应用程序所在的文件夹或它的子目录中。对同一个配置项，如果其在本机配置文件中与应用程序项目自带的配置文件中具有不同值时，应按后者的配置值为准。在 Visual Studio.NET 下创建项目时，除了 web 程序以外，在开发阶段会在项目所在子目录下创建一个 App.config。当进行编译时，该 App.config 被复制到该目录的 bin\Debug 或 bin\Release（当选择编译为 Release 版本时）中，并且被改名为应用程序名加上.config 扩展名。

配置文件是一个 XML，它的根元素必须是＜configuration＞。在根元素下面一级有许多"配置节"和"配置组"。配置节就是供特定用途的配置项，配置组中通常可包含一组相关的配置节。本机级别配置文件中的配置节一般用＜section＞元素，配置组一般用＜configSections＞或＜sectionGroup＞元素。配置节可用于某一项配置，其中包含 name、type、Version、Culture 等属性，其中 name 为配置节名称，它必须是唯一的。当配置节元素的各个属性无法充分表达该项配置中的完整内容时，则会在＜configuration＞的下一级单独创建一个元素名与该配置节的 name 属性相同的子元素，用于保存该配置节中的相关内容。

13.2.2 .NET 配置的基本架构

.NET 配置的基本架构由配置文件中一组系统定义的配置节（配置组）、类库中一组用于配置的类以及由系统提供的配置工具等构成。主要的配置工具有 Mscorcfg.msc，它是一个 Windows 应用程序。不但可用于对本地机器配置，还可以进行远程配置。从.NET Framework 2.0 开始，Mscorcfg 是随.NET Framework SDK 一起安装的。以笔者的机器为例，可以在 C:\Program Files\Microsoft Visual Studio 8\SDK\v2.0\Bin 文件夹下找到该程序。在 Windows 下（各种版本下可能不完全相同，笔者使用 XP），可以执行"开始"→"控制面板"→"管理工具"→"Microsoft .NET Framework 2.0 配置（快捷方式）"打开该程序，如图 13-4 所示。

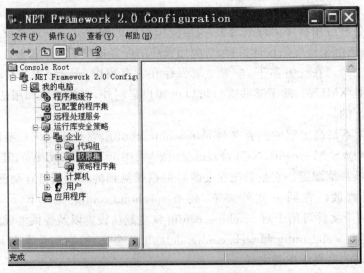

图 13-4 使用 Mscorcfg.msc 配置工具

系统管理员经常使用的重要设置有启动设置、运行库设置、远程处理设置、网络设置、密码设置、跟踪和调试设置、ASP.NET 设置、XML Web Services 设置等。这些设置都能使用 Mscorcfg 完成。本书不介绍该工具的具体用法，读者需要时可查找有关资料。实际使用中的主要困难来自对各种不同配置项的实际功用缺乏足够的了解。

除了使用工具进行设置外，.NET 框架的类库中有一个 Configuration 命名空间，提供了一组支持以编程方式解决配置问题的相关类。从.NET 2.0 起，微软建议对于与.NET 程序配置有关的问题，都要用这些类以及它们的派生类进行处理。下面对其中最重要的几个类作一些介绍，从 13.2.3 节起，将给出一些应用这些类的示例。

首先介绍的是 Configuration 类，它的实例对象用于表示适用于特定计算机、应用程序或资源的配置文件。表 13-3 列出了 Configuration 类中常用的属性和方法。

表 13-3 Configuration 类中的常用属性和方法

	名 称	描 述
属性	AppSettings	可用于获取此配置定义中 AppSettings 配置节的内容
	ConnectionStrings	可用于获取此配置定义中 connectionStrings 配置节的内容
	FilePath	表示 Configuration 对象表示的配置文件的物理路径
	SectionGroups	可用于获取此配置定义中所有配置组的集合
	Sections	可用于获取此配置定义中所有配置节的集合
方法	GetSection	返回指定的 ConfigurationSection 对象
	GetSectionGroup	返回指定的 ConfigurationSectionGroup 对象
	Save	将此 Configuration 对象中的配置写入相关配置文件
	SaveAs	将此 Configuration 对象中的配置另存到指定的配置文件

ConfigurationManager 类提供了一系列静态的成员用于处理当前应用程序的配置文件。表 13-4 中列举了该类中常用的属性和方法。

表 13-4 ConfigurationManager 类中的常用属性和方法

	名 称	描 述
属性	AppSettings	可用于管理应用程序配置中的 AppSettings 配置节
	ConnectionStrings	可用于管理应用程序配置中的 ConnectionStrings 配置节
方法	GetSection	可返回应用程序配置中指定的配置节
	OpenExeConfiguration	打开指定的应用级配置文件，返回值为 Configuration 对象
	OpenMachineConfiguration	打开指定的机器级配置文件，返回值为 Configuration 对象
	RefreshSection	刷新命名节，使其在下次检索时从磁盘重新读取

由于 ConfigurationManager 类是从.NET 框架 2.0 起新增的，在 Visual Studio.NET 下创建的项目中，通常还要在"解决方案资源管理器"下对 System.Configuration 组件执行"添加引用"，请在如图 13-5 所示的对话框中选择该项进行添加。

ConfigurationSection 类的对象表示配置文件中的一个配置节。表 13-5 列举了该类中常用的属性和方法。

图 13-5　添加 System.Configuration

表 13-5　ConfigurationSection 类中的常用属性和方法

	名　称	描　述
属性	LockAttributes	可用于获取此配置节中被锁定属性的集合
	LockElements	可用于获取此配置节中被锁定的元素的集合
	LockItem	该属性指示此配置节是否已被锁定
	SectionInformation	该属性中包含 ConfigurationSection 对象中一组不可自定义的信息
方法	ConfigurationSection	ConfigurationSection 类的构造方法
	IsReadOnly	该方法返回值表示此对象是否为只读

　　ConfigurationSection 主要作为基类使用。它有一系列受保护的方法，可以在其派生类中使用，具体可参考一下例 13-6。.NET 框架的类库中提供了一批 ConfigurationSection 派生类，其中有 AppSettingsSection、ConnectionStringsSection、ClientSettingsSection、SmtpSection、AuthenticationSection、ClientTargetSection、CompilationSection 等。这些类分别位于 System.Configuration、System.Net.Configuration、System.Web.Configuration 等命名空间下。这些类一般都是各司其职的，即每一类的对象都只用于处理某种特定类型的配置，与其相应的配置节格式也都是已经定义好的。编写应用程序时应首选使用.NET 类库提供的 ConfigurationSection 派生类。

　　除了上述几个类以外，.NET 在 System.Web.Configuration 命名空间下提供的用于程序配置的类还有 ConfigurationElement、ConfigurationElementCollection、ConfigurationPropertyCollection、NameValueConfigurationCollection、ConfigurationSectionCollection、ConfigurationSectionGroup、ConfigurationPermission、ConfigurationProperty、ConfigurationSettings 等类型。限于篇幅，本书中不予一一介绍，读者可在需要时查阅相关资料。

13.2.3　appSettings 和 ConnectionStrings 配置节

　　在.NET 框架的配置架构下，appSettings 配置节主要是预留给应用程序使用的；ConnectionStrings 则用于保存程序中使用的数据库连接串，这些连接串主要也是由应用程序提供的。因此，这两个配置节是配置文件中最有可能需要由应用程序直接处理的配置节了。

保存在 appSettings 节中的配置数据是一组"键"、"值"对元素的集合,因此可以用 NameValueConfigurationCollection 类的对象来表示。使用 ConfigurationManager 类的 appSettings 属性,就可以很方便地访问该节中各项配置的内容。

以下示例可用于显示当前应用程序配置文件中 appSettings 配置节的内容。

【例 13-4】 在 Visual Studio.NET 下新建一个控制台应用程序项目,并输入以下代码:

```
using System;
using System.Configuration;
using System.Collections;
using System.Collections.Specialized;

class Program
{
    static void Main(string[] args){
        NameValueCollection appSettings = ConfigurationManager.AppSettings;
         //AppSettings 属性的类型为 NameValueCollection,即键、值对的集合
        foreach(string key in appSettings.Keys)
           Console.WriteLine("Name:{0} Value:{1}",key,appSettings[key]);
        Console.ReadLine();
    }
}
```

然后在 Visual Studio.NET 下创建配置文件,在"解决方案资源管理器"下执行"添加"→"新建项"命令,选择"应用程序配置文件"模板后单击"添加"按钮完成添加。此时在项目下新增了一个配置文件 app.config,在此文件中请输入以下内容:

```
<?xml version = "1.0" encoding = "utf-8"?>
<configuration>
  <appSettings>
    <add key = "SSPU" value = "2" />
    <add key = "TmpPath" value = "C:\Temp" />
  </appSettings>
  <connectionStrings>
    <add name = "ConnStr1" connectionString = "LocalSqlServer: data source = 127.0.0.1;
      Initial Catalog = aspnetdb" providerName = "System.Data.SqlClient" />
  </connectionStrings>
</configuration>
```

该程序运行时,向控制台输出保存在 appSettings 配置节内的两项内容,如图 13-6 所示。如果编译时出错,请注意检查是否已经添加对 System.Configuration 的引用(图 13-5)。

可以用类似上例中的方式访问 connectionStrings 配置节。例如:

```
ConnectionStringSettingsCollection connectionStrings
     = ConfigurationManager.ConnectionStrings;
    //ConnectionStrings 属性的类型为 ConnectionStringSettingsCollection
for(int i = 0; i < connectionStrings.Count; i++){
    Console.WriteLine("Name: {0} ",connectionStrings[i].Name);
```

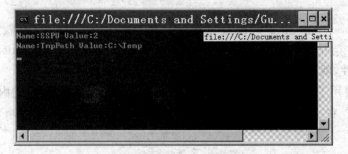

图 13-6 访问 appSettings 配置节的内容

```
        Console.WriteLine("Provider: {0} ",connectionStrings[i].ProviderName);
        Console.WriteLine("connectionStrings:{0} ",
            connectionStrings[i].ConnectionString);
}
```

如果要增加或修改 appSettings 或 connectionStrings 配置节中的配置项,则可使用 Configuration 类的方法。以下是一个示例程序。

【例 13-5】 在 Visual Studio . NET 下新建一个控制台应用程序项目,并输入以下代码:

```
using System;
using System.Configuration;
using System.Collections;
using System.IO;
static void Main()
{
    Configuration config =
        ConfigurationManager.OpenExeConfiguration(ConfigurationUserLevel.None);
        //打开配置文件,返回 Configuration 类的对象 config
    config.AppSettings.Settings.Add("newKey","newValue");
        //可对 config 执行 Add、Remove 等方法进行编辑
    string path1 = config.FilePath;
    string path2 = Directory.GetCurrentDirectory() + "\\..\\..\\App.config";
    config.SaveAs(path2,ConfigurationSaveMode.Full);
        //将 config 对象另存为 App.config
    File.Delete(path1);
    File.Copy(path2,path1,true);
        //再将 App.config 复制到原配置文件(如 ConsoleApplication1.exe.Config)
    Console.ReadLine();
}
```

对例 13-4 中的配置文件执行本例程序后,会在 appSettings 节下新增一个 XML 元素:

`< add key = "newKey" value = "newValue" />`

注意,本例中从执行 config.SaveAs 开始的三行代码,所起的作用就是将当前 config 中已经修改过的内容保存到配置文件。由于当时配置文件处于打开状态下,不允许直接执行 config.Save 方法进行保存,所以被迫绕了一个圈。用这个方法进行保存是笔者自己找到

的,但估计还会有更合理或简捷的方法,读者可设法再找找看。

13.2.4 自定义配置节

如果应用程序自定义的配置项目不多,结构也比较简单时,那么利用现有的 appSettings 配置节就足够了。但对于某些特殊的配置项,可能需要自定义配置节的数据格式以及处理方式。.NET 框架的配置架构是可扩展的,对每个配置节都需要指定与其对应的配置类,配置类一般应该从 ConfigurationSection 类进行派生。所以使用自定义配置节的问题归结为如何为特定用途建立 ConfigurationSection 的派生类。

对于初学者来说,这项工作是有一定难度的。主要难点在于需要花费较多时间才能充分理解.NET 的 System.Configuration 命名空间中现有的一组相关类之间的联系,才能在设计时做到游刃有余,最终使自定义的配置类与.NET 类库中现有配置类之间做到无缝衔接。下面提供的一个示例,是笔者对 MSDN 及其他来源的若干相关资料进行分析、综合和提炼后编制的,可以用较少篇幅,把这个问题的解决方案较清晰地展现给读者。

【例 13-6】 在 Visual Studio .NET 下新建一个控制台应用程序项目,并输入以下代码:

```
using System;
using System.Configuration;
using System.Collections;
using System.IO;

namespace ConfigTest
{
    public class UrlConfigElement : ConfigurationElement
    //自定义配置元素类,用于存放特定格式的数据,从 ConfigurationElement 派生
    {
        public UrlConfigElement()              //构造函数
        {
        }

        public UrlConfigElement(String newName, String newUrl, int newPort)
            //另一种构造函数,使用了三个参数
        {
            Name = newName; Url = newUrl; Port = newPort;
        }

        [ConfigurationProperty("name", DefaultValue = "Microsoft",
            IsRequired = true, IsKey = true)]
        public string Name                     //定义属性 Name
        {
            get{
                return (string)this["name"];
            }
            set{
                this["name"] = value;
            }
```

```csharp
        }

        [ConfigurationProperty("url",DefaultValue = "http://www.microsoft.com",
            IsRequired = true)][RegexStringValidator(@"\w+:\/\/[\w.]+\S*")]
        public string Url                   //定义属性 Url
        {
            get{
                return (string)this["url"];
            }
            set{
                this["url"] = value;
            }
        }

        [ConfigurationProperty("port",DefaultValue = (int)80,IsRequired = false)]
        [IntegerValidator(MinValue = 0,MaxValue = 8080,ExcludeRange = false)]
        public int Port                   //定义属性 Port
        {
            get{
                return (int)this["port"];
            }
            set{
                this["port"] = value;
            }
        }
    }

    public class UrlsCollection : ConfigurationElementCollection
        //自定义类型,是上述 UrlConfigElement 元素的集合
        //由 ConfigurationElementCollection 类派生
    {
        protected override ConfigurationElement CreateNewElement()
        {
            return new UrlConfigElement();  //创建并返回一个 UrlConfigElement
        }

        protected override Object GetElementKey(ConfigurationElement element)
        {
            return ((UrlConfigElement)element).Name;            //返回该元素的键值
        }

        public void Add(UrlConfigElement url)                   //在集合中添加元素
        {
            BaseAdd(url,false);
        }

        public void Remove(string name)       //在集合中移除元素
        {
            BaseRemove(name);
        }
```

```csharp
        public void Clear()                       //清空集合
        {
            BaseClear();
        }
    }

    public class UrlsSection : ConfigurationSection
    //自定义配置节类,用于处理含有上述 UrlsCollection 对象的节
    {
        [ConfigurationProperty("name", DefaultValue = "URLs",
            IsRequired = true, IsKey = false)]
        [StringValidator(InvalidCharacters = " ~!@#$%^&*()[]{}/;'\"|\\",
            MinLength = 1, MaxLength = 60)]
        public string Name                        //这个 Name 代表配置节(section)的名称
        {
            get{
                return (string)this["name"];
            }
            set{
                this["name"] = value;
            }
        }


        [ConfigurationProperty("urls", IsDefaultCollection = false)]
            //此配置节包含的属性 Urls 是 UrlsCollection 类的对象,
            //与此对应在配置文件中的 XML 元素是 urls
        public UrlsCollection Urls
        {
            get {
                UrlsCollection urlsCollection = (UrlsCollection) base["urls"];
                    //通过基类中定义的 XML 反序列化方法获取对象
                return urlsCollection;
            }
        }
    }

    class ConfigTest                              //该类仅用于调试上面定义的类
    {
        static Configuration config;
        static UrlsSection us;

        static private void saveSection()         //将 config 对象中的配置保存到配置文件
        {
            string path1 = config.FilePath;
            string path2 = Directory.GetCurrentDirectory() + "\\..\\..\\App.config";
            config.SaveAs(path2, ConfigurationSaveMode.Full);
            File.Delete(path1);
            File.Copy(path2, path1, true);
        }

        static private void showSection()         //显示当前配置中每一项 UrlConfigElement
```

```csharp
        {
            us = (UrlsSection)config.GetSection("Urls");
            foreach (UrlConfigElement ue in us.Urls)
                Console.WriteLine("Name: {0} Url: {1} Port: {2}",
                    ue.Name, ue.Url, ue.Port);
        }

        static private void createSection()
//在 config 中新建一个自定义 UrlsSection 类的配置节,并添加两个配置项
        {
            UrlsSection us = new UrlsSection();
            config.Sections.Add("Urls", us);                        //添加配置节到 Sections 中
            us.Urls.Add(new UrlConfigElement());                    //添加配置项
            us.Urls.Add(new UrlConfigElement("SSPU",
                "http://www.sspu.com.cn", 1024));                   //添加配置项
        }

        static private void removeElement(string key)    //移除具有指定关键字的配置项
        {
            UrlsSection us = (UrlsSection)config.GetSection("Urls");
            us.Urls.Remove(key);
        }

        static private void removeSection()              //移除自定义的"Urls"配置节
        {
            config.Sections.Remove("Urls");
        }

        static void Main()
        {
            config = ConfigurationManager.OpenExeConfiguration
                (ConfigurationUserLevel.None);           //打开配置文件返回 config 对象
            createSection();                             //新建自定义配置节并插入到 config
            //showSection();
            //removeElement("SSPU");
            //UrlsSection us = (UrlsSection)config.GetSection("Urls");
            //us.Urls.Clear();
            //removeSection();
            saveSection();                               //将 config 中配置保存到配置文件
            Console.ReadLine();
        }
    }
}
```

假定开始时配置文件 App.config 中的内容如例 13-4 中那样,则本例程序运行后,配置文件中内容如下所示:

```xml
<?xml version = "1.0" encoding = "utf-8"?>
<configuration>
  <configSections>
    <section name = "Urls" type = "ConfigTest.UrlsSection,ConsoleApplication1,
```

```xml
          Version = 1.0.0.0, Culture = neutral, PublicKeyToken = null"
          allowLocation = "true" allowDefinition = "Everywhere"
          allowExeDefinition = "MachineToApplication" restartOnExternalChanges = "true"
          requirePermission = "true" />
    </configSections>
    <Urls name = "URLs">
        <urls>
            <clear />
            <add name = "Microsoft" url = "http://www.microsoft.com" port = "80" />
            <add name = "SSPU" url = "http://www.sspu.com.cn" port = "1024" />
        </urls>
    </Urls>
    <appSettings file = "">
        <clear />
        <add key = "SSPU" value = "2" />
        <add key = "TmpPath" value = "C:\Temp" />
    </appSettings>
    <connectionStrings>
        <add name = "ConnStr1" connectionString = "LocalSqlServer: data source = 127.0.0.1;
            &#xD;&#xA;Integrated Security = SSPI;Initial Catalog = aspnetdb"
            providerName = "System.Data.SqlClient" />
    </connectionStrings>
</configuration>
```

其中粗体字显示的部分为执行本例程序后插入的自定义配置节内容。

说明：

(1) 本例中多处出现几个特殊的属性(Attribute)，如[ConfigurationProperty]、[StringValidator]、[IntegerValidator]等。它们都是在System.Configuration中定义的，在定义配置类对象时广泛使用。[ConfigurationProperty]用于说明一个配置项中的属性，它与XML中元素的某项属性有对应关系。例如，[ConfigurationProperty("name", DefaultValue="Microsoft", IsRequired=true, IsKey=true)]表示被其修饰的public string Name属性(property)与XML配置元素中的name属性对应，该属性是必需的，默认值为"Microsoft"，并被作为关键字使用。其余几个后缀为Validator的属性(Attribute)，都是用于指定数据验证方式的。

(2) 对于新增的配置节，首先会在＜configSections＞之内插入一个＜section＞元素，例如，本例中插入的＜section＞元素具有 name="Urls" type="ConfigTest.UrlsSection, ConsoleApplication1…"等属性。其中"Urls"是配置节名称，"ConfigTest.UrlsSection"即为自定义配置节类，用于处理该节中所有的配置项。这些说明都是必需的。但＜section＞元素所起的作用只是声明了一个配置节，该节中实际的配置内容位于其后的＜Urls＞元素内。

(3) 本例中Main方法内有些语句被加上了注释，读者可在需要验证这些语句的功能时取消掉其中一部分语句前的注释。例如，当本程序成功执行一遍后，可以将showSection();之前的注释取消，而对createSection();和saveSection();语句加上注释。当再次执行时，就可以显示新增的配置节中的内容。

第 14 章　资源文件、文本编码和区域性

本章主要介绍了.NET框架的资源文件、文本编码以及区域性三个主题，三者之间有一定的联系。

14.1　在.NET应用程序中使用资源文件

14.1.1　资源和资源文件

在.NET的应用程序中，有一类资源可以保存到资源文件中供程序在需要时使用。这些资源可以是字符串、数值、文本文件、图标、图像等，它们实质上就是程序中使用的数据。资源也可以看作是变量或对象，它们的值被保存在资源文件中，可以在需要时通过资源的名称进行引用。在一个资源文件中可以保存许多项资源，每一项应使用唯一的名称(或称键，即Key)。注意，为了将持久对象写入资源文件，这些对象必须是可序列化的。

使用资源文件的主要好处如下。

(1) 可减少系统包含的文件数以及占用的硬盘空间，使安装、部署和维护都更加容易。

(2) 资源文件中的资源与应用程序相对独立。当系统维护只涉及某些资源时，往往可以避免对应用程序进行重新编译和部署(只要更新部分资源文件即可)。

(3) 二进制格式的资源文件中的内容具有一定的隐蔽性，对保护知识产权可以起一些作用。但不建议将密码等安全信息写入资源文件。

(4) 对于需要在全球范围发布的软件，可以将程序中与区域性相关的那部分内容放入资源文件中。此时，只要对这些资源文件中的文字等与区域性高度相关的内容进行翻译或替换，就能获得适合特定区域使用的版本(甚至不必重新编译应用程序)。

.NET支持两种资源文件的格式，一种是二进制格式，默认使用的扩展名是.resources；另一种是XML格式，默认的扩展名是.resx。二者可以通过软件工具进行转换。和二进制格式相比，XML格式的资源文件比较大。但它具有便于阅读和编辑等优点。缺点则是完全不具有保密性以及效率略低。

.NET的System.Resources命名空间提供了一组与处理资源文件相关的类型，可以用于以代码方式创建资源文件以及对资源的添加、引用等操作。此外，.NET平台下有一个工具软件Resgen.exe，被称为资源文件生成器。以笔者机器为例，该程序位于C:\Program Files\Microsoft Visual Studio 8\SDK\v2.0\Bin 文件夹下。

资源文件生成器可将包含字符串和文本的.txt文件以及XML格式的资源文件转换为二进制格式的(.resources)资源文件。这种转换是双向的，即也可以将二进制资源文件转

换为 XML 格式的资源文件或者为文本文件。如果源文件内包含重复的资源名，Resgen.exe 将发出警告，并忽略重复的名称。

资源文件生成器可在命令行方式下执行，例如执行以下命令后可将 XML 格式的 items.resx 转换为 items.resources：

```
Resgen items.resx items.resources
```

如果由于某种原因引起执行失败时会产生返回值-1。

.resources 资源文件还可以嵌入到.NET 托管程序的程序集中，称为"EmbeddedResource"。例如，Windows 窗体程序的项目中常见有 Form1.resx 等资源文件，就是由 Visual Studio.NET 创建的。其中的资源编译时被嵌入到 PE 程序内部，但资源嵌入到程序集时已经转换为二进制格式了。在程序中也可以使用 System.Reflection.Emit.AssemblyBuilder 类的 CreateEmbeddedResource 方法将资源嵌入到程序集。

14.1.2 使用二进制格式的资源文件

二进制资源文件一般使用.resources 扩展名（但该扩展名不是必需的）。这种格式的资源文件可嵌入到被托管的可执行文件中（或被编译为附属程序集）。或者使用资源文件生成器（Resgen.exe）来创建.resources 文件，也可以使用 System.Resources 命名空间中的 ResourceWriter 类创建二进制格式的资源文件。

表 14-1 介绍了 ResourceWriter 类的常用方法。

表 14-1 ResourceWriter 类的常用方法

名　称	描　述
ResourceWriter	构造方法，初始化 ResourceWriter 类的新实例
AddResource	向资源文件中添加资源
AddResourceData	向资源文件中添加资源，该资源已表示为二进制数组
Close	将资源保存到输出流，然后关闭输出流
Generate	将资源保存到输出流

下面是一个使用 ResourceWriter 类的方法创建资源文件的示例。

【例 14-1】 本例为控制台应用程序，以下为程序中源代码：

```
using System;
using System.Resources;
public class SampleClass
{
    public static void Main( ){
        ResourceWriter rw = new ResourceWriter("resources1.resources");
            //创建一个 ResourceWriter 对象，以下三行添加了三项字符串资源
        rw.AddResource("color1","red");
        rw.AddResource("color2","green");
        rw.AddResource("color3","blue");
        int m,n;
        n = 369; m = 128;
            //以下两行添加了两项整型数值的资源
```

```
            rw.AddResource("number1",n);
            rw.AddResource("number2",m);
            rw.Close();                              //关闭输出流
        }
    }
```

本例程序执行后,在可执行程序所在的文件夹内就会产生一个 resources1.resources 文件。为了读取该文件中的资源,可以使用 System.Resources 命名空间中的 ResourceReader 类。表 14-2 介绍了该类的常用方法。

表 14-2 ResourceReader 类的常用方法

名称	描述
ResourceReader	构造方法,初始化 ResourceReader 类的新实例
Close	关闭 ResourceReader,释放与此相关联的所有操作系统资源
GetEnumerator	返回一个枚举数对象,其中包含资源文件中的所有资源
GetResourceData	从资源文件中检索指定的资源

使用时,首先创建一个 ResourceReader 的实例,然后执行该实例的 GetEnumerator 方法返回一个可枚举接口,再用该接口逐个访问一组元素。这些元素都是键-值对类型的,其中的键就是资源项的名称,值就是包含此项资源内容的对象。下面是一个示例。

【例 14-2】 本例访问在例 14-1 中创建的资源文件,通过控制台输出其中每一项资源的内容。程序的源代码如下:

```
using System;
using System.Resources;
using System.Collections;
public class SampleClass
{
    public static void Main()
    {
        ResourceReader rr = new ResourceReader("resources1.resources");
        IDictionaryEnumerator id = rr.GetEnumerator();
        while (id.MoveNext()){
            Console.WriteLine("[{0}] \t{1}",id.Key,id.Value);
        }
        rr.Close();
        Console.ReadLine();
    }
}
```

将例 14-1 中产生的资源文件复制到本例程序所在文件夹后执行此程序,图 14-1 为此程序运行时向控制台输出的内容。

ResourceWriter 的 AddResource 方法有三种不同的重载形式,它们的区别在于其第二个参数分别为 string、object 和 byte[]类型。例 14-1 中用到了其中的两种形式。程序中的整型变量 n、m 是作为 object 类型参数传递的(被装箱了)。事实上,这里的 object 参数可接受任何类型的对象,因此,.NET 的"资源"实际上可以是任何类型的对象。例如,下面的代码可向资源文件中添加一个图像:

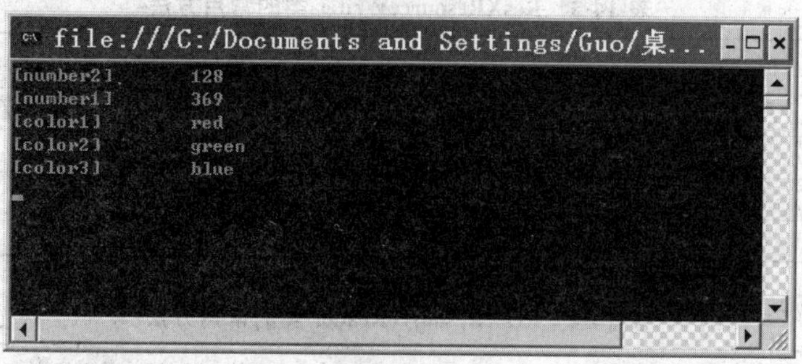

图 14-1 向控制台输出该资源文件中各项资源的内容

```
ResourceWriter rw = new ResourceWriter("resources1.resources");
Bitmap bmp = (Bitmap)Bitmap.FromFile("C:\\001.jpg");
rw.AddResource("Bmp1",bmp);
  //此处可继续添加各种不同类型的资源
rw.Close();
```

注意,这一段代码应在 Windows 应用程序中执行。为了访问此处添加的图像资源 Bmp1,可以用以下代码:

```
ResourceReader rr = new ResourceReader("myStrings.resources");
Bitmap bmp = null;
IDictionaryEnumerator id = rr.GetEnumerator();
  //利用枚举数检索到图像资源
while (id.MoveNext()){
    if(id.Key.ToString() == "Bmp1" &&
        id.Value.GetType().FullName == "System.Drawing.Bitmap")
          //对 id.Value.GetType().FullName 的比较不是必须的
    {
        bmp = (Bitmap)id.Value;
        break;
    }
}
if(bmp != null)
  pictureBox1.Image = bmp;
rr.Close( );
```

此外,也可以把整个文本文件的内容作为单个字符串添加到资源文件。一般来说,只要用 AddResource 方法就可以完成各种添加资源的操作。但如果资源的数据量很大,并且可以表示为 byte[ ]时,则用 AddResourceData 方法可能效率更高一点。当检索资源时,用 GetResourceData 比使用 GetEnumerator 进行枚举的作法效率更高一点。

14.1.3 使用 XML 格式的资源文件

在代码中使用 XML 格式的资源文件时,与使用二进制格式的资源文件没有太大差别。System.Resources 命名空间下的 ResXResourceWriter 类和 ResXResourceReader 类是针对 .resx 文件的,在用法上分别与 ResourceWriter 类和 ResourceRead 类十分相似。表 14-3 和表 14-4 分别介绍了这两个类的重要方法。

表 14-3 ResXResourceWriter 类的常用方法

名 称	描 述
ResXResourceWriter	构造方法,初始化 ResXResourceWriter 类的新实例
AddResource	向 XML 资源文件中添加资源
Close	将资源保存到输出流,然后关闭输出流
Generate	将资源保存到输出流

表 14-4 ResXResourceReader 类的常用方法

名 称	描 述
ResXResourceReader	构造方法,初始化 ResXResourceReader 类的新实例
Close	关闭 ResXResourceReader,释放与此相关联的所有操作系统资源
GetEnumerator	返回一个枚举数对象,其中包含资源文件中的所有资源

下面是一个示例,该例的代码几乎原封不动照搬了例 14-1。

【例 14-3】 本例为 Windows 应用程序,用于将资源写入到 .resx 资源文件。在设计器视图下给窗体 Form1 添加一个按钮 Button1。程序中需要输入以下源代码:

```
using System;
using System.Resources;
using System.Drawing;
using System.Windows.Forms;
…
private void button1_Click(object sender,EventArgs e)
{
    ResXResourceWriter resxw = new ResXResourceWriter("myXres.resx");
    //创建一个 ResXResourceWriter 对象,以下三行添加了三项字符串资源
    resxw.AddResource("Color1","red");
    resxw.AddResource("Color2","green");
    resxw.AddResource("Color3","blue");
    int m,n;
    n = 369; m = 129;                        //以下两行将整型变量添加为资源
    resxw.AddResource("Number1",n);
    resxw.AddResource("Number2",m);
    Icon ico = new Icon("C:\\btw.ico");      //创建 Icon 类(图标)对象
    resxw.AddResource("Btw",ico);            //将 Icon 对象添加为资源
    resxw.Close();                           //关闭新建的 XML 资源文件
}
```

本例运行时,单击 button1 按钮即可完成 myXres.resx 资源文件的创建。该文件位于编译产生的可执行文件同一目录下,是一个 XML 文档。可用"记事本"打开该文件,文件中内容如下所示:

```
<?xml version = "1.0" encoding = "utf-8"?>
<root>
    …
    <resheader name = "resmimetype">
        <value>text/microsoft-resx</value>
```

```xml
</resheader>
<resheader name = "version">
  <value>2.0</value>
</resheader>
<resheader name = "reader">
  <value>System.Resources.ResXResourceReader,System.Windows.Forms,
    Version = 2.0.0.0,Culture = neutral,PublicKeyToken = b77a5c561934e089</value>
</resheader>
<resheader name = "writer">
  <value>System.Resources.ResXResourceWriter,System.Windows.Forms,
    Version = 2.0.0.0,Culture = neutral,PublicKeyToken = b77a5c561934e089</value>
</resheader>
<data name = "Color1" xml:space = "preserve">
  <value>red</value>
</data>
<data name = "Color2" xml:space = "preserve">
  <value>green</value>
</data>
<data name = "Color3" xml:space = "preserve">
  <value>blue</value>
</data>
<assembly alias = "mscorlib" name = "mscorlib,Version = 2.0.0.0,
    Culture = neutral,PublicKeyToken = b77a5c561934e089" />
<data name = "Number1" type = "System.Int32,mscorlib">
  <value>369</value>
</data>
<data name = "Number2" type = "System.Int32,mscorlib">
  <value>128</value>
</data>
<assembly alias = "System.Drawing" name = "System.Drawing,
    Version = 2.0.0.0,Culture = neutral,PublicKeyToken = b03f5f7f11d50a3a" />
<data name = "Btw" type = "System.Drawing.Icon,System.Drawing"
    mimetype = "application/x-microsoft.net.object.bytearray.base64">
      <value>
AAABAAIAEBAAAAAAAABoBQAAJgAACAgAAAAAAAAqAgAAI4FAAAoAAAAEAAAACAAAAABAAgAAAAAAEAB
    ...
  </value>
</data>
</root>
```

其中省略号的位置已被删去了部分内容(注释、<xsd:schema>元素以及相当于资源中 Btw 图标中的部分 base64 数据)。从中可以大致了解 .resx 文件使用的格式。该文件约为 12 字节,比包含同样内容的二进制资源文件明显偏大(图标文件的原始大小 3.55 字节,为 32×32 像素)。

访问 .resx 文件中资源的代码和例 14-2 中类似。

【例 14-4】 本例为 Windows 应用程序,用于读取例 14-3 中生成的 .resx 资源文件。在设计器视图下给窗体 Form1 添加一个列表框 listBox1、一个按钮 button1 和一个图片框 pictureBox1。程序中需要输入以下源代码:

```
using System;
```

资源文件、文本编码和区域性

```
using System.Drawing;
using System.Windows.Forms;
using System.Resources;
using System.Collections;
…
private void button2_Click(object sender,EventArgs e)
{
    ResXResourceReader resxr = new ResXResourceReader("myXres.resx");
    IDictionaryEnumerator id = resxr.GetEnumerator();
    listBox1.Items.Clear();
    Icon ico = null;
    string s = "";
    listBox1.Items.Clear();
    while (id.MoveNext()){
        s = id.Key.ToString() ;
        if ((id.Value.GetType().FullName)!= "System.Drawing.Icon")
            s += " = " + id.Value.ToString();
        else
            ico = (Icon)id.Value;
            s += "," + id.Value.GetType().ToString();
        listBox1.Items.Add(s);
    }
    if (ico != null)
        this.pictureBox1.Image = (Image)ico.ToBitmap();
    resxr.Close();
}
```

本例程序运行时,单击按钮 button1,列表框中立即显示.resx 文件中各项资源,并在窗体右侧的图片框内显示图标 Btw,如图 14-2 所示。

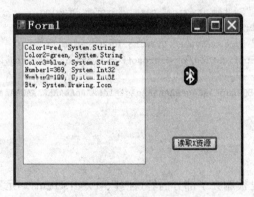

图 14-2　访问.resx 文件中的资源

14.2　字符集与编码问题

14.2.1　字符集

字符是可在计算机中处理的一类符号。不仅包含与各种语言相关的文字中使用的基本符号（如英文字母和汉语的字），也包含数字、标点、现代科学中各主要学科中经常使用的符号等。字符集则是指字符的集合。显然，不同语种及文化背景下使用计算机时所需的常用字符是不同的。因此，就有各种不同的字符集。例如，最初计算机主要在西方发达国家应用，应用范围也以科学计算为主。因此就产生了 ASCII 字符集（及其编码），其中只包含 128 个字符，它是最早成为国际标准的字符集以及编码方案。而随着计算机技术的发展和应用领域的不断扩大，一些大公司和国际标准组织相继推出各种可以包含更多字符的字符集标准。这些字符集可以用于表示世界上各种语言，但随之而来的兼容性问题也是十分令人头疼的。因此有识之士致力于提出一个能容纳所有现存字符，还能不断扩展的字符集的国际标准。在有关组织的不断努力下，这一目标基本已达到，它就是已被普遍接受的 Unicode。

Unicode 是一个很大的集合，目前的规模可以容纳一百多万个符号，每个符号的编码都不一样。比如，U+0639 表示阿拉伯字母 Ain，U+0041 表示英语的大写字母 A，U+4E00 表示汉字"一"等。从 Windows NT 开始，微软各种版本的 Windows 都支持使用 Unicode。因此，采用 Unicode 字符集的应用程序能在 Windows 平台上正确运行。.NET Framework 使用 Unicode 作为基础编码，能够使用来自现有各语种中的文字和符号。但是，当需要与其他软件进行交互操作、读一些旧版本的数据或者遵守某种通信规则（如 HTTP）时，仍需要仔细选择应用程序中使用的编码类型。

值得注意的是，Unicode 只是一个符号集，它只规定了符号的二进制代码，却没有规定这个二进制代码应该如何存储。由于该字符集规模极其庞大，如果对每个字符使用相同位数的二进制进行编码，则每个字符至少需要三个字节（字节数一般应取整）。但对大部分应用来说，只使用了 Unicode 的某个较小的子集。因此，可以采用非等长的编码方式，使一批常用字符只要一两个字节就能表示。经过多方面权衡和协调后最终形成标准的 Unicode 编码方案主要有 4 种，它们是：UTF-8、UTF-16、UTF-32 和 UTF-7。下面对这 4 种编码分别进行简单介绍。

UTF-8 对 ASCII 字符使用单字节的 ASCII 码（因此可与 ASCII 编码兼容），对其他 Unicode 字符一般使用 3 字节的编码（也有用 2 或 4 个字节的）。这是一种在 HTML 和 UNIX 平台中使用很普遍的编码。它的主要优点是在西文使用环境下是最自然的，并且可节省存储空间。

UTF-16 编码方案下，一个 Unicode 字符可以用 2 或 4 个字节表示。欧系语言的字符（包括 ASCII 码）和大部分的亚系语言是用 2 字节表示的，其余补充字符需要使用 4 字节来表示。UTF-16 是微软在 Windows 和 .NET 框架中使用的主要的 Unicode 编码方式。.NET 类库中 Encoding 类的 Unicode 属性就是 UTF-16 编码。

UTF-32 对每个 Unicode 字符都使用等长的 4 字节编码。从存储角度说，这是最不经济的一种方案，但相对也有处理方便的优点。

UTF-7 比较特别，它是适应某种特殊通信环境的产物。这种通信环境下，一个字节只有 7 位可有效使用（另一位可能用于校验）。所以，它被迫倾向于使用更长的编码。UTF-7 的编码为 1～4 字节，128 个 ASCII 字符中有一大半仍保留其原有的单字节的（其实是 7 位）ASCII 编码，其余 ASCII 字符和非 ASCII 字符则按规则转换为多个 7 位的字节。（但转换字符串时不是将每个字符转换后再简单连接。）该方案在特定环境下对欧系语言是有利的，对其余语系则很麻烦（而且耗费更多存储空间）。

资源文件、文本编码和区域性

除了以上几种基于 Unicode 的编码方案外,.NET 框架还支持 ASCII、Default、BigEndianUnicode 等编码方案。其中的 Default 是在国内普遍使用的编码方案(它与 ASCII 兼容并且把一个 GB2312 中的汉字编码为 2 字节);BigEndianUnicode 则与 UTF-16 基本一致(差别在于 2 字节编码中的字节顺序)。另外,用户也可以使用自定义的编码方案。

14.2.2 编码、解码及 Encoding 类

Unicode 是.NET 框架中使用的标准字符集,针对该字符集有多种标准的编码方案。.NET 优先使用的编码方案是 UTF-16(在.NET 中也被称为 Unicode)。因此,.NET 中的字符和字符串的内部格式都是基于 Unicode 的。

char 表示一个 Unicode 字符,可保存 2 字节的编码(U+0000～U+FFFF,大部分常用字符都在该范围内)。对于需要 4 字节表示的 Unicode 字符,则使用两个 char 来表示。String 对象(字符串)则可以看作是 Unicode 字符的数组。此外,.NET 中定义的各种控件的 Text 等属性也都是 String 类型的,所以一般情况下,应用程序不需要操心字符集与编码的问题。

但当程序在处理文件、通信或者数据库中的数据时,就有可能遇到各种不同编码的文本。此时,程序需要将使用其他编码的文本转换为 UTF-16 的文本或者将 UTF-16 的文本转换为其他编码。为了支持这一类的工作,.NET 框架在 System.Text 命名空间下提供了 Encoding 和 Encoder、Decoder 等一组相关类,使用这些类的方法就可以轻松解决上述问题。

表 14-5 介绍了 Encoding 类的重要属性和方法。

表 14-5　Encoding 类的常用属性与方法

	名　称	描　述
属性	ASCII	用于获取 ASCII 字符集的编码对象
	BigEndianUnicode	用于获取使用 Big_Endian 字节顺序的 UTF-16 格式的编码对象
	DecoderFallback	为当前 Encoding 对象设置一个 DecoderFallback 对象,该对象为不能解码的字符提供一种失败处理机制
	Default	用于获取系统的当前 ANSI 代码页的编码对象
	EncoderFallback	为当前 Encoding 对象设置一个 EncoderFallback 对象,该对象为不能编码的字符提供一种失败处理机制
	Unicode	用于获取 UTF-16 格式的编码对象
	UTF32	用于获取 UTF-32 格式的编码对象
	UTF7	用于获取 UTF-7 格式的编码对象
	UTF8	用于获取 UTF-8 格式的编码对象
方法	Convert	可将一种编码的字节数组转换为另一种
	GetByteCount	计算对一组字符进行编码所产生的字节数
	GetBytes	将一组字符编码成为一个字节序列(数组)
	GetCharCount	计算对一个字节序列进行解码所产生的字符数
	GetChars	将一个字节序列(数组)解码为一组字符
	GetString	将一个字节序列(数组)解码为一个字符串
	GetDecoder	获取一个解码器,该解码器将已编码的字节序列转换为 Unicode 字符的序列
	GetEncoder	获取一个解码器,该解码器将 Unicode 字符序列转换为已编码的字节序列

Encoding 类比较诡异的地方是，它的属性 ASCII、BigEndianUnicode、Default、Unicode、BigEndianUnicode、UTF8、UTF7、UTF32 都是静态的成员，并且是 Encoding 的派生类的实例。因此，以下语句是符合语法的：

byte[ ] bs = Encoding.Default.GetBytes("Encoding 是一个类");

虽然 Encoding 类的方法可以解决多种方案的编码和解码问题，但实际使用时往往先通过 Encoding 对象获取针对特定编码方案的 Encoder 和 DeCoder 对象，然后再将 Encoder 用于编码，将 DeCoder 用于解码。下面给出一个示例。

【例 14-5】 创建一个 Windows 应用程序，用两个面板（Panel 控件）将窗体 Form1 分割为基本对称的左、右两部分。这两部分各自包含一个文本框、一个组合框、一个按钮等控件。两个组合框用于选择编码方案，因此将 Items 属性设置为包含"ASCII"、"Default"、"BigEndianUnicode"、"Unicode"、"UTF32"、"UTF8"、"UTF7"等项，其余各项标签等属性可参照图 14-3 进行设置。

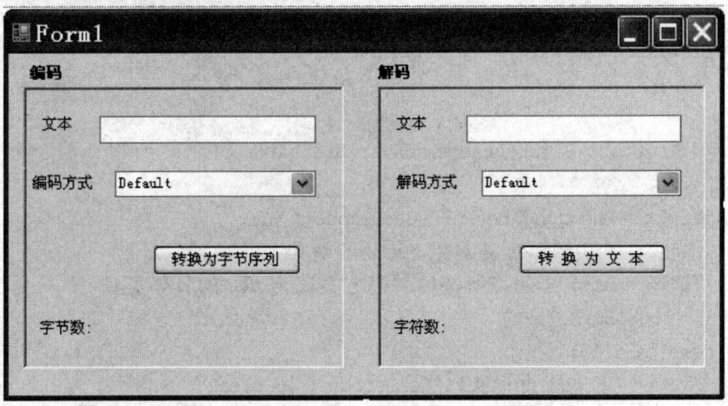

图 14-3 设计例 14-5 程序的窗体界面

以下为本例程序中需要输入的源代码：

```csharp
using System;
using System.Text;
using System.Windows.Forms;
…
public partial class Form1 : Form
{
    …
    char[] chArr;
    byte[] bArr;                            //用于存放编码后产生的字节序列

    private void button1_Click(object sender, EventArgs e)         //转换为字节序列
    {
        Encoder enc = Encoding.Default.GetEncoder( );
        //定义一个 Encoder 类对象 enc 用于编码
        //以下 switch 语句按所选的编码方案确定 enc 的具体类型
        switch (comboBox1.Text) {
            case "ASCII":
```

资源文件、文本编码和区域性

```csharp
                enc = Encoding.ASCII.GetEncoder( ); break;
            case "BigEndianUnicode":
                enc = Encoding.BigEndianUnicode.GetEncoder( ); break;
            case "Unicode":
                enc = Encoding.Unicode.GetEncoder( ); break;
            case "UTF32":
                enc = Encoding.UTF32.GetEncoder( ); break;
            case "UTF8":
                enc = Encoding.UTF8.GetEncoder( ); break;
            case "UTF7":
                enc = Encoding.UTF7.GetEncoder( ); break;
            default:
                enc = Encoding.Default.GetEncoder( ); break;
        }
        chArr = textBox1.Text.ToCharArray( );
        int n = enc.GetByteCount(chArr,0,chArr.Length,true);
            //调用该方法计算出转换后所得的字节序列的长度
        bArr = new byte[n];                //创建数组,其长度恰好容纳转换后得到的字节序列
        enc.GetBytes(chArr,0,chArr.Length,bArr,0,true);       //进行编码转换
        label3.Text = "字节数: " + n.ToString( );
    }

    private void button2_Click(object sender,EventArgs e)           //"转换为文本"
    {
        Decoder dec = Encoding.Default.GetDecoder( );
            //定义一个 Decoder 类对象 dec 用于解码
            //以下 switch 语句按所选的编码方案确定 dec 的具体类型
        switch (comboBox2.Text) {
            case "ASCII":
                dec = Encoding.ASCII.GetDecoder( ); break;
            case "BigEndianUnicode":
                dec = Encoding.BigEndianUnicode.GetDecoder( ); break;
            case "Unicode":
                dec = Encoding.Unicode.GetDecoder( ); break;
            case "UTF32":
                dec = Encoding.UTF32.GetDecoder( ); break;
            case "UTF8":
                dec = Encoding.UTF8.GetDecoder( ); break;
            case "UTF7":
                dec = Encoding.UTF7.GetDecoder( ); break;
            default:
                dec = Encoding.Default.GetDecoder( ); break;
        }
        int n = dec.GetCharCount(bArr,0,bArr.Length);
            //调用该方法计算出字节序列中包含的字符数
        chArr = new char[n];              //新建字符数组,其长度恰好可用于解码
        dec.GetChars(bArr,0,bArr.Length,chArr,0);
            //调用该方法对字节序列进行解码,所得结果存放在 chArr 数组中
        StringBuilder sb = new StringBuilder( );            //创建 StringBuilder 对象
        for (int i = 0; i < chArr.Length; i++)          //将 chArr 中字符序列转换为字符串
            sb.Append(chArr[i]);
```

```
            textBox2.Text = sb.ToString( );
            label4.Text = "字符数: " + n.ToString( );
        }
    }
```

程序运行时，先在左侧的 textBox1 中输入一段文本，然后在 comboBox1 中选择某一编码方案，接着单击 button1 按钮，即可将此文本按选定的编码方案"转换为字节序列"。转换后的结果被储存在 bArr 数组中，并通过 label3 标签显示其中包含的字节数。此时，若在窗体右侧的 comboBox2 中选择与 comboBox1 中相同的选项，然后单击 button2 按钮，则可将 bArr 数组中的字节序列进行解码"转换为文本"。转换的结果显示在 textBox2 文本框，并通过 label4 标签显示其中包含的字符数，如图 14-4 所示。

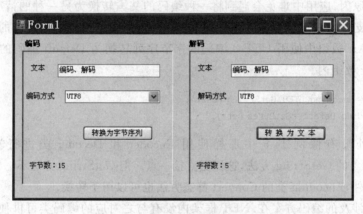

图 14-4　使用 UTF-8 编码进行转换

运行时，如果左右两侧选择不同的编码方案，则执行编码、解码后一般显示为乱码。但也有一些例外，这是因为某些编码方案之间有一定的兼容性。例如，当文本中只包含英文字母时，ASCII、Default、UTF-8、UTF-7 这 4 种方案在编码和解码时可任意搭配使用而不会显示乱码。

表 14-6 列出了利用本例程序测得的各种编码转换得到的字节序列的长度以及不同编码之间的兼容性等数据，供读者参考。其中的 n、m 分别表示原始文本中包含的汉字和西文字符的数目。

表 14-6　编码转换时的部分实测数据

编码名称	编码后长度	兼　容　性
ASCII	n+m	纯西文时，与 Default、UTF-8 基本兼容，与 UTF-7 部分兼容
BigEndianUnicode	2n+2m	不兼容，但与 Unicode 的转换较简单
Default	2n+m	纯西文时，与 ASCII、UTF-8 基本兼容，与 UTF-7 部分兼容
Unicode	2(n+m)	实际就是 UTF-16。与其他编码一般不兼容，但与 BigEndianUnicode 和 UTF-32 的转换都较简单
UTF-8	3n+m	纯西文时，与 ASCII、Default 基本兼容，与 UTF-7 部分兼容
UTF-32	4(n+m)	不兼容，但与 Unicode 的转换较简单
UTF-7	不能简单确定	纯西文时，字母、数字和部分标点的编码与 ASCII、Default、UTF-8 相同

14.2.3 编码的保存与转换

在例 14-5 中,转换得到的序列以字节数组形式临时保存,随后又被直接用于解码。但实际应用中,编码所得的序列在进行解码之前往往要经过文件存取或网络传送等环节。如果在这些环节中字节序列未发生变化,则不必引起关注。但当编码序列经过了较多的中间环节,特别是在这些环节中使用了多种不同的平台情况下,就有可能在解码时产生各种莫名的混乱。对此,我们的建议是尽量利用.NET 处理各种编码问题,最好选用 UTF-16 (Unicode)、UTF-8 等标准完备、包容性强的编码方案。对于程序内部使用的文本,则可以将其保存到资源文件中。必要时,为每一段编码附加上编码标记,以避免解码时采用错误的方案。

由于种种原因,应用中难免会遇到将一种编码的文本转换为另一种的情况。如果这两种都是.NET 支持的编码方案,而且不在乎转换效率,那么是比较容易解决的。例如,以下代码可以将 bArr 数组中使用 UTF-8 编码的字节序列转换为 Default 编码的序列,转换后仍存放在 bArr 数组内。

```
string str = Encoding.UTF8.GetString (bArr);
bArr = Encoding.Default.GetBytes (str);
```

注意,此处没有像例 14-5 中那样使用 Encoder 和 Decoder 类进行转换,而用了 Encoding 类对象的 GetString 方法,这样更直接一点。但 GetString 方法不一定对每种编码都能使用。此外,Encoding 类的 Convert 静态方法也可以用于转换。

当转换中涉及的编码方案在.NET 框架内没有与之对应的编码类可供使用时,则只能自编一个转换方法,最好将其定义为 Encoding 的派生类。

14.3 文化和区域性特征

当今世界,全球化已经形成不可阻挡的潮流。对于软件企业,当然也有成长为跨国企业、使产品走向世界的冲动。但世界各国(及地区)在文化、经济、习俗等方面存在巨大差异,它们是软件产品全球化过程中遭遇的巨大阻力。

14.3.1 CultureInfo 类

为了将一款软件产品提供给分布在世界各国的用户使用,必须形成若干个按区域及文化特征划分的不同版本。同一软件的区域性版本的基本模块是相同的,并在配置、界面或操作方式方面基本统一,相互之间还能够进行数据转换或互操作。但全球化要想获得成功的一个关键是版本的转换或定制必须方便并且标准化,对软件进行升级或维护所花费的工作量与区域化版本的数量基本上无关。因此,全球化不是一件容易的事。

对于.NET 程序的开发者来说,很幸运的一点是:在策划全球化的时候可以充分利用微软在其自身产品全球化过程中长期积累的经验和资源。具体来说,.NET 框架中提供了 System.Globalization 命名空间,其中的一些类可以直接用于使软件产品全球化时所需的配置、版本管理和转换等方面。其中最基本的一个类是 CultureInfo,表 14-7 介绍了该类的重要属性和方法。

表 14-7　CultureInfo 类的重要属性与方法

	名 称	描 述
属性	Calendar	表示在该区域使用的默认日历
	CurrentCulture	用于获取当前线程中使用的区域性 CultureInfo
	CurrentUICulture	表示资源管理器在查找区域性特定资源时所用的当前区域
	DateTimeFormat	表示此区域性适合的日期和时间格式的 DateTimeFormatInfo
	DisplayName	表示采用本地语言表示的此区域性名称
	EnglishName	表示采用英语表示的区域性名称
	InstalledUICulture	可获取表示操作系统中安装的区域性 CultureInfo
	IsNeutralCulture	此区域性是否具有非特定区域性的特征
	Name	可获取区域性的标准名称
	NumberFormat	表示此区域性适合的 NumberFormatInfo，可用于显示数字、货币和百分比的格式
	TextInfo	表示与此区域性关联的书写体系的 TextInfo
方法	GetCultureInfo	检索区域性的 CultureInfo
	GetCultures	可获取符合 CultureTypes 参数筛选的区域性的列表

CultureInfo 的一个实例表示按文化等特征区分的某个特定区域性，这种划分与微软在 Windows 等产品中使用的划分基本上一致。该类的静态方法 GetCultures 可返回一组在 .NET 中定义的区域性对象列表（可以扩展）。下面的示例可帮助读者了解区域性列表。

【例 14-6】 创建一个 Windows 应用程序，往程序的窗体上放一个 listBox1 文本框和一个按钮 button1，图 14-5 为在 IDE 设计视图下所见的该窗体界面。

图 14-5　设计视图下的窗体布局

以下为本例中需要编写的代码：

```
using System.Globalization;
…
public partial class Form1 : Form
{
    …
    private void Form1_Load(object sender, EventArgs e)
    {
        CultureInfo[] culturesList =
```

```
        CultureInfo.GetCultures(CultureTypes.SpecificCultures);
    string str;
    foreach (CultureInfo cultureItem in culturesList)
    listBox1.Items.Add(cultureItem.Name );
    //将列表中所有的区域性名称(标准名)添加到列表框供选择
}
private void button1_Click(object sender,EventArgs e)
//显示列表框选项的主要区域性属性
{
    string cultureName = listBox1.SelectedItem.ToString();
    CultureInfo culture = new CultureInfo(cultureName);
    MessageBox.Show("EnglishName = " + culture.EnglishName + "\n"
        + "NativeName = " + culture.NativeName + "\n"
        + "DisplayName = " + culture.DisplayName + "\n"
        + "ISOLanguageName = " + culture.ThreeLetterISOLanguageName + "\n"
        + "ANSICodePage = " + culture.TextInfo.ANSICodePage + "\n"
        + "IsNeutralCulture = " + culture.IsNeutralCulture + "\n"
        + "IsRightToLeft = " + culture.TextInfo.IsRightToLeft );
}
```

程序运行时,列表框中显示.NET 区域性的列表(区域性对象显示为标准名称,如 en-US 等)。选择其中某一项后单击 button1 按钮,即可弹出信息框显示该区域性实例中的若干重要属性。例如,当区域性选项为 el-GR 和 ar-SA 时,显示的区域性属性分别如图 14-6 和图 14-7 所示。

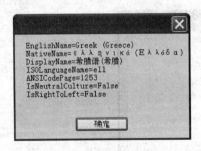
图 14-6 el-GR 的区域性属性

图 14-7 ar-SA 的区域性属性

IsNeutralCulture 属性表示非特定区域性,意指与某种语言关联但不与国家/地区关联的区域性。TextInfo.IsRightToLeft 是一个比较有意思的属性,表示该文字书写方向是否从右向左。笔者孤陋寡闻,原先并不知道当今仍存在这种书写方式,经查找才发现 ar-SA(沙特)算是其中一个(见图 14-7)。

14.3.2 区域性的文字、日期和数字格式

对应用软件来说,受区域性影响较大的方面有文字、日期、数字(如货币)等几个方面。文字的区域性特征可由 TextInfo 类表示,日期和数字格式则主要用 DateTime 以及 DateTimeFormatInfo 和 NumberFormatInfo 表示。

表 14-8 介绍了 TextInfo 类的重要属性和方法。

表 14-8 TextInfo 类的常用属性与方法

	名称	描述
属性	ANSICodePage	表示此书写体系使用的 ANSI 代码页
	CultureName	表示与此 TextInfo 对象关联的区域性的名称
	EBCDICCodePage	表示此书写体系使用的 EBCDIC 代码页
	IsRightToLeft	指示此 TextInfo 的书写方向是否为从右向左
	ListSeparator	表示在列表中用于分隔项的字符
方法	ToLower	将指定的字符或字符串转换为小写
	ToTitleCase	将指定的字符串转换为词首字母大写
	ToUpper	将指定的字符或字符串转换为大写

表 14-9 介绍了 DateTimeFormatInfo 类的重要属性和方法。

表 14-9 DateTimeFormatInfo 类的常用属性与方法

	名称	描述
属性	Calendar	表示当前区域性的日历
	DateSeparator	用于分隔日期中各组成部分的字符串
	DayNames	该属性为 String 的一维数组，它包含特定于区域性的一周内各天名称
	FullDateTimePattern	表示完整日期_时间值的格式，与格式字符"F"关联
	MonthNames	该属性为 String 的一维数组，它包含特定于区域性的月份名称
	ShortDatePattern	表示短日期值的格式，与格式字符"d"关联
	ShortTimePattern	表示短时间值的格式，与格式字符"t"关联
	TimeSeparator	用于分隔时间中各组成部分的字符串
	YearMonthPattern	表示年份_月份值的格式，与格式字符"y"、"Y"关联
方法	GetAbbreviatedDayName	返回周中指定天的特定于区域性的缩写名称
	GetAbbreviatedMonthName	返回指定月份的特定于区域性的缩写名称
	GetDayName	返回周中指定天的特定于区域性的完整名称
	GetEra	返回表示指定纪元的整数
	GetMonthName	返回指定月中特定于区域性的完整名称

表 14-10 介绍了 NumberFormatInfo 类的重要属性和方法。

表 14-10 NumberFormatInfo 类的常用属性与方法

	名称	描述
属性	Calendar	表示用于当前区域性的日历
	CurrencyDecimalDigits	指示区域性货币值中使用的小数位数
	CurrencyNegativePattern	指示区域性中表示货币负值的格式
	CurrencySymbol	指示区域性作为货币符号的字符串
	NativeDigits	指示区域性用于表示与数字 0～9 等同的数字的字符串数组
	NumberDecimalDigits	表示在数值中使用的小数位数
	PercentDecimalDigits	获取或设置在百分比值中使用的小数位数
	PercentSymbol	指示区域性用作百分比符号的字符串
方法	GetFormat	可返回提供指定类型数字格式化的对象

TextInfo 类的特定于区域性的一些属性使用的情况较复杂,有关介绍从略。

DateTime 属于结构类型,它与区域性的关系主要体现在它的 ToString 方法可以在一个区域性对象控制下按特定区域性所需的格式进行输出。

下面是一个示例。

【例 14-7】 本例可利用例 14-6 创建的 Windows 程序稍加修改得到。窗体上控件除 button1 的 Text 属性改为"GetDateTime"外其余都维持不变。程序中代码,除 button1_Click 事件要重写外,其余代码也不要改变。以下为需要重写的代码:

```
private void button1_Click(object sender,EventArgs e)
{
    string cultureName = listBox1.SelectedItem.ToString();
    CultureInfo culture = new CultureInfo(cultureName);
    string msg = DateTime.Now.ToString("d",culture) + "\n"
        + DateTime.Now.ToString("t",culture);
    MessageBox.Show(msg);
        //将日期时间按格式字符"d"和"t"以及区域性特征格式进行显示
}
```

程序运行时,当选择区域性为 en-GB、zh-HK、en-US、zh-CN 时,显示日期时间格式如图 14-8～图 14-11 所示。

图 14-8　区域性 en-GB　　图 14-9　区域性 zh-HK

图 14-10　区域性 en-US　　图 14-11　区域性 zh-CN

从不同区域性的输出中可看到一些明显区别。这是因为语句

```
DateTime.Now.ToString("t",culture);
```

中 ToString 方法的第二个参数可以按区域性特征控制输出的格式。ToString 方法的第一个参数可以使用的格式符有"d","D","f","F","g","G","m","r","s","t","T","u","U","y"等,它们分别有特定含义(详见 MSDN 或通过观察程序输出即知)。注意,格式符区分大小写。例如,"d"和"D"是不同的。图 14-12 为将本例中格式符"d"和"t"分别修改为"D"和"T"后选择 en-US 区域性

图 14-12　修改格式符后的输出

所得结果。

如果要进一步精确控制日期时间的格式,则需要使用 DateTimeFormatInfo 类的对象进行设置,下面也给出一个示例。

【例 14-8】 和例 14-7 一样,仍在例 14-6 创建的 Windows 程序上稍加修改。窗体上控件除 button1 的 Text 属性改为"GetDateTime"外其余都维持不变。以下是需要重写的 button1_Click 事件代码:

```
private void button1_Click(object sender,EventArgs e)
{
    string cultureName = listBox1.SelectedItem.ToString();
    CultureInfo culture = new CultureInfo(cultureName);
    DateTimeFormatInfo formats = culture.DateTimeFormat;
    formats.DateSeparator = "_";                    //设置日期分隔符
    formats.ShortDatePattern = "dd/MM/yyyy";        //设置日期排列模式
    string msg = DateTime.Now.ToString("d",culture) + "\n";
    formats.TimeSeparator = ":";                    //设置时间分隔符
    formats.ShortTimePattern = "hh/mm/ss";          //设置时间排列模式
    msg += DateTime.Now.ToString("t",culture);
    MessageBox.Show(msg);
}
```

程序运行时,以区域性 en-GB 和 zh-CN 为例,显示的结果如图 14-13 和图 14-14 所示。

图 14-13　区域性 en-US　　　图 14-14　区域性 zh-CN

从中看到,显示结果已没有差别(至少对这两个区域而言)。由此可见,程序中对 DateTimeFormatInfo 的自定义设置可以超越区域性。这样给应用程序提供了更多的可控性。

对于数字格式,主要是用于表示货币时有较大的区域性差异。

下面给出一个示例。

【例 14-9】 本例仍只需对例 14-6 的程序稍做修改即可。将 button1 的 Text 属性改为"GetCurrency"外其余都维持不变。以下是需要重写的 button1_Click 事件代码:

```
private void button1_Click(object sender,EventArgs e)
{
    string cultureName = listBox1.SelectedItem.ToString();
    CultureInfo culture = new CultureInfo(cultureName);
    NumberFormatInfo nfi = culture.NumberFormat;
    string msg = "The currency symbol for " + culture.EnglishName + " is "
        + nfi.CurrencySymbol + "\n"
        + "CurrencyDecimalDigits = " + nfi.CurrencyDecimalDigits;
    MessageBox.Show(msg);
}
```

程序运行时,当选择区域性为 en-US 和 ja-JP 时,显示这两个区域的货币格式相关内容分别如图 14-15 和图 14-16 所示。从中可知,日元是不使用小数的(即角和分不是法定货币单位)。

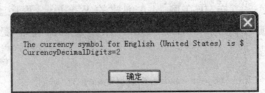

图 14-15 en-US 区域的货币格式

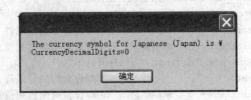

图 14-16 ja-JP 区域的货币格式

下面一个例子说明可利用区域性数字(货币)格式的相关信息设置应用程序界面中输入时的验证规则。

【例 14-10】 本例用于 ASP.NET Web 应用程序,假定在 Web 窗体中需要在文本框 textBox1 中输入本地货币金额。为了对输入数据进行验证,可将一个验证控件 RegularExpressionValidator1 放在该窗体上,其 ControlToValidate 属性为 textBox1。并在 Page_Load 事件中进行以下设置:

```
protected void Page_Load(object sender, EventArgs e)
{
    CultureInfo culture = new CultureInfo("en-US");
       //假定区域性为 en-US,实际使用时可通过某项配置或资源变量来确定区域
    NumberFormatInfo nfi = culture.NumberFormat;
    int n = nfi.CurrencyDecimalDigits;         //获得该区域性货币中小数的位数
    int m = 10;              //假定输入的数字不可超过 10 位(含小数位,但不算小数点)
    string Regular = "\\d{1," + (m - n).ToString() + "}";
       //Regular 是用于验证此项输入的正则表达式
    if(n > 0)                                  //如果包含小数部分
      Regular += "[.]\\d{" + n.ToString() + "}";
    RegularExpressionValidator1.ValidationExpression = Regular;
}
```

以 en-US 为例,n=2,构建的正则表达式为"\d{1,8}[.]\d{2}"。这样可保证输入的金额在该区域性为有效(该表达式表示必须输入整数部分 1~8 位,然后为小数点以及两位小数。其中\d 表示一位数字,{1,8}表示重复 1~8 次)。

14.3.3 应用程序区域性配置

利用前面介绍的 CultureInfo 等类型,.NET 应用程序就可以较低代价实现各种区域化定制版本,从而为软件产品全球化发布打下必要基础。但一个软件在全球化方向能够走出

多远会受到多种因素的制约。

大部分情况下，一款软件在最初开发时并不奢望着将来能在国际上大卖（少数有远见的IT巨头除外）。因此在最初设计阶段可能不太注意为区域性定制预留足够空间。这样即使日后有幸遇到好的全球性商机时，也会措手不及，丢失转瞬即逝的机会。因此，有远见的开发者，应该在软件设计阶段就对产品的区域性定制的难易程度作出评估，在成本可控的前提下，尽可能采用使区域性定制更加便利的系统架构、设计模式和方案。好在对.NET平台上的开发者来说，可以充分利用.NET框架对全球化目标所提供的全面支持，达到上述要求也不会增加太多的成本。

下面将简要说一下，如何在系统设计阶段，合理选择、恰当运用.NET和Windows提供的各种相关资源，使系统的架构更加有利于区域性定制。由于笔者经验所限，以下的建议只是纸上谈兵，因此仅供参考。

对于一款有全球化潜质的软件产品，虽然开发阶段主要针对某一特定区域，但应该使开发团队有足够的共识，使系统采用有利于全球化的设计方案。其中重要的一点是在系统中划分出对区域性文化特征敏感的那部分模块（如界面、输入、输出等）。这一部分模块可由专人负责，制定专门的方案。

对于区域性文化敏感的部分，采用资源文件是合理的方案。因为替换到另一个区域性版本时，只要替换部分资源文件即可。另外，部分资源以及有些区域性的参数等也可写入配置文件。配置文件（特别是XML版本的）是更加便于修改的。不仅开发者可以对其修改，用户也可对其修改（但最好不是让用户直接修改XML），这样灵活性更大。但注意，用户说明书一定要完备。另外，程序中要有较完善的异常防护措施。

对于系统中使用的文字，首选使用Unicode字符集，以及相关编码方案（UTF-16、UTF-8等。因为大部分情况下，该方案能兼容多种区域性文化中文本的输入和输出。当需要进行编码转换时，可以将所需的转换方法名称存放在配置文件中的某一项，也可在区域性版本中采用派生类重载基类的方法来实现。

Windows和.NET框架版本最好都采用较新的版本，应用软件的区域性版本应尽可能在同一区域性的Windows版本上运行，至少已将Windows按该区域性进行过配置。如果有条件，应招聘区域性本地人员加入开发团队，从事翻译、测试等任务。

全球化可分为若干步骤进行，不必一下推出所有的区域性版本。另外，可根据具体情况在某些相近区域性暂时归并在一个大区域之下，使用同一个区域性版本，待将来有条件时再细分。

微软对区域的划分，虽然都有一些国际标准方面的依据，但仍可能有不尽合理之处。特别是由于西方文化对其余文化存在的偏见和美国维护既得利益的诉求，都有可能体现在这种划分之下。因此，我们对.NET中定义的CultureInfo实例，一方面应视为事实上的标准予以尊重；另一方面，也要敢于质疑，必要时坚决予以纠正（用户说明书中应表明立场）。好在，微软也不太霸道，CultureInfo是可以扩展的，现有的派生类的成员也可以重载。

第 15 章　Microsoft．NET 框架的版本

在本章中，首先概括地回顾了．NET 框架的几个重要版本，然后重点介绍了在．NET 框架的较新版本中常用的 Entity Framework 和 LINQ 技术，它们在．NET Framework 3.5 中首次出现。

15.1　．NET 框架各种版本概览

截止到现在，微软共发布了．NET Framework 1.0、．NET Framework 1.1、．NET Framework 2.0、．NET Framework 3.0、．NET Framework 3.5、．NET Framework 4.0。．NET Framework 4.5 也正在测试阶段，估计即将发布。．NET Framework 2.0 是较早的一个版本，但已经相当成熟。本书前面章节中介绍的内容基本上都适用于．NET Framework 2.0 以及与之配套的 Visual Studio 2005。本节将对．NET Framework 3.0 以上版本做一些介绍。

15.1.1　．NET Framework 1.0

．NET Framework 1.0 发布于 2002 年 2 月，该版本一年之后就被．NET Framework 1.1 代替。．NET Framework 1.1（版本号 1.1.4322）和 Visual Studio．NET 2003 一起隆重登场，为应用程序开发者提供了全新的开发工具和环境。

15.1.2　．NET Framework 2.0

．NET Framework 2.0（版本号 2.0.50727）发布于 2005 年 11 月，与其配套的 Visual Studio 版本是 Visual Studio 2005。．NET Framework 2.0 修正了．NET Framework 1.0 中暴露的一些问题并增加了一些新的功能，这是一个相当成熟、稳定和容易扩展的版本。Visual Studio 2005 与 Visual Studio 2003 比较，也有明显的变化，例如代码编辑器具有更强的智能感应功能，能即时提示符合当前上下文的各种名称和符号。

15.1.3　．NET Framework 3.0

．NET Framework 3.0，曾用名为"WinFX"，它的发布日期为 2006 年 11 月。该版本依然使用．NET Framework 2.0 的公共语言运行库（CLR），但加入了适应未来软件发展方向的 4 个 Framework。

1. Windows Presentation Foundation（WPF）

WPF 提供更佳的用户体验，可用来开发 Windows Forms 程序以及浏览器应用程序。

2. Windows Communication Foundation(WCF)

用于提供支持 SOA(面向服务的软件构架)的安全的网络服务(Web Service)Framework。

3. Windows Workflow Foundation(WF)

可提供一个设计与发展工作流程导向(Workflow-oriented)应用程序基础支持的应用程序接口。

4. Windows CardSpace

这是一组代号为 CardSpace 的 Windows 新功能,可提供一种基于标准的解决方案,用于使用和管理不同的数字标识。

15.1.4 .NET Framework 3.5

.NET Framework 3.5 发布于 2007 年 11 月。这是一个具有重要意义的版本,因为它是随 Visual Studio 2008 一起发布的。

.NET Framework 3.5 中主要新增了对 LINQ(Language-Integrated Query,语言集成查询)、(Entity Framework,实体框架)、EDM(实体数据模型)和对 SQL Server 2008 的数据提供程序的支持。同时,该版本还包含.NET Framework 2.0 SP1 以及.NET Framework 3.0 SP1,可用于为这两个版本提供安全性修复。

此外此版本提供的新功能还有:

扩展方法(Extension Method)属性(Attribute),用于为扩展方法提供 LINQ 支持。

表达式目录树(Expression Tree),用于为 Lambda 表达式提供支持与语言集成查询(LINQ)和数据感知紧密集成。

对用于生成 WCF 服务的全新 Web 协议支持,包括 AJAX、JSON、REST、POX、RSS、ATOM 和若干新的 WS-* 标准等。

为 WPF 增加的功能包括对业务线应用程序的更好支持、本机闪屏支持、DirectX 像素着色器支持以及新的 WebBrowser 控件。对 WPF 的性能改进包括启动速度的位图效果性能的提高等。

新增的 ASP.NET 功能包括 ASP.NET 动态数据和 ASP.NET AJAX 附加功能,前者提供了无须编写代码就可实现数据驱动的快速开发的丰富支架 Framework,后者为管理浏览器历史记录提供了支持。

ADO.NET 数据平台,此平台提供了 ADO.NET Entity Framework、实体数据模型(EDM)、LINQ to Entities、Entity SQL、ADO.NET 数据服务及实体数据模型工具等。可使开发人员能够针对概念性实体数据模型进行编程,从而减轻他们的编码和维护工作。

15.1.5 .NET Framework 4.0

.NET Framework 4.0 于 2010 年 4 月 12 日正式推出。与此同时,Visual Studio 2010 也隆重登场。此版本中主要增加了并行支持、企业级.NET 提供的独立开发平台、自带高度安全的网络系统等,并且更加倚重软件组件以及组件导向程序,以至于可以完全取代 COM。

15.1.6 .NET Framework 版本兼容性问题

.NET Framework 提供高度的向后兼容性支持。这意味着使用.NET Framework 的较早版本创建的应用程序可以在更高的版本上运行。例如，大多数使用 1.0 版创建的应用程序将在 2.0 或更高版本上运行。在 Visual Studio .NET 下创建的项目，在较高的版本下打开时，一般会要求进行版本转换。这种转换大部分是自动进行的，转换成功后即能在高版本下正常运行。但这种转换不是 100% 可以成功的。

.NET Framework 一般不支持向前兼容性。即 .NET Framework 较高版本创建的应用程序一般不能够在较早的版本下运行。

15.2 ADO.NET EF 基础知识

Entity Framework 技术最早在 .NET Framework 3.5 中出现，可用来支持更好地对储存在关系型数据库表中的实体对象进行封装。

15.2.1 Entity Framework 概述

Entity Framework 缩写为 EF，可翻译为实体框架，是微软 ADO.NET 中的一组支持开发面向数据的软件应用程序的技术。长久以来面向数据的应用程序的架构师和开发人员曾为实现两个迥然不同的目标费尽心机：他们必须为要解决的业务问题的实体、关系和逻辑构建模型，还必须处理用于存储和检索数据的数据引擎。数据可能跨多个各有不同协议的存储系统；甚至使用单个存储系统的应用程序也必须在存储系统的要求与编写高效且容易维护的应用程序代码之间取得平衡。因此，ADO.NET Entity Framework 技术由此应运而生。

实体框架使开发人员可以采用特定于域的对象和属性的形式使用数据，而不必自己考虑存储这些数据的基础数据库表和列。通过提升开发人员在处理数据时可以使用的抽象级别并减少创建和维护面向数据的应用程序所需的代码，可以实现这一目的。实体框架是 .NET Framework 3.5 中新增的，可以在安装了 .NET Framework 3.5 Service Pack 1（SP1）的任何计算机上运行。实体框架中用到的类主要位于 System.Data.Common、System.Data.Entity.Design、System.Data.Objects 等命名空间。

15.2.2 EF 映射和 SSDL、CSDL、MSL

ADO.NET Entity Framework 提供了把数据库映射到实体的三层映射的办法，这三层映射分别如下。

逻辑层：该层用于定义关系数据，使用的语言是 SSDL（Store Schema Definition Language，存储架构定义语言）。

概念层：该层用于定义 .NET 中的类，使用的语言是 CSDL（Conceptual Schema Definition Language，概念架构定义语言）。

映射层：该层用于定义从 .NET 类到关系表间的映射，使用的语言是 MSL（Mapping Specification Language，映射规范语言）。

在三层映射下，存储模型是特定于提供程序的，因此可以在各种数据源之间使用一致的概念模型。实体框架使用这些模型和映射文件将对概念模型中的实体和关系的创建、读取、更新和删除操作转换为数据源中的等效操作。实体框架甚至还支持将概念模型中的实体映射到数据源中的存储过程。

使用 Visual Studio.NET（2008 或以上版本）中的设计器可设计实体类及其关系,再把它们映射到数据库。也可以通过系统提供的向导从关系型数据库导出（自动转换）EF 映射,系统会生成相应的 SSDL、CSDL 或 MSL 文档。然后依照三层映射关系就能自动创建实体类供.NET 应用程序中使用。程序员完全不必手写任何有关的文档。

下面通过一个简单的示例,介绍如何在 EF 有关向导指引下,建立数据库应用程序的过程。

【例 15-1】 本例以一个常见的有关学生成绩管理的数据库为例,该数据库中包含 tblCourse、tblScore、tblStudent 等几个数据表。在 EF 下,可不必关心具体的数据库管理系统。图 15-1 为在 IDE 下观察到用该数据库建立的数据源。

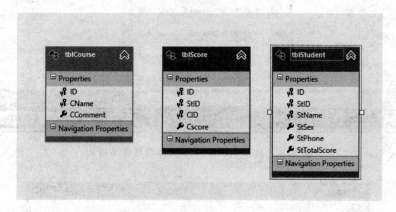

图 15-1　数据源中包含的 tblCourse、tblScore、tblStudent

在 Visual Studio 2008 下创建一个解决方案 SolutionDemo,再新建一个类库 DataEntities,可删除自动生成的文件 Class1.cs。

为了在解决方案中导入 EF,请按以下步骤进行。

（1）在解决方案资源管理器中执行"添加"→"新建项"命令,在"添加新项"对话框中选择 ADO.NET 实体数据模型,再单击"添加"按钮完成添加,如图 15-2 所示。

注：ADO.NET 3.5 Entity Framework 实体框架是在.NET Framework 3.5 SP1 中引入的,因此在有些 VS 2008 系统中,上述 ADO.NET 实体数据模型的模板不会在图 15-2 显示的对话框中出现。此时,可设法对系统补充安装相关组件或设法在安装光盘中找到 WCU\EFTools 目录下 ADONETEntityFrameworkTools_chs.msi 这个文件并将其安装就可以了。网上也可下载到用于单独安装该模板的有关组件和程序的打包文件。

（2）在"实体数据模型"的向导下配置数据源,在图 15-3 中选择"从数据库生成",然后单击"下一步"按钮。

（3）按系统提示对数据源进行配置。包括填写服务器名称、登录方式、选择数据库等；然后还要选择映射范围,即在新建的数据源中选择数据库表、视图或存储过程等对象。该步骤完成后如图 15-4 所示。

（4）单击"完成"按钮,结束向导。此时,系统根据已选择的映射范围自动生成全部有关配置文档。配置的结果保存在该类库的文件夹内。其中有一个 Entity Framework 的配置文件 App.config,用于记载数据库的连接信息；还有一个扩展名为.edmx 的文件,图 15-5

图 15-2 选择 ADO.NET 实体数据模型模板

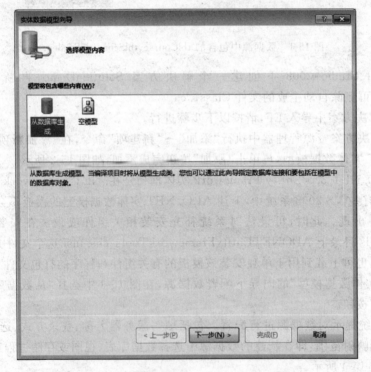

图 15-3 选择从数据库生成 EF 对象的模式

为在系统下将该 Edmx 文件作为 XML 打开时的画面。

从中可看出,在作为根元素的 edmx:Runtime 下一层的三个元素为 edmx:

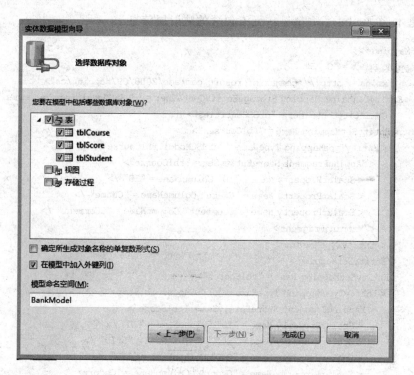

图 15-4 在向导下选择数据库表

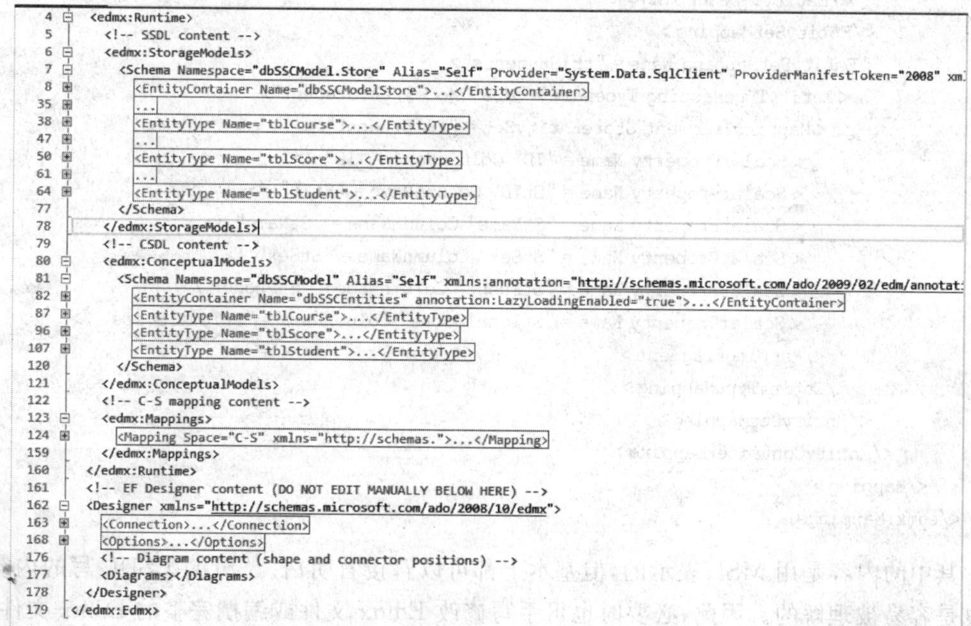

图 15-5 系统生成与选定数据库相关 .edmx 的文件

StorageModels、edmx:ConceptualModels 和 edmx:Mappings。展开这三个元素,可以分别获取采用 SSDL、CSDL 和 MSL 描述的 EF 中三个映射层的信息。

以下是本例中 edmx:Mappings 元素包含的映射层信息：

```xml
<edmx:Mappings>
    <Mapping Space = "C-S"
        xmlns = "http://schemas.microsoft.com/ado/2008/09/mapping/cs">
      <EntityContainerMapping StorageEntityContainer = "dbSSCModelStoreContainer"
          CdmEntityContainer = "dbSSCEntities">
        <EntitySetMapping Name = "tblCourses">
          <EntityTypeMapping TypeName = "dbSSCModel.tblCourse">
            <MappingFragment StoreEntitySet = "tblCourse">
              <ScalarProperty Name = "ID" ColumnName = "ID" />
              <ScalarProperty Name = "CName" ColumnName = "CName" />
              <ScalarProperty Name = "CComment" ColumnName = "CComment" />
            </MappingFragment>
          </EntityTypeMapping>
        </EntitySetMapping>
        <EntitySetMapping Name = "tblScores">
          <EntityTypeMapping TypeName = "dbSSCModel.tblScore">
            <MappingFragment StoreEntitySet = "tblScore">
              <ScalarProperty Name = "ID" ColumnName = "ID" />
              <ScalarProperty Name = "StID" ColumnName = "StID" />
              <ScalarProperty Name = "CID" ColumnName = "CID" />
              <ScalarProperty Name = "Cscore" ColumnName = "Cscore" />
            </MappingFragment>
          </EntityTypeMapping>
        </EntitySetMapping>
        <EntitySetMapping Name = "tblStudents">
          <EntityTypeMapping TypeName = "dbSSCModel.tblStudent">
            <MappingFragment StoreEntitySet = "tblStudent">
              <ScalarProperty Name = "ID" ColumnName = "ID" />
              <ScalarProperty Name = "StID" ColumnName = "StID" />
              <ScalarProperty Name = "StName" ColumnName = "StName" />
              <ScalarProperty Name = "StSex" ColumnName = "StSex" />
              <ScalarProperty Name = "StPhone" ColumnName = "StPhone" />
              <ScalarProperty Name = "StTotalScore" ColumnName = "StTotalScore" />
            </MappingFragment>
          </EntityTypeMapping>
        </EntitySetMapping>
      </EntityContainerMapping>
    </Mapping>
</edmx:Mappings>
```

其中的内容是用 MSL 表示的，但基本上都可以直接看明白。SSDL、CSDL 写的内容同样也是容易被理解的。因此，必要时也可手写修改 Edmx 文件或编撰完整的 Edmx 文件。

（5）在 IDE 下对该类库项目执行"生成"命令，系统会按照 Edmx 中的描述，生成相关实体类的代码并编译。这些类隔离了数据库相关的操作，可供此解决方案中其他项目中应用。

15.2.3 EF 实体类对象的操作

数据实体映射将数据库中储存的数据转换为程序中使用的对象，可使程序的注意力从关注数据库操作转移到实体间的关系和互操作。示例 15-1 中,利用向导已将有关的数据库转换为在相关问题中便于处理的实体,在下面的几个示例中,将说明如何对这些实体对象进行操作。

【例 15-2】 在 VS 2008 下打开在例 15-1 中创建的解决方案 SolutionDemo,在该解决方案下新建一个网站,在网站中添加对类库 DataEntities 的引用。

在默认的主页 default.aspx 中添加一个 GridView 控件用于显示与实体对象相关的信息,相应的前台代码为:

```
<asp:GridView ID = "GridView1" runat = "server" AutoGenerateColumns = "False">
    <Columns>
        <asp:BoundField DataField = "ID" HeaderText = "编号" />
        <asp:BoundField DataField = "StID" HeaderText = "学号" />
        <asp:BoundField DataField = "StName" HeaderText = "姓名" />
        <asp:BoundField DataField = "StSex" HeaderText = "性别" />
        <asp:BoundField DataField = "StTotalScore" HeaderText = "总分数" />
    </Columns>
</asp:GridView>
```

以下为包含在 default.aspx.cs 中的后台程序代码:

```
...
private DataEntities.dbSSCEntities ds = new dbSSCEntities();
protected void Page_Load(object sender, EventArgs e)
{
    if (!IsPostBack){
        LoadData();
    }
}

private void LoadData()
{
    List<DataEntities.tblStudent> stus = ds.tblStudent.ToList();
    if (stus != null && stus.Count > 0){
        GridView1.DataSource = stus;              //将 List 中的数据绑定到数据显示控件上
        GridView1.DataBind();
    }
    else{
        GridView1.EmptyDataText = "NO any data, Please load again!";
    }
}
```

当通过浏览器访问该 Web 页面时,GridView 中显示的内容如图 15-6 所示。

说明:

(1) DataEntities.dbSSCEntities 包含从数据库转换得到的所有类型(tblStudent 等实体类)。List<DataEntities.tblStudent>表示基于 DataEntities.tblStudent 的泛型(见第 3 章)。

(2) 因为原数据库中性别字段为布尔型,转换后就显示为 true 或 false。如果要显示为"男"或"女",可以对 GridView 做一些设置。

也可以对 dbSSCEntities 中定义的实体对象和集合进行添加、删除和修改等操作。

编号	学号	姓名	性别	总分数
1	0001	张伟	True	270
2	0002	王宏	True	287
4	0004	王力	True	169
5	0005	许巍	True	287
6	0006	许英	False	300

图 15-6　浏览 tblStudent 的数据

【例 15-3】　本例对实体对象进行添加。和之前一样，在解决方案下新建一个网站并添加对 DataEntities 的引用。

参照图 15-7 在设计视图下设计主页 default.aspx 的界面，在 default.aspx.cs 文件中输入以下代码：

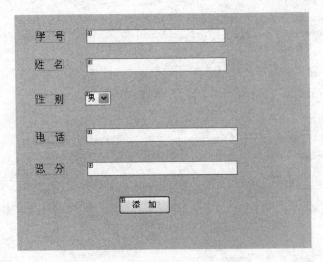

图 15-7　在该界面下添加记录

```
protected void btnAddStudent_Click(object sender,EventArgs e)
{
    …
    DataEntities.tblStudent stu = new DataEntities.tblStudent();
    stu.StID = strStID;
    stu.StName = strStName;
    if(strStSex == "男")
        stu.StSex = true;
    else
        stu.StSex = false;
    stu.StPhone = strStPhone;
    stu.StTotalScore = Convert.ToInt16(strStTotalScore);
    strAddResult = AddStudent(stu);
    …
}
private string AddStudent(tblStudent student)
{
    string strResult = string.Empty;
    if (student != null){
```

```
try{
    DataEntities.dbSSCEntities de = new dbSSCEntities();
    if (de.tblStudent.FirstOrDefault(c => c.ID == student.ID) == null){
        de.tblStudent.Add(student);
        de.SaveChanges();
        strResult = "Add Student Successfully";
    }
}
catch (Exception ex){
    strResult = "faild to Add Student,please try again";
}
return strResult;
}
```

说明:

(1) 在添加的时候,EDMX 中的字段对应关系要和数据库中一致,否则会出错。错误信息一般提示为实体的属性错误。

(2) 代码中出现的 c=> c.ID,是 lamda 表达式的写法,在.NET 中可视为一种特殊的委托。此处实际的作用是表示选择 student 表中 id 等于 student.id 的所有记录。

(3) 这里需要理解的是,将数据作为一个实体添加进入数据库,这里很多读者要问,怎么把实体类添加到数据库呢?这里什么 SQL 语句都没有。这就是 Entity Framework 的伟大之处了,作为程序员,不需要了解数据库具体的执行过程,ADO.NET Entity Framework 已经为我们做好一切,我们也不用担心 SQL 注入等安全问题,只用把注意力放在业务逻辑上即可。

在做删除时,和添加操作相似,也是只需对实体类操作即可。请看以下示例。

【例 15-4】 在解决方案下新建一个网站并添加对 DataEntities 的引用。参照图 15-8 设计主页面,在 default.aspx.cs 文件中输入以下代码:

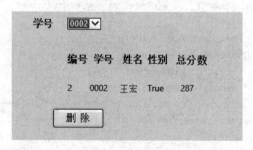

图 15-8 在该界面下删除记录

```
...
DataEntities.dbSSCEntities de = null;
List< DataEntities.tblStudent > listStudent = null;
int tempStudentID = 0;
protected void btnDeleteStudent_Click(object sender,EventArgs e)
{
    de = new DataEntities.dbSSCEntities();
    int tempID = Convert.ToInt16(ddlStudentID.SelectedValue);
```

```
        DataEntities.tblStudent stu
            = de.tblStudent.FirstOrDefault(c => c.ID == tempID);
        try{
            de.tblStudent.Remove(stu);
            de.SaveChanges();
            lblDeleteResult.Text = "Delete successfully";
        }
        catch{
            lblDeleteResult.Text = "Failed To Delete";
        }
    }
```

最后再给出一个对实体类实行更新操作的示例。

【例 15-5】 在解决方案下新建一个网站并添加对 DataEntities 的引用。参照图 15-9 设计主页面，在 default.aspx.cs 文件中输入以下代码：

图 15-9 在该界面下更新记录

```
...
private DataEntities.dbSSCEntities de = new DataEntities.dbSSCEntities();
private List<DataEntities.tblStudent> listStudent = null;
protected void btnUpdateStudent_Click(object sender, EventArgs e)
{
    string strStName = tbxStName.Text.Trim();
    bool strStSex = ddlStSex.SelectedValue == "男" ? true : false;
    string strStScore = tbxStTotalScore.Text.Trim();
    if (!string.IsNullOrEmpty(strStName)){
        DataEntities.tblStudent student = new DataEntities.tblStudent();
        student.StName = strStName;
        student.StSex = strStSex;
        student.StTotalScore = Convert.ToInt16(strStScore);
        UpdateStudentEntity(Convert.ToInt16(ddlStudentID.SelectedValue), student);
        lblUpdateResult.Text = "update successfully";
        return;
    }
    lblUpdateResult.Text = "Failed to update";
}

private void UpdateStudentEntity(int ID, DataEntities.tblStudent NewStudent)
{
```

```
DataEntities.tblStudent oldStudent
    = de.tblStudent.FirstOrDefault(c => c.ID == ID);
if (oldStudent != null){
    try{
        oldStudent.StName = NewStudent.StName;
        oldStudent.StSex = NewStudent.StSex;
        oldStudent.StTotalScore = NewStudent.StTotalScore;
        de.SaveChanges();
    }
    catch(Exception ex){
        //log system error
    }
}
```

15.3 Linq 基础知识

Linq（Language Integrated Query，语言集成查询）是.NET Framework 3.0 中新增的功能。Visual Studio 2008 及后续版本中在新建项目的模板中都默认添加了 using linq，可见微软极其看重该项新增的功能。

15.3.1 Linq 及其常用关键字

因为 Linq 提供了对不同数据源的抽象层，所以查询不同的数据源可以用相同的语法。以下为使用 Linq 处理数据的主要优点。

（1）Linq 语法简便易书写，在 VS2008、VS2010、VS2012 IDE 下具有智能提示功能。

（2）编译器会自动检查表达式语法错误与类型安全性而无须程序员书写额外的代码，可避免类似 SQL 注入之类的安全性隐患。

（3）Linq 提供强大的对数据过滤、排序、分区、分组等处理功能。

（4）Linq 能直接处理 XML 数据，对其进行查询等其他处理。

（5）Linq 支持多数据源和多数据格式的数据。

在 C# 下可直接使用 Linq 的关键字构建数据查询语句（表达式）。.NET Framework 3.0 之后的编译器中能够对其进行编译。Linq 的查询语句有点类似关系数据库的 SQL 的命令，表 15-1 对 Linq 中常用的关键字做了简单介绍。

表 15-1 Linq 查询中常用的关键字

关键字	描述
by	一般可与 group 搭配。在 group…by 后跟分组依据
from	查询操作范围变量。from 后可跟一个变量
group	用于对查询结果分组。group 后可跟数据源
in	跟在 in 关键字后的变量代表数据源。数据源必须是实现 IEnumerable<T> 的类型
into	可跟在 group 子句后面使用，表示将分组结果存放到某变量。该变量默认需有一个 Key 属性，类型为 IGrouping 类型

续表

关键字	描述
join	可连接多个数据源进行查询
let	用于自定义变量并赋予表达式
orderby	表示将查询结果排序("升序"或"降序")
select	查询结果的类型和表现形式。与 SQL 中查询类似,但此处应看作是新建的对象或者对象集合。另外,与 SQL 的不同之处为,Linq 中 select 一般位于查询语句的末尾
var	在方法范围中使用 var 声明的变量可以具有隐式类型。隐式类型的本地变量是强类型的,但其类型由编译器按照实际情况来确定
where	与 SQL 中的 where 的作用相似,可起到范围限定也就是过滤的作用

下面给出若干应用 Linq 表达式查询的示例。

【例 15-6】 在控制台应用程序项目中输入以下代码:

```
using System;
using System.Collections;
using System.Collections.Generic;
using System.Linq;

class student {
    public string StId;
    public string ClassId;
    public string StName;
    public int StTotalScore;
}

class LINQQuery
{
    static void Main(){
        List < student > students = new List < student >();
        students.Add(new student { StId = "20114284",
                StName = "John",ClassId = "11302",StTotalScore = 92 });
        students.Add(new student { StId = "20114286",
                StName = " Peter",ClassId = "11302",StTotalScore = 70});
        students.Add(new student { StId = "20123922",
                StName = "Jack",ClassId = "12114",StTotalScore = 85});
            //以下定义一个 Linq 查询语句
        var stuQuery =
            from stu in students
            where stu.ClassId == "11302"
            select stu;
            //以下为执行该查询并输出其结果
        foreach (student stu in stuQuery){
            Console.Write(stu.Name + " " );
        }
    }
}
```

本例中使用的 Linq 语句用到了 from、in、where、select 这几个关键字,其中的含义一望便知。与 SQL 相比一个明显的差别是 select 子句被置于语句末尾。作为数据源的 students，在本例中是一个 List<student>的泛型。一般要求数据源是派生自 IEnumerable<T>的泛型。

执行本例程序的输出为：

John Peter

下面是一个使用 Linq 进行分组查询的示例。

【例 15-7】 本例的查询使用与例 15-6 中相同的数据源，但需要按照班级分组。可从例 15-6 复制前半段的代码，然后输入下面位于省略号之后的代码：

```
...
var stuQuery1 =
    from stu in students
    group stu by stu.ClassId into g              //将学生按 classId 分组
    select new { g.Key, num = g.Count(),
            avgscore = g.Average(st => st.StTotalScore)};   //对分组可使用聚合函数
//以下为输出该查询的结果：每个班级的人数及其平均成绩
foreach (var sg in stuQuery1){
    Console.WriteLine("ClassId = {0} stuCount = {1} avgScore = {2}",
            sg.Key, sg.num, sg.avgscore);
}
```

本例中使用 group 和 by 定义分组方式，into 表示将分组结果存放到的变量，该变量会默认有一个 Key 属性，即为 by 的依据（组别），该变量类型是 IGrouping 类型，所以查询返回结果是 IGrouping 的一个集合。值得注意的是，在 select 之后利用 new 新建对象来定义该查询输出对象的形式，在这里可以使用 Count、Average 等"聚合函数"。g.Key 在本例中就是 ClassId，st=>st.score 是 Lambda 表达式，适合在此场合下使用。本质上讲，Linq 的分组与 SQL 的分组也是十分相似的。但 Linq 下可使用的"聚合函数"远较 SQL 中更加丰富，还可以用自定义方法。因此，比 SQL 功能更加强大。

执行本例程序的输出为：

```
ClassId = 11302 stuCount = 2 avgScore = 81
ClassId = 12114 stuCount = 1 avgScore = 85
```

与 SQL 类似，Linq 可以用 join 关联两个集合。下面给出一个示例。

【例 15-8】 本例在 students 以外，再另外定义一个集合 scoreList，然后在查询中对二者进行关联。请输入以下代码：

```
...
class scoreRec
{
    public string StId;
    public string CName;
    public int Score;
}
class LINQQuery
{
```

```
static void Main()
{
    …    //此处可类似例15-6中那样定义students
    List<scoreRec> scoreList = new List<scoreRec>();
    scoreList.Add(new scoreRec
        { StId = "20114284",CName = "English",Score = 88 });
    scoreList.Add(new scoreRec
        { StId = "20114286",CName = "English",Score = 73 });
    var stuQuery2 =
        from a in students
        join b in scoreList
        on a.StId equals b.StId
        select new { StId = a.StId,StName = a.StName,Score = b.Score };
    foreach (var rec in stuQuery2){
        Console.WriteLine("{0},{1}: {2}",rec.stuId,rec.stuName,rec.Score);
    }
}
```

本例中查询时使用了 join 关键字连接 students 和 scoreList 两个集合。join 之后的 on 子句用于指定关联的条件。这也是和 SQL 中基本一致的。运行时执行该查询的输出结果为：

```
John: 88
Peter: 73
```

15.3.2 Linq to SQL

Linq 的查询本质上只是对内存中的一组对象进行的，因此也被称为 Linq to Objects。但实际应用中的数据大都来自数据库。为了用 Linq 处理数据库的数据，需要将数据库的表映射到内存中再处理。有许多方法可以将数据库的数据转换为内存中适合 Linq 处理的对象，例如 15.2 节中介绍的实体框架（Entity Framework）和本节中将要介绍的 Linq to SQL。

Linq to SQL 是 .NET Framework 3.5 中的一个组件，提供用于将关系数据作为对象管理的运行时基础结构。在 Linq to SQL 中，关系数据库的数据模型映射到用开发人员所用的编程语言表示的对象模型。当应用程序运行时，Linq to SQL 会将对象模型中的语言集成查询转换为 SQL，然后将它们发送到数据库进行执行。当数据库返回结果时，Linq to SQL 会将它们转换回可以用自己的编程语言处理的对象。

Visual Studio 2008 提供了一个与对象映射相关的 ORM 设计器，它允许以可视化方式设计数据要映射的对象。下面通过一个示例简单介绍如何使用 Linq to SQL 组件。

【例 15-9】 新建一个解决方案，在该方案下新建一个类库，命名为 LinqToSQL。在解决方案资源管理器中右击 LinqToSQL，从打开的菜单中选择 Add New Item 命令，添加一个 Linq to SQL 类，如图 15-10 所示。

添加完成后，系统会生成若干文件。然后在 IDE 下打开服务器资源管理器，并连接上数据库服务器。这里仍使用例 15-1 中曾经使用的 SSC 数据库，在数据库资源下选中 SSC 的几个表并以拖曳方式将它们放入到设计器中 DataClass.dbml 选项卡的窗口内，如

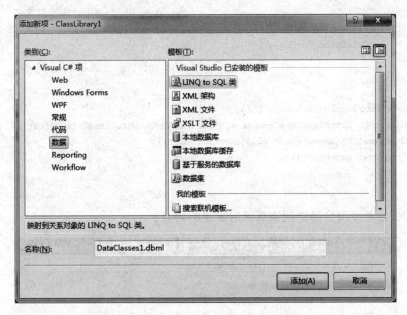

图 15-10　在类库中添加"Linq to SQL 类"组件

图 15-11 所示。

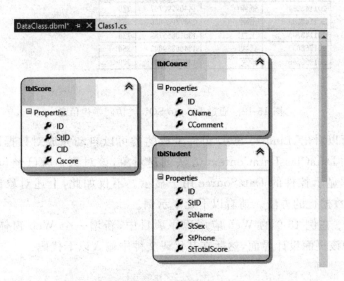

图 15-11　将选中的数据表放进 DataClass.dbml 的窗口

接下去就可对类库进行编译,然后在解决方案下新建 Web 应用程序项目,并在项目中添加对此类库的引用。假定要在页面上显示 SSC 数据库中的所有学生的信息,为此在 default.aspx 中添加一个 GridView 控件和一个 Label 控件,并在该页面的代码文件中输入以下代码:

```
…
Public partial class Default: System.Web.UI.Page
{
    Protected void Page_Load(object sender,EventArgs e)
```

```
{
    if(!IsPostBack){
        LoadDataByLinqToSQL();
    }
}

Private void LoadDataByLinqToSQL(){
    LinqToSQL.DataClassDataContext dc = new LinqToSQL.DataClassDataContext();
    GridView1.DataSource = dc.tblStudents.ToList();
    GridView1.DataBind();
}
```

图 15-12 为通过浏览器访问该页面时显示的内容。

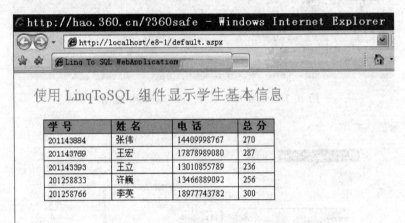

图 15-12 通过 Linq to SQL 类访问学生信息

从代码中可以看出，Linq to SQL 组件生成的类可以自动完成对数据库的访问。用户只要调用该类的 DataClassDataContext 方法创建对象，该对象中就已经包含所需的数据，可将其作为数据显示控件的 DataSource 用于显示。不仅如此，上述对象还提供可用于删除、增加和更新数据行的方法。请看以下几个示例。

【例 15-10】 在例 15-9 的 Web 应用程序项目中，新增一个 Web 窗体 default2.aspx。按照图 15-13 为该页面设计界面，然后在其代码文件中输入以下代码：

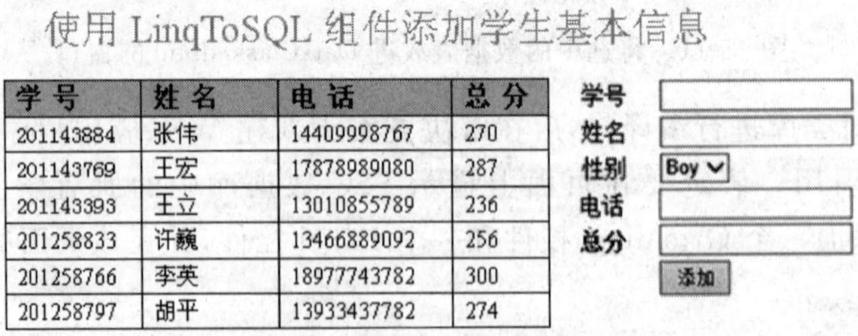

图 15-13 通过 Linq to SQL 类添加记录

```
Protected void Button1_Click(object sender,EventArgs e)
```

```csharp
{
    string strStID = tbxStID.Text.Trim();
    string strStName = tbxStName.Text.Trim();
    bool bolStSex = DropDownList1.SelectedValue == "1" ? true:false;
    string strStPhone = tbxStPhone.Text.Trim();
    string strStTotalScore = tbxStTotalScore.Text.Trim();
    LinqToSQL.DataClassesDataContext dc = new LinqToSQL.DataClassesDataContext();
    LinqToSQL.tblStudent student =
      new LinqToSQL.tblStudent{
        StID = strStID;
        StName = strStName;
        StPhone = strStPhone;
        StSex = bolStSex;
        StTotalScore = Int32.Parse(strStTotalScore)
      };
    try{
        dc.tblStudents.InsertOnSubmit(student);//插入一条记录(位于内存对象)
        dc.SubmitChanges();                    //将数据变动提交给服务器(用于更新数据库)
        Response.Write("<script>alert('添加成功!');</script>");
        LoadDataByLinqToSQL();
    }
    catch (Exception ex){
        throw new Exception(ex.Message);
    }
}
```

【例 15-11】 新增一个 Web 窗体 default3.aspx，在该页面界面上加入 GridView，在 GridView 中添加一列"Delete"命令按钮，如图 15-14 所示。然后在代码文件中输入以下事件代码：

使用 Linq To SQL 组件删除学生表数据记录

学号	姓名	电话	总分	
201143884	张伟	14409998767	270	Delete
201143769	王宏	17878989080	287	Delete
201143393	王立	13010855789	236	Delete
201258833	许巍	13466889092	256	Delete
201258766	李英	18977743782	300	Delete

图 15-14 通过 Linq to SQL 类添加记录

```csharp
Protected void GridView1_RowDeleting(object sender,GridViewDeleteEventArgs e)
{
    int ID = Convert.ToInt32(GridView1.Rows[e.RowIndex].Cells[0].Text);
    LinqToSQL.DataClassesDataContext dc = new LinqToSQL.DataClassesDataContext();
    //以下语句在 tblStudent 列表中按 ID 查找记录,其中有使用 Lambda 表达式
    LinqToSQL.tblStudent student = dc.tblStudents.FirstOrDefault(c => c.ID == ID);
    if(student != null){
        try{
            dc.tblStudents.DeleteOnSubmit(student); //删除内存表中记录
            dc.SubmitChanges();                     //将数据变动提交给服务器(用于更新数据库)
```

```
        Response.Write("<script>alert('删除成功!');</script>");
        LoadDataByLinqToSQL();
    }
    catch (Exception ex){
        throw new Exception(ex.Message);
    }
}
```

【例 15-12】 新增一个 Web 窗体 default4.aspx,该页界面可在 default2.aspx 基础上做以下修改:在 GridView 中添加一列"Selete"按钮,并将 button 控件的 Text 改为"更新",如图 15-15 所示。然后再输入以下事件代码:

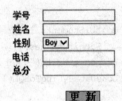

图 15-15 通过 Linq To SQL 类更新数据

```
Protected void GridView1_SelectedIndexChanging(object sender,
            GridViewSelectEventArgs e)              //对被选的记录复制到编辑区域供修改
{
    int ID = Convert.ToInt32(GridView1.Rows[e.NewSelectedIndex].Cells[0].Text);
    LinqToSQL.DataClassesDataContext dc = new LinqToSQL.DataClassesDataContext();
    LinqToSQL.tblStudent student = dc.tblStudents.FirstOrDefault(c => c.ID == ID);
    if(student != null){
      tbxStID.Text = student.StID;
      tbxStName.Text = student.StName;
      tbxStPhone.Text = student.StPhone;
      tbxStTotalScore.Text = student.StTotalScore;
      if((bool) student.StSex)
        DropDownList1.SelectedValue == "1";
      else
        DropDownList1.SelectedValue == "0";
    }
    tbxCacheUpdatesStID.Text = ID.ToString();       //该文本框的 Visible 应预设为 false
    Button1.Visible = true;
}

Protected void Button1_Click(object sender, EventArgs e) //执行"更新"
{
    string strUpdatedStID = tbxCacheUpdatesStID.Text.Trim();
    if(!string.IsNullOrEmpty(strUpdatedStID)){
        int StID = Convert.ToInt32(strUpdatedStID);
        string strStID = tbxStID.Text;
```

```
string strStName = tbxStName.Text.Trim();
bool bolStSex = DropDownList1.SelectedValue == "1" ? true : false;
string strStPhone = tbxStPhone.Text.Trim();
string strStTotalScore = tbxStTotalScore.Text.Trim();
LinqToSQL.DataClassesDataContext dc = new LinqToSQL.DataClassesDataContext();
LinqToSQL.tblStudent student = dc.tblStudents.FirstOrDefault(c => c.ID == StID);
if(student!= null)
{
    try{
        student.StID = strStID;
        student.StName = strStName;
        student.StSex = bolStSex;
        student.StPhone = strStPhone;
        student.StTotalScore = strStTotalScore;
        dc.SubmitChanges();
        Response.Write("<script>alert('数据更新成功!');</script>");
    }
    catch (Exception ex){
        throw new Exception(ex.Message);
    }
}
```

从以上示例看出，Linq to SQL 组件生成的类可以不必使用 SQL 就实现对相应数据进行增、删、改的基本操作。程序员不必关心数据库操作是怎样完成的。至于数据库查询，可在 Linq to SQL 的支持下使用 Linq，同样不必使用 SQL。以上述 SSC 的数据为例，如果查询全体学生，可以使用以下代码：

```
LinqToSQL.DataClassesDataContext dc = new LinqToSQL.DataClassesDataContext();
var students = dc.tblStudents.ToList();
var stuQuery =
    from stu in students
    where stu.StSex == true
    select stu;
GridView1.DataSource = stuQuery;
GridView1.DataBind();
```

15.3.3 Linq to XML

Linq to XML 是一种启用了 Linq 的内存 XML 编程接口，可以用于在 .NET Framework 编程语言中处理 XML。Linq to XML 将 XML 文档置于内存中，这一点很像文档对象模型（DOM）。可以查询和修改 XML 文档，修改之后，可以将其另存为文件，也可以将其序列化然后通过 Internet 发送。

Visual Studio 2008 支持 Linq to XML，使用时需要在项目中添加对 System.Xml.Linq 和 System.Linq 命名空间的引用。

Linq To XML 的主要优势在于：

（1）与语言集成查询（Linq）的集成。因此，可以对内存 XML 文档编写查询，以检索元素和属性的集合。Linq to XML 在功能上(尽管不是在语法上)与 XPath 和 XQuery 具有可比性。

(2) 通过将查询结果用作 XElement 和 XAttribute 对象构造函数的参数,实现了一种功能强大的创建 XML 树的方法。

下面提供通过几个示例简单介绍如何使用 Linq To XML。

【例 15-13】 本例通过调用 XDocument 和 XElement 类对象的方法创建 XML 文档并添加数据。请在控制台应用程序中编写以下代码:

```
using System;
using System.Collections;
using System.Collections.Generic;
using System.Xml;
using System.Linq;
using System.Xml.Linq;

class TestLinqToXML
{
    static void Main(){
        XDocument doc = new XDocument(new XDeclaration("1.0","utf-8","yes"),
                    new XElement("Books"));   //创建内存 XML 对象
        XElement root = doc.Root;             //引用该 XML 的根节点
          //以下语句创建三个 XML 元素 Book,并添加到 doc 对象中(作为 Books 的子元素)
        root.Add(new XElement("Book",new XAttribute("BookID","0002"),
                    new XAttribute("BookName","C#语言程序设计"),
                    new XAttribute("BookPrice","50")));
        root.Add( new XElement("Book",new XAttribute("BookID","0003"),
                    new XAttribute("BookName","数据库系统概论"),
                    new XAttribute("BookPrice","40")));
        root.Add( new XElement("Book",new XAttribute("BookID","0006"),
                    new XAttribute("BookName","软件工程"),
                    new XAttribute("BookPrice","35")));
        string xmlpath = "C:\\linqToXml.xml";
        doc.Save(xmlpath);                     //将其保存为 XML 文档
    }
}
```

本例程序运行后,在 C 盘生成一个名为 linqToXml.xml 的 XML 文件,其中包含如下内容:

```
<?xml version = "1.0" encoding = "utf-8"? standalone = "yes" ?>
< Books >
    < Book BookID = '0002'  BookName = 'C#语言程序设计' BookPrice = '50' />
    < Book BookID = '0003'  BookName = '数据库系统概论' BookPrice = '40' />
    < Book BookID = '0006'  BookName = '软件工程' BookPrice = '35' />
</Books>
```

对于内存中的 XElement 对象,可以使用 Linq 并结合 XElement 中的方法进行查询。

【例 15-14】 本例使用例 15-13 中建立的 XML 文档的数据,通过 XElement 类的 Load 方法创建内存中 XML 树结构,然后用 Linq 进行查询。其代码如下:

```
…
class TestLinqToXML
{
    static void Main(){
        string xmlpath = "C:\\linqToXml.xml";
        XElement xe = XElement.Load(xmlpath);         //将 XML 文档加载到内存
        string strID = "0003";
        var elements = from e in xe.Elements("Book")
                       where e.Attribute("BookID").Value == strID
                       select e;
        if (elements!= null){
            XElement e1 = elements.First();           //返回结果集中第一个(也是唯一)元素
            Console.WriteLine("BookID = {0},BookName = {1}",
                       strID,e1.Attribute("BookName").Value);
        }
    }
}
```

本例程序运行时,控制台输出查询结果为:

BookID = 0003,BookName = C#语言程序设计

如果要更新或删除 XML 文档的内容,可以先将其加载到内存,然后利用 XElement 类对象的方法进行处理,最后再将其保存到文件即可。

【例 15-15】 本例可对上述 XML 文档中 BookID 为 0006 的 Book 元素进行修改,使其 BookPrice 改为 29。其代码如下:

```
…
class TestLinqToXML
{
    static void Main(){
        string xmlpath = "C:\\linqToXml.xml";
        XDocument doc = XDocument.Load(xmlpath);
        XElement e1 = doc.Root;                       //e1 为 XML 的根元素(Books)
        foreach (XElement e in e1.Elements())
            if (e.Attribute("BookID").Value == "0006"){
                e.SetAttributeValue("BookPrice","29");   //该方法修改元素的属性
                break;
            }
        doc.Save(xmlpath);
    }
}
```

本例中 SetAttributeValue 用来修改属性的值。如果要添加或删除属性,XElement 类中也有相应的方法可调用。如果要删除 XElement 类型的元素本身,则可以使用 Remove 方法。例如,将 if 语句下面一行改为 e.Remove();则本例程序执行的结果是将 BookID 为 0006 的 Book 元素删除。